北京市主要气传致敏花粉监测预报服务及预防研究

叶彩华　李建强　欧阳昱晖　等　著

气象出版社
China Meteorological Press

内容简介

目前，花粉致敏的人群数量日益增多，症状也日益明显，因而致敏花粉监测预报、预防工作愈发受到人们重视。本书全面介绍了中外致敏花粉监测预报服务现状，开展了北京市致敏花粉浓度时空变化及其成因分析研究，构建了致敏花粉浓度、致敏花粉物候期及花粉过敏风险预报模型，评估了不同植物对致敏花粉浓度的贡献率及开展致敏花粉服务的效果，探究了致敏花粉监测在过敏性疾病防护和治疗中的作用。另外，还介绍了主要致敏花粉自动识别方法、自动化观测设备、自动识别软件以及相关致敏花粉公众服务新媒体产品。

本书可供从事致敏花粉监测仪器研制、环境保护、过敏性疾病预报和预防的科研人员、医务工作者和花粉过敏患者阅读。

图书在版编目（CIP）数据

北京市主要气传致敏花粉监测预报服务及预防研究 / 叶彩华等著. -- 北京 : 气象出版社, 2025. 2. -- ISBN 978-7-5029-8410-6

Ⅰ. P456.1；R593.101

中国国家版本馆 CIP 数据核字第 20250U2U33 号

北京市主要气传致敏花粉监测预报服务及预防研究

BEIJING SHI ZHUYAO QICHUAN ZHIMIN HUAFEN JIANCE YUBAO FUWU JI YUFANG YANJIU

叶彩华　李建强　欧阳昱晖　等　著

出版发行：气象出版社
地　　址：北京市海淀区中关村南大街 46 号　**邮政编码**：100081
电　　话：010-68407112(总编室)　010-68408042(发行部)
网　　址：http://www.qxcbs.com　**E-mail**：qxcbs@cma.gov.cn
责任编辑：王元庆　**终　　审**：张　斌
责任校对：张硕杰　**责任技编**：赵相宁
封面设计：地大彩印设计中心
印　　刷：三河市君旺印务有限公司
开　　本：787 mm×1092 mm　1/16　**印　　张**：14.5
字　　数：359 千字
版　　次：2025 年 2 月第 1 版　**印　　次**：2025 年 2 月第 1 次印刷
定　　价：88.00 元

《北京市主要气传致敏花粉监测预报服务及预防研究》编委会

前　言

过敏性疾病被认为是全球健康问题，被世界卫生组织(WHO)列为21世纪三大疾病之一。花粉过敏(花粉症)已成为最普遍的过敏疾病，全世界大约有超过10%的成年人和40%的儿童患有花粉症，美国花粉症发病率约为5%，欧洲已达20%，且预计在未来20年将达35%，中国花粉过敏人群占总人口数量的7%～9%。全国性流行病学调查显示，中国北方地区花粉过敏患者比例显著高于南方，菊科蒿属花粉过敏人数占过敏性鼻炎人群的33.6%～58.2%。北京地区花粉症占呼吸道过敏病人的30%左右，而中国近30%的过敏性鼻炎发生是由花粉过敏原导致，花粉症的治疗和管理给国家和个人均带来较大的负担。

致敏花粉多为风媒花粉，主要靠风传播，无黏性，通常直径在10～100 μm，质量小，产量大。北京主要致敏花粉来自柏科、松科、杨柳科、桦木科、菊科蒿属、桑科、藜科、禾本科等植物。花粉过敏是累及到眼、鼻、呼吸道和皮肤等多器官的过敏疾病，有显著的时间性和地域性差异，中国以北方患者居多。花粉过敏的治疗首先是避免过敏原，关注当地花粉浓度信息，做好防护是关键。药物治疗提倡早期干预治疗。目前美国、英国、瑞士、日本等已广泛开展花粉浓度监测，通过网站发布不同程度的花粉浓度实时播报、未来三至五天的花粉浓度指数预报、过敏风险等级预报和花粉过敏预防信息。目前中国花粉监测站点还比较少，且大部分分布在北方，北京市气象局、天津市气象局的花粉浓度预报服务开展相对较早。北京市气象局于1999年陆续开展花粉监测业务，随着与首都医科大学附属北京同仁医院(以下简称北京同仁医院)的合作，观测站点、服务产品、平台和覆盖面都不断增加和扩大，初步建成了北京各区逐日花粉监测预报业务系统。另外，北京同仁医院与中国天气网也于2019年合作开展了全国部分城市花粉监测、预报，其他如内蒙古、陕西、黑龙江等少数省份大都在2020年以后才逐渐开展本省(区)试点城市的花粉监测、预报服务，全国花粉监测、预报服务呈星星点点分布，远不能满足逐渐增长的过敏人群需求。然而，为花粉过敏人群提供准确的花粉浓度监测、预报、预警信息是非常重要的，将我们的花粉相关研究成果以及服务经验通过此书呈现给读者也很有必要。

北京市气象局1999年就意识到花粉浓度监测的重要性，从1999年开始就在北京的朝阳、海淀、丰台、石景山、昌平和顺义六个区业务化布点观测24小时的花粉浓度。2012年以来与北京同仁医院合作，在北京上述六个区布点的基础上，再增加门头沟、房山、延庆、怀柔、密云、平谷六个区共计十二区联合开展分类花粉浓度的观测和花粉浓度预报服务。在上述积累多年花粉观测数据基础上，结合公众对花粉监测、预报、预警服务需求，得益于北京市科技课题资助，课题组开展了花粉自动识别计数、花粉浓度预报、花粉致敏风险预警、花粉浓度贡献率评估、公众气象服务产品研发及产品效益评估等研究。研究表明，影响北京主要气传致敏花粉散粉期和散粉量的主要气象因子是气温、风速、气压、相对湿度、降水量、日照时数和地表温度等。北京春季致敏花粉主要来自柏、松、杨、柳等木本植物，主要影响气象因子为气温(积温)。北京秋季致敏花粉主要来自菊科蒿属、桑科、藜科等草本植物，主要影响气象因子为相对湿度和降水量。花粉散粉量和致敏性也受大气污染物的影响，NO_2 和 SO_2 浓度升高可导致花粉颗粒内孢质释放增加，致敏性加强。

本书内容主要基于课题研究成果，即北京市气象服务中心牵头，北京工业大学、北京同仁医院、北京园林绿化科学研究院共同承担的 2019 年 4 月立项、2022 年底结题的北京市科技计划课题“北京地区主要气传致敏花粉浓度智能监测及预报技术研究”(首都蓝天行动培育，课题编号:Z191100009119013)的主要研究成果。

本书共由八章组成，内容涵盖了花粉观测、预报服务的中外现状，构建了北京市主要致敏花粉的气象业务体系及在花粉过敏预防、防治中的应用。这八章分别是:第 1 章致敏花粉监测、预报服务中外发展现状;第 2 章北京市主要气传致敏花粉浓度监测与预报;第 3 章北京市主要气传致敏植物花粉期预报;第 4 章北京市花粉过敏风险分析及花粉监测在过敏性疾病防护和治疗中的应用;第 5 章北京市主要气传致敏花粉自动识别计数方法研究与观测设备研制;第 6 章北京市花粉浓度贡献率评估探索;第 7 章北京市致敏花粉公众气象服务;第 8 章北京市致敏花粉业务服务体系建设初探、存在问题与挑战及对未来工作的思考。

本书由北京市气象服务中心、本课题的主持人叶彩华正高级工程师策划和统稿，北京工业大学李建强教授、北京同仁医院欧阳昱晖主任、北京市气象服务中心尤焕苓正高级工程师、王春玲高级工程师、姜江高级工程师和北京工业大学赵琳娜博士、徐曦老师参与相关章节的统稿和撰写，其他参与撰写人员还有王垚、车少臣、白帆、白雪涛、刘素芹、齐晨、李梓铭、沙祎、张丰瑶、张敬璇、周江鸿、夏菲、程文秀、燕云、穆启占。

本书的成功出版是气象出版社的全力指导配合和全体参编人员共同努力的结果。本书成稿后中国气象局地球系统数值预报中心刘勇洪正高级工程师和北京气象服务中心韩超高级工程师提出了宝贵修改意见;本书还得到北京市科学技术委员会、中关村科技园区管理委员会和北京华象信息服务有限公司资助，在此对以上单位和人员一并表示感谢。

但由于时间仓促、水平有限，错误纰漏在所难免，恳请广大读者、专家学者，以及从事环境规划、生态治理和公众气象服务等行业的管理人员批评指正。

编委会

2024 年 10 月

目　　录

第1章　致敏花粉监测、预报服务中外发展现状

1.1　致敏花粉监测中外发展现状

致敏花粉颗粒通常直径在10～100 μm，由于沉降率高以及容易粘在监测设备的侧壁上而不易被捕获。致敏花粉浓度变化非常大，从每立方米几个颗粒到几千个颗粒不等，需要通过大量采样确保观测结果的代表性。此外，不同人群对花粉过敏原过敏程度不同，过敏症状也不相同，致敏花粉颗粒种类识别对于精准预防和治疗花粉过敏症有重要意义。

1.1.1　致敏花粉的采集

目前中外的致敏花粉采集方式主要分为两大类，分别是被动式采集和主动式采集。

被动式采集观测是利用重力沉降原理，使致敏花粉通过重力作用沉积在采样装置上，然后通过显微镜目视观测，统计得到花粉数量和种类。1873年，Blackely设计了撞击致敏花粉捕捉器，捕捉器中载玻片垂直放置，风向标使载玻片黏性表面迎风定向，对来风方向进行花粉采集，每隔24 h更换1次载玻片，通过人工镜检统计载玻片上附着的花粉数量和类型。1955年，Scamoni使用涂有甘油-明胶的显微镜载玻片收集致敏花粉，载玻片安装在距离地面1.6 m高处，载玻片对着风的方向。1934—1935年，Lüdi等使用底部带有甘油的低边玻璃杯对花粉采集，观测瑞士达沃斯山谷的花粉沉积。1943年，Durham提出了重力采集方法（Durham方法），通过在水平固定的载玻片上覆盖一层黏附物质，黏附由于重力作用沉降的花粉。Durham方法成为早期致敏花粉监测研究中较常使用的方法，可每天或每周收集致敏花粉样本，观测得到的致敏花粉浓度为每1000 mm^2 面积的花粉颗粒数。

主动式采集观测是依靠机械、物理或电力装置主动收集空气中的花粉。Hirst（1952）提出了体积采样器的设计方案，Burkard Manufacturing公司根据Hirst提出的设计原理生产了采样器，该设备可将外部空气吸入设备，空气通过狭窄的孔口加速流动到固定在圆筒上的透明黏性胶带上，花粉可被吸附到胶带上。黏性胶带通常每周更换一次，观测员使用光学显微镜或电子显微镜对胶带上的花粉进行计数与识别，通过单位面积黏附的颗粒数和流入空气的体积计算花粉的体积浓度。这种采样器是欧洲空气孢粉学中最常用的采样器，能够对花粉进行长达7 d的连续采样。Frenz等（1999）设计了一个旋转杆收集器（Rotorod花粉采集器），通过以恒定的旋转速度将固定在等长转轴两端上的2个采样基条，对空气进行间歇的相对运动，利用固体惯性撞击的原理，使其迎风面将空气中的花粉粘在其表面，通过镜检计数。这种采集方法在北美广泛使用。

中国目前普遍采用重力沉降法进行日常致敏花粉观测，通过显微镜对致敏花粉目视识别

和计数，致敏花粉观测站点相对稀少。重力沉降观测法需要耗费大量的人力和时间，同时由于观测人员技能水平差异，会导致致敏花粉观测出现较大的识别和计数差异。吸入式采集致敏花粉近两年中国也有不断尝试，但后期制片和读片仍然和沉降法相似。

2005 年以来，国际上致敏花粉自动观测设备不断涌现，主要发达国家相继建立了致敏花粉观测网络，能够较快进行致敏花粉的观测。

1.1.2 致敏花粉的计数与识别

1.1.2.1 人工计数与识别

通常情况下，主动式和被动式花粉采集设备得到的致敏花粉均由人工镜检计数识别。致敏花粉颗粒总数可以通过人眼在显微镜下目视计数确定，花粉种类的识别可通过放大倍数为 100～400 倍的花粉颗粒形态（外壁、内壁、细胞质等）来判断。显微镜下致敏花粉目视计数识别要求操作员具有花粉形态学知识和实际经验，其计数分类耗时耗力，计数和识别准确度易受操作人员主观影响，计数和分类准确度较低。致敏花粉观测中采集、染色、镜检计数和计算浓度等步骤均需要人工完成，准确率难以保证，同时花粉收集的载体中往往存在非常多的花粉粒甚至污染物，也为人工计数和识别增加了难度。人工计数具有方便实施的优势，但致敏花粉识别的主观因素导致观测结果可重复性不高，识别精度易受人为主观经验的影响。

1.1.2.2 计算机方法计数识别与自动观测

由于致敏花粉颗粒具有一些内在的数字化图像特性，如形态、质地、形状等，利用计算机视觉和模式识别技术可对其进行分类和识别。Rodriguez-Damian 等（2006）通过人工方式收集三类荨麻种系不同的 100 张花粉图片，采用标准霍夫变换拟合圆对图像进行轮廓图像锐化，将图像转化为二值图像对花粉颗粒检测。Oteros 等（2015）对蜜蜂花粉标本研究，在灰度图像中引用阈值化方法进行二值化，对二值图像通过孔填充算法来填充部分花粉内部的孔，对分割后的图像进行开闭操作，识别花粉颗粒。王勋银（2000）将模式识别技术用于花粉识别，建立了植物花粉图像自动识别系统，用灰度共生矩阵和傅里叶变换得到频域特征，基于最小冗余性和最大互补性，提高系统的识别率。赵贤国（2018）通过提高花粉图像特征提取的速度以及特征向量的鲁棒性，提高对花粉的识别率与分类精度。Travieso 等（2011）提出一种基于隐马尔科夫模型的轮廓特征描述用于花粉分类，可很大程度减少图像特征向量的维度，提高分类速度。Xie 等（2014）提出基于高斯尺度的粗糙度描述花粉图像特征，将花粉图像利用高斯金字塔算法分割成不同尺度的空间子图像，在不同尺度空间上对花粉图像进行粗糙度直方图统计特征提取，该方法适用于电镜下产生的图像。

近年来，基于深度学习的特征提取方法在花粉识别研究中证明具有良好的效果。Daood 等（2016）使用卷积神经网络对训练样本学习来区分花粉特征，例如角、斑点和边缘等，建立了一种可识别 30 种花粉颗粒的方法。Kubera 等（2021）通过构建深度卷积神经网络模型对花粉分类，发现即使简单的深度学习模型也能对花粉类别进行有效分类，最好的深度学习模型在识别具有相似结构的三种花粉颗粒（桦木、桤木和榛树）能够达到 97.88％的准确率。Olsson 等（2021）提取了所有观测的单个花粉颗粒的图像，利用深度学习卷积神经网络模型对 17 科 83 类的 122000 个花粉颗粒训练，对 83 类花粉样本先合并后进行拆分试验，分类准确率为 98％。Gallardo-Caballero 等（2019）利用卷积神经网络对花粉进行检测，使用 251 个样本训练模型，135 个检验样本评估模型性能，结果能达到 99.75％的准确率。花粉的计算机方法计数和识别前提是必须有花粉的较为清晰的图像，特别是分类识别对清晰度要求更高。对于实验室少量或单粒的花粉颗粒识别通过训练学习相对较容易实现，而自然环境下常规观测花粉量大、种类复杂且杂质混杂其中，生成清晰的图像和花粉机器识别的难度均大幅度增加，限制了自然环境下花粉自动识别技术的发展。

2005 年以来，国际上已出现一些商业化的自动花粉监测系统。Oteros 等（2019）使用图像识别技术研制了花粉自动观测设备 BAA500，该设备集成了自动气溶胶采样、精密机械传动控制、数码相机、高倍光学分析、复杂图形识别、植物科目鉴定、新物种软件训练、数据归档存储、实时数据在线预报和显示等诸多专业知识和功能。德国巴伐利亚州花粉观测网络 27 个花粉监测点 13 种花粉类型利用了这种设备，可发布 3 小时前观测的花粉浓度信息。Crouzy 等（2016）研发了空气流式细胞仪 Plair PA-300，可用于区分不同的花粉类群，也可为用户提供原始光学数据，为校准设备识别各种颗粒提供了很大的灵活空间，同时也可使用现有的校准库开发感兴趣粒子的自定义算法。Kawashima 等（2007）研发了一种使用激光光学仪器自动监测花粉的方法，该方法实时记录每个粒子对激光的侧向和前向散射信息，经计算机处理得到花粉信息，该设备花粉计数与 Hirst 型（Burkard）采样器的计数结果具有较好的相关关系。Miki 等（2021）介绍了日本生产的 KH-3000 型全自动花粉监测仪，该设备利用半导体材料的散射激光光束、粒子计数器来检测花粉的数量和浓度，并实现数据实时输出。日本陆续在 120 个地区设置了 2 万余台该设备，并公布实时观测的花粉浓度指数。这些自动观测设备价格从几万欧元到几十万欧元不等，它们的特性和能力也存在较大差异，并非所有设备都表现出识别不同花粉类群的能力。

1.1.3　中国致敏花粉监测发展

北京、上海、江苏、内蒙古、天津、广东等多个省（区、市）先后开展了致敏花粉监测、预报服务工作，基本以重力沉降法进行致敏花粉采集，然后通过人工镜检进行读数和分类统计。2000 年前后，北京同仁医院引进日本花粉自动观测设备，在北京测试使用，结果由于空气颗粒物环境等差异，本地化应用效果较差，两年后逐渐被废弃。也有中国个别科研机构引进了国外的花粉自动监测仪器，本地化应用效果仍在检验中。为应对不断增加的致敏花粉监测、预报服务需求，花粉自动化观测识别是发展趋势。2022 年以来，中国有企业推出了自动化观测设备，以花粉数量监测为主，尚不具备分类能力，本地化试用效果还需要持续跟进检验。

中国主要进行致敏花粉监测的机构包括中国气象局、环境保护部、卫生部等。截至 2022 年，已有超过 30 个城市建立了花粉监测站点，涵盖了北方、南方、东部沿海和西南等多个地区。除了花粉过敏症多发的包头、西安、兰州、西宁等北方城市外，还有新纳入的海口、武汉等南方城市。

北京是中国最早开始监测致敏花粉的城市之一。20 世纪 90 年代北京市专业气象台就与北京协和医院合作开展致敏花粉监测工作。监测点主要设在各区气象局，以重力沉降法进行采集，人工读数和分类。另外，在北京的中国科学院生态环境研究中心、中国科学院大学雁栖湖校区、北京同仁医院等单位也开展致敏花粉监测和相关研究工作。天津、内蒙古、陕西、山西、上海、河北、山东等省（区、市）气象部门与医疗部门合作开展致敏花粉监测和预报服务工作。中国大部分地区采用重力沉降法进行致敏花粉采集，人工镜检读数和分类。陕西榆林市采购了 16 套国产花粉浓度自动监测设备，对 12 个县（区）及榆林中心城区 4 个公园（广场）进行致敏花粉监测；天津武清、河北廊坊也开展了国产花粉浓度自动监测设备试用。目前国产花粉浓度自动监测仪器能够实现自动读取花粉数量，但花粉分类功能还有欠缺。

1.1.4 国外致敏花粉监测发展

国外的致敏花粉监测覆盖面包括欧洲、北美、澳大利亚等多个地区，活跃花粉监测站数量排名前六的国家是：日本、意大利、美国、法国、西班牙和德国。花粉监测站大多数分布在北半球，欧洲最多，覆盖率最低的是非洲。美国、瑞士、加拿大、日本、澳大利亚、英国等国家都建有致敏花粉监测网络（多为私人公司建设），多采用全自动设备进行监测。

1.2 致敏花粉浓度预报中外发展现状

1.2.1 概述

致敏花粉浓度预报依托于多领域知识，通过气象学、植物学等数据分析，评估、预测花粉在空气中的浓度，为花粉过敏患者提供及时的警示和建议。随着科技进步，致敏花粉预报方法经历了从统计学模型到计算机机器学习，再到深度学习技术的演变。

1.2.2 预报方法

1.2.2.1 回归分析预测方法

致敏花粉浓度的变化受到多种因素的影响，其中气象条件和植物生物学特性是两个主要影响因素。这些因素的变化会直接影响花粉的产生、释放、分布和浓度。回归分析能够量化气象因素（如温度、湿度、风速等）与花粉浓度的关系，从而揭示哪些气象条件会导致花粉浓度的升高或降低。并且通过建立气象变量与花粉浓度的回归模型，可以根据预测的或实际的气象数据预测未来的花粉浓度，为花粉过敏患者提供预警。

（1）中国典型研究

① 春季、夏秋季逐日致敏花粉浓度预报研究

白玉荣等（2002）利用1999—2002年逐日花粉观测资料与同期气象要素进行统计分析表明：当日花粉浓度实况、气温日较差、日平均气温距平与未来24 h花粉浓度相关显著，用其作为预报因子分别建立了春季、夏秋季逐日花粉浓度预报方程，同时利用降水、风、云量等气象要素进行定量订正，等级预报准确率在70%以上。另外，利用多年树木开花日期与日平均气温≥5 ℃积温的统计预报方法、植物物候观测及未来一周天气趋势预报加以订正，成功地预报出2001—2003年春季花粉浓度高峰期的开始日期、花粉浓度、持续时间。

② 致敏花粉浓度与花粉症发病关联分析

白玉荣等（2004）对天津市河西区气象铁塔站、和平区南京路站1999年4月—2002年10月的逐日花粉观测资料进行分析。结果表明，一年之中花粉浓度的变化具有明显的周期性和季节性，花粉浓度与气象要素密切相关。基于影响花粉浓度的几个主要气象因子分别建立了春季、夏秋季逐日花粉浓度预报方程，并利用降水、风、云量等气象要素及植物物候加以订正。同时利用某医院提供的秋季花粉过敏患者病例与实测花粉浓度对花粉症发病与花粉浓度的关系进行了初步探讨。

③ 奥运期间北京城区致敏花粉数量的短期预报

张姝丽等(2006)利用统计方法探讨奥运期间北京致敏花粉短期预报方法的过程中得知，北京在“立秋”节气的前、中期日花粉浓度呈缓慢上升趋势；在“立秋”节气的后期日花粉浓度迅速升高；当进入“处暑”节气，日花粉浓度的上升达到峰值(遇强降水天气迅速跌到谷值)，并在峰值左右摆动。

④ 北京地区逐日致敏花粉浓度预报方法研究

周晓平等(2007)选取 2001—2008 年北京协和医院变态反应科花粉观测和北京观象台地面观测资料，研究结果表明，植物的始花期和花粉浓度的高低与 2 月下旬平均气温关系密切。当 2 月下旬平均气温偏高时，植物开花期较早，3 月初第一候的花粉浓度就高，反之花粉浓度较低。另外，北京地区花粉的季节变化非常显著。一年中花粉有两个高峰期，分别出现在春季(3—5 月)和夏秋季(8—9 月)。

⑤ 天津市逐日致敏花粉浓度预报

刘彬贤等(2008)利用 1999—2004 年天津市河西区气象铁塔站的花粉观测资料，统计分析发现，花粉年际变化存在明显的周期性和季节性；针对花粉浓度的三个高峰期，即春季、初夏和秋季三个时段，模拟二次曲线方程，在预报方程中加入日平均气温的平方作为二次项因子；另外，花粉浓度与它本身前期的浓度相关较好，把花粉浓度本身作为预报因子之一，先预报连续 2 d 的花粉浓度之和，然后再分解为单日浓度。预报等级完全吻合率达 84.96%。

⑥ 天津市 72 h 致敏花粉预测模型研究

吴振玲等(2008)使用 1999—2004 年 3—10 月天津市河西区气象铁塔站和同地点的气候观测站气象资料，进行了天津市 72 h 气传花粉浓度预测模型研究。其中，设计了全花粉季、分季节(春、夏、秋)、分阶段三种不同预测方案，利用多元线性和非线性回归技术分别建立了花粉预测模型，并对各个方案及预测模型进行了对比分析。结果发现，除夏季外，多元非线性预报模型优于多元线性回归预测模型，分阶段预测方案优于全花粉季和分季节预测方案，且预测准确率也随之提高。

⑦ 天津地区气象要素与致敏花粉浓度的关系研究

段丽瑶等(2009)对天津市 1999—2005 年的逐日花粉浓度与对应的气象要素进行了统计对比分析。结果表明，气象条件不同，每年花粉浓度的高峰期出现早晚以及花粉浓度的高低存在很大差异，不同气象要素对花粉的影响程度各不相同，通过分析得到在不同等级降水、风速、云量条件下花粉浓度升高(降低)的百分率。该项研究结果用于逐日花粉浓度预报方程的订正，使方程的预报准确率提高 10 个百分点以上。

⑧ 南京市致敏花粉浓度变化规律及预报方法研究

魏建苏等(2008)在 2003—2005 年花粉观测和气象观测资料的基础上，分析了南京地区花粉季节变化规律和日变化规律，以及南京地区不同种类花粉的季节分布特点。研究发现，南京地区花粉分布呈单峰型，具有很强的周期性和季节性。3 月中旬起，花粉浓度迅速上升，到 4 月中旬达到顶峰，此后缓慢下降，但起伏较大。根据同期气象条件分析了气象因子(温度、湿度、降水、风速)对花粉浓度的影响；综合考虑前一日花粉浓度实况、气压差、温度差等影响因子建立了花粉浓度预报方程。

⑨ 天津市春季致敏花粉高峰始期与积温关系研究

刘艳等(2008)对 1981—2004 年树木开花期的物候资料开展分析，发现天津市春季花粉高峰始期与市树白蜡的开花日期有很好的对应关系；而冬、春季气候的冷暖也直接影响春季树木开花的早晚，冬、春季气候偏暖，树木开花早，反之气候寒冷，树木开花就晚。该项工作选取积温作为预报树木开花始期的自变量，经过筛选确定用日平均气温≥5 ℃的积温作为预报因子。研究结果表明，春季花粉高峰始期到来的时间与该地主要树木的开花始期基本一致，利用积温可以较准确地预报树木的开花始期，从而预报春季花粉高峰始期。

⑩ 北京空气中未来 24～96 h 致敏花粉通量预报

张德山等(2009)通过分析北京地区 7 个花粉监测站 1999—2007 年的 3 月 1 日—9 月 30 日逐日大气底层花粉实测颗粒浓度与北京市观象台相对应的气象要素的关系，建立北京地区未来 24～96 h 的花粉预报模式，实现未来 24～96 h 逐日花粉通量曲线预报的业务化。

⑪ 昆明主城区致敏花粉日历及预测模型建立

程晟等(2015)采用重力沉降法曝片调查昆明主城区 2009 年 12 月 1 日—2010 年 11 月 30 日和 2014 年 4 月 22 日—2014 年 8 月 17 日致敏花粉浓度，并在光学显微镜下进行花粉鉴定计数，统计各时段花粉的种类、数量及分布规律，同时收集同期变应原皮内试验(AIT)阳性的变应性鼻炎(AR)患者人数及气象资料，采用相关分析方法分析气传花粉数、AIT 阳性的 AR 人数与气象要素的关系，根据各种花粉的季节分布规律及生物学特征，编制昆明主城区主要气传致敏花粉日历。建立昆明主城区主要气传致敏花粉浓度、AIT 阳性的 AR 人数的气象预测模型。结果表明，全年气传花粉浓度呈现 2 次高峰，分别为 2—4 月和 9—10 月；与 20 年前相比，花粉种类新增 26 个种属，减少 12 个种属，飘散高峰期 20 年前后一致，都为春、秋两季。

(2)国外典型研究

① 结合气象自相关变量和历史花粉浓度的藜科-苋菜科浓度预报

Angosto 等(2005)利用气象自相关变量和前几天花粉浓度，结合多变量分析技术对气象数据进行分类，对 1995—1999 年影响卡塔赫纳花粉数量的气象和自相关变量进行了研究，建立了不同气象条件下的预测模型，通过减少预测参数的数量来改善预测结果。

② 希腊塞萨洛尼基市致敏花粉水平的长期趋势

Damialis 等(2007)研究了希腊第二大城市塞萨洛尼基致敏花粉水平的长期趋势。根据 1987—2005 年收集的数据，估计了 16 个不同类群的致敏花粉水平趋势，每个类群对致敏花粉总浓度的贡献至少为 0.5%。他们还测试了致敏花粉季节提前、更长或高峰期更高的趋势。这些数据的显著特征是花粉水平一直在升高。平均而言，致敏花粉浓度每 10 a 翻一番，但对于某些物种来说，这一速度要高得多，翻倍时间不到 5 a。结果表明，致敏花粉分布的变化主要是花粉产量的变化，而不是开花物候期的变化。

③ 使用 18 a 数据系列预测波兰克拉科夫的桦树花粉季节特征

Myszkowska(2012)根据 1991—2010 年花粉季节特征的气象条件，来构建克拉科夫桦树花粉季节特征的预测模型。该项工作是使用容量法(Burkard trap)进行的。采用 Spearman 相关性检验找出气象参数与花粉季节特征的关系，建立预测模型。与 2010 年相比，2009 年花粉季节特征预测的模型准确度较高。预测花粉季节结束的模型是根据 3—4 月的气温进行预测，而高峰日则是根据 3 月最后 10 d 的气温进行预测。

④ 通过气象数据预测禾本科花粉临界浓度的多元统计预测模型

Brighetti 等(2014)基于 4 a(1997—2000 年)14 个气象和花粉变量的数据集，使用偏最小二乘判别分析方法预测大气中未来 3 d、5 d、7 d 的禾本科花粉浓度。结果表明，预测花粉临界浓度的准确度很高，准确率在 85.4%～88.0%。

⑤ 伊比利亚半岛西南部柏科花粉的时间建模和预测

Inmaculada 等(2015)调查了伊比利亚半岛西南部柏科 21 a 的花粉数据，并使用时间序列分析这些数据的趋势及其与气象参数的关系。开发了每日花粉浓度的短期预测模型，其中温度是影响花粉日预报的主要气象因素，其次是降雨。

⑥ 埃斯特雷马杜拉(西班牙西南部)橄榄树(Olea)致敏花粉季节的区域预测模型

Santiago 等(2016)调查伊比利亚半岛西南部一座城市的空气中 Olea 花粉数据，并使用时间序列分析其与气象参数的关系，并建立了预测模型。

⑦ 莫斯科(俄罗斯)桦树花粉季节与气象参数的变化和趋势

Severova 等(2017)调查了 1993—2015 年俄罗斯莫斯科桦树花粉季节的气象数据与开始日期、结束日期、持续时间、峰值日期、峰值和季节性花粉指数(SPI)的可能联系。采用相关分析方法研究了花粉季节各参数之间的关系。研究表明，开花前一年 5 月和 6 月的降雨量、季前 40 d 的总降雨量和授粉期间的平均温度是影响桦树花粉浓度的最重要参数。

⑧ 根据往年的气象条件预测空气中桦树花粉总量的算法

Tseng 等(2018)开发了一种用于预测空气中桦树花粉总浓度的算法。使用包括 1996—2015 年的空气花粉浓度数据和 1990—2014 年的气象数据在内的数据集来构建预测模型。对统计评估结果进行了检验，以选择最佳模型，结果表明，使用 6 月的气象数据时，预测模型获得了最高的精度，使用前 5 年的日均最高气温和太阳辐射量时，模型性能最佳。此外，该工作还开发了一个包含相对湿度的扩展模型，该模型显示出更好的预测能力。

1.2.2.2　机器学习预测方法

基于机器学习的致敏花粉浓度预测模型是一种利用机器学习技术，根据历史致敏花粉浓度数据、气象信息和其他相关因素，来预测未来某个时段花粉浓度水平的模型。这样的模型通常通过对大量历史数据进行训练，以学习不同变量(比如气象数据、季节变化、花粉种类、地理位置等)以及高维图像与花粉浓度的关联。它能够发现数据中的模式和趋势，以便对未来的致敏花粉浓度进行预测。

(1)中国典型案例

① 使用支持向量机和粒子群优化算法预测每日致敏花粉浓度

Zhao 等(2018)提出了一种支持向量回归(Support vector regression，SVR)模型，用于结合粒子群优化算法进行每日致敏花粉浓度的预测。结果表明，所提出的支持向量回归模型优于多元线性回归法(MLR)和反向神经网络(BPNN)模型。

② 基于粒子群优化和支持向量机的致敏花粉浓度预测模型

赵文芳等(2019)提出了一种基于粒子群优化(PSO)算法和支持向量机(SVM)的致敏花粉浓度预报模型。首先，综合考虑气温、气温日较差、相对湿度、降水量、风力、日照时数等多种气象要素，选择与花粉浓度相关较强的气象要素构成特征向量；其次，利用特征向量与花粉浓度数据建立 SVM 预测模型，并使用 PSO 算法找出最优参数；然后利用最优参数优化花粉浓度预测模型；最后，使用优化后的模型对花粉未来 24 h 浓度进行预测，并与未优化的 SVM、MLR、BPNN 做对比。使用优化后的模型对北京市南郊观象台和密云两个站点进行逐日花粉浓度预测。试验结果表明，相比其他预报方法，所提方法能有效提高花粉浓度未来 24 h 预测精度。

(2)国外典型案例

① 使用数据驱动的建模方法预测希腊塞萨洛尼基的每日致敏花粉浓度

Voukantsis 等(2010)采用一种面向数据的方法,以开发高致敏性分类群(Poaceae、Oleaceae 和 Urticaceae)日均空气中花粉浓度的预测模型(提前 1~7 d)。结果表明,与传统的多元线性回归模型相比,计算智能(Computational Intelligence,CI)方法具有优越性,尤其是在提前几天进行预测时。此外,CI 模型相互补充,形成了一个比单独的模型性能更好的组合模型。

② 利用计算机智能方法分析和预测致敏花粉引起的症状

Voukantsis 等(2013)研究采用数据驱动方法,应用计算机智能方法来分析症状,确定与几个致敏花粉分类群的可能相互关系,并开发将致敏花粉计数水平与个人过敏症状关联的模型。奥地利案例的结果表明,这种方法可以产生准确的症状个性化预测模型。

③ 使用机器学习预测欧洲两个重污染地区的每日豚草花粉浓度

Csépe 等(2014)使用计算机智能(CI)方法(多层感知器、M5P 模型树、REPTree 减误剪枝树、DecisionStump 单层决策树和 MLPRegressor 多层感知机回归器)分别预测匈牙利塞格德和法国里昂未来 1~7 d 的豚草花粉日浓度和警报级别。研究结果表明,最佳方法的选择取决于气候、地理位置和地形。较复杂的 CI 方法表现良好,在预测时效不小于 2 d 时,其性能取决于具体情况。

1.2.2.3 基于模式的数值预测方法

天气尺度的大气运动和小尺度的湍流是影响致敏花粉颗粒扩散的两个过程。花粉扩散的数值模拟必须重现四种复杂的现象:花粉排放通量、平均风传播、大气湍流扩散和干/湿沉降。一般而言,扩散模型所需的输入是:植被分布图、花粉排放模型、花粉季节变化特征以及气象预测数据。描述空气中粒子运动需要考虑重力、风速和湍流等因素,可以基于欧拉或拉格朗日的平流-扩散方程进行分析。欧拉模式用于花粉预测通常是从现有的中尺度大气污染模式出发,结合气象模式进行预测,大气中的颗粒物可被视为一个连续体,通过求解平流-扩散方程预测网格每个格点的平均大气颗粒物浓度。拉格朗日方法将空气中的颗粒视为一个离散的相位,并通过对网格的坐标施加变形来模拟它们在连续空间中的单独路径。用于花粉预测的拉格朗日模式通常基于"拉格朗日粒子随机运动"方法,计算数千至数百万个粒子的分布,可以给出气流的真实模拟。

Burki 等(2019)基于气象和豚草花粉数据,用 5 种不同的神经元网络配置训练了 6 种不同的气象变量组合,得到了 30 个候选排放参数化模型,并在花粉数值扩散模型 COSMO-ART 中对其进行测试。与原有模式参数化模型相比,基于人工神经元网络的排放参数化方法在 COSMO-ART 的豚草花粉模拟性能上有了很大的提高。Robichaud 等(2021)采用区域空气质量模型 GEM-MACH 对桦树花粉扩散进行模拟,预测的桦树花粉浓度与观测结果较为一致(优于基于花粉日历的预测)。Verstraete 等(2020)使用土地利用的植被数据作为花粉排放清单,应用化学传输模型 SILAM 于比利时某区域,结果表明该区域高达 33%的花粉是从比利时境内其他区域输送来的。Zink 等(2013)针对 COSMO-ART 研发了花粉排放的参数化模型 EMPOL,将植物分布和花期作为输入参数,花粉的释放由温度和相对湿度驱动,通过包括湍流动能驱动、降水沉降、水汽黏附花粉等扩散或沉降模型,模拟瑞士 2012 年白桦花粉浓度,结果表明，EMPOL 参数化模型可显著提高模式的预测性能。Werner 等（2021）应用 WRF-Chem 模型模拟白桦花粉，结果表明，在两个模拟年中，模型的性能存在较大差异。模型高估了平季花粉浓度，低估了旺季花粉浓度。Pauling 等（2020）利用 COSMO-ART 模拟花粉季节的桦树花粉传输情况，模拟与观测结果非常吻合，模拟的垂直横截面可详细分析花粉传输过程，分析结果表明，花粉来源、地形、海拔高度和风的实际情况决定了花粉的分布。

1.3　致敏花粉服务中外发展现状

1.3.1　致敏花粉服务概述

致敏花粉服务是建立在花粉监测与预报的基础上，致力于为过敏患者提供更多元化的选择，让他们能够更便捷地获得有针对性的花粉信息、防御和治疗建议等。近几年，紧跟需求，中国致敏花粉服务发展迅速，大部分省（区、市）由气象部门和医疗部门联合开展，公众可以通过各类媒体途径第一时间获取所需信息。

1.3.2　服务内容与形式

致敏花粉服务信息一般由气象或医疗部门通过媒体如电视、电台、微博、微信、APP、网站、小程序等途径进行发布。公众可通过指定的媒体平台查询本地和全国的致敏花粉的监测和预报信息。目前开展的服务内容包括致敏花粉数量和种类监测数据、预报数据产品、防御提示、科普知识等；北京市气象部门还针对常见的 7 类致敏花粉（榆科、柏科、杨柳科、松科、藜科、菊科蒿属、桑科葎草）开展始期、高峰期和结束期预测服务，制作相应的图文等产品，提前对公众发布，提醒公众及时做好防御。花粉服务产品形式除了常见的图文、表格、历史对比及序列分析图之外，还有 H5、短视频等。

北京地区致敏花粉服务主要平台“花粉健康宝”小程序，由气象部门研制推出。每天滚动更新提供北京和全国致敏花粉浓度监测和预报信息、提示建议，还有全市各区致敏花粉浓度周年对比图、连续 3 d 分类致敏花粉浓度预报、浓度等级地图可视化产品，以及电镜下的致敏花粉科普、全国花粉查询、北京花粉日历、过敏植物分布、过敏人群分布、过敏原报告讲解等科普知识。

另外，北京地区还可以通过微信公众号“花粉监测预报”、微博“气象北京”查询致敏花粉信息。天津、河北、内蒙古、山西等省（区、市）气象部门也通过本地的微信公众号进行致敏花粉信息发布。致敏花粉播报 APP，由北京世纪坛医院研发，可查询全国花粉信息。

1.3.3　国外花粉服务实例

（1）Pollen Monitoring APP

花粉监测是一款免费应用程序，可帮助用户了解莫斯科、圣彼得堡、明斯克、基辅、里加、塔林等欧洲主要城市的花粉水平。该应用程序为用户提供有关当前空气污染水平的详细信息，包括过敏性植物的花粉。可显示当天花粉水平的详细图表，并提供未来 2 d 的预测，见图 1-1。

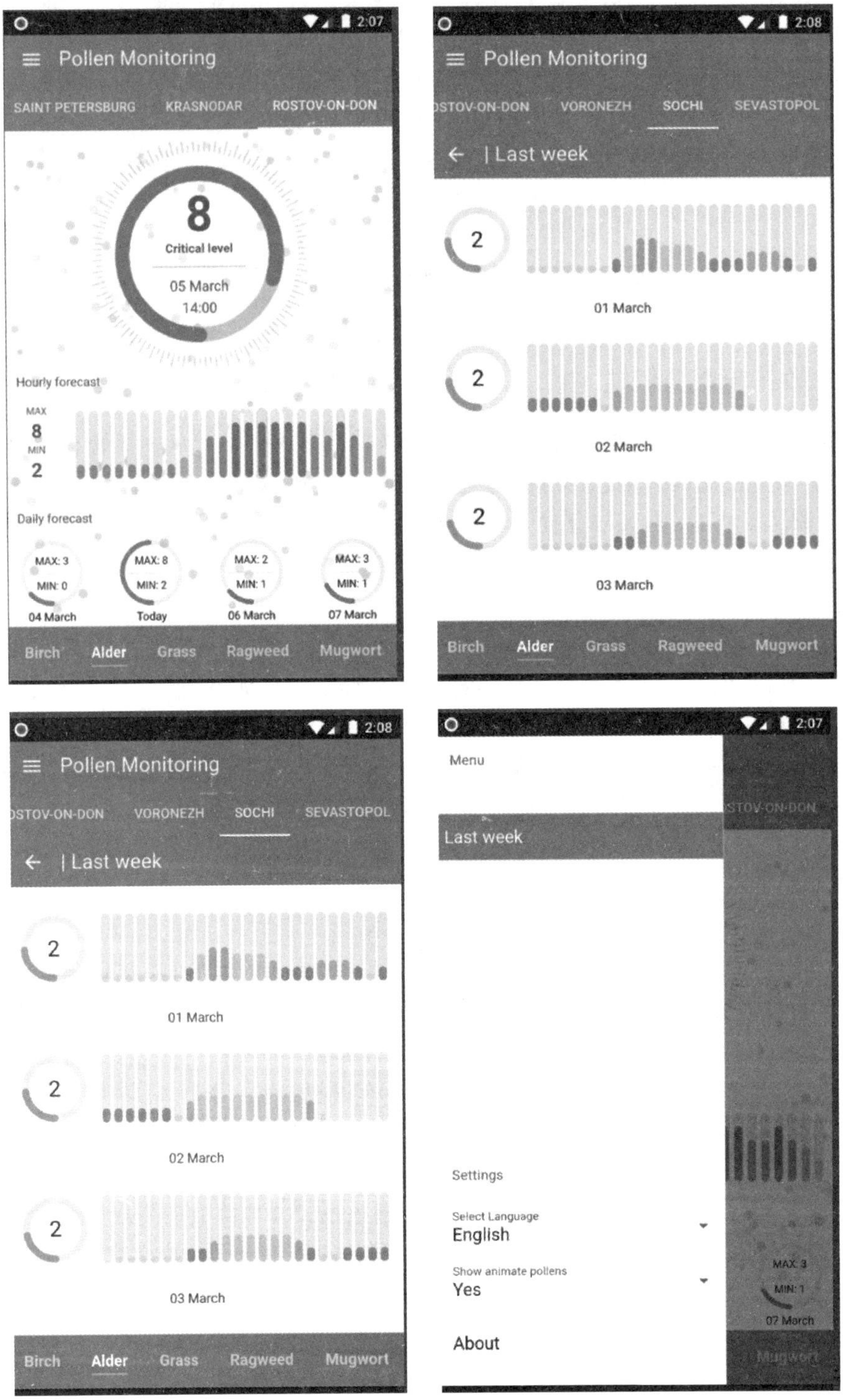

图 1-1　Pollen Monitoring APP 界面展示

（2）IBM- The Weather Channel 网站

IBM 及其旗下的 The Weather Company（包括 The Weather Channel 数字资产），曾被全

球评估天气预报准确性的首要组织 Forecast Watch 评为“全球预报最准的天气服务提供商”，其中也包括花粉详细预报信息。其访问链接为：https://weather.com/zh-SG/forecast/allergy/l/f084e50c34cc3c36010468dc3284661250434ae36ffe567a69ea41066144f5f3。见图 1-2。

图 1-2　IBM- The Weather Channel 网站界面展示

(3)日本环境省官网

日本陆续在全国共 120 个地区设置了 2 万余台设备监测花粉浓度，其使用的设备为株式会社大和制作所生产的 KH-3000 型花粉监测仪，日本环境省于 2019 年 2 月 1 日开始在其官方网站上公布实时观测的花粉浓度指数。见图 1-3。

图 1-3　日本环境省官网界面展示

(4)日本无山花粉症门户网站

日本无山花粉症门户网站,其访问链接为:

https://www.pref.yamanashi.jp.c.aao.hpcn.transer-cn.com/kafunsho/sonota/link.html。见图 1-4。其相关花粉监测报告展示见图 1-5。

图 1-4 日本无山花粉症门户网站界面展示

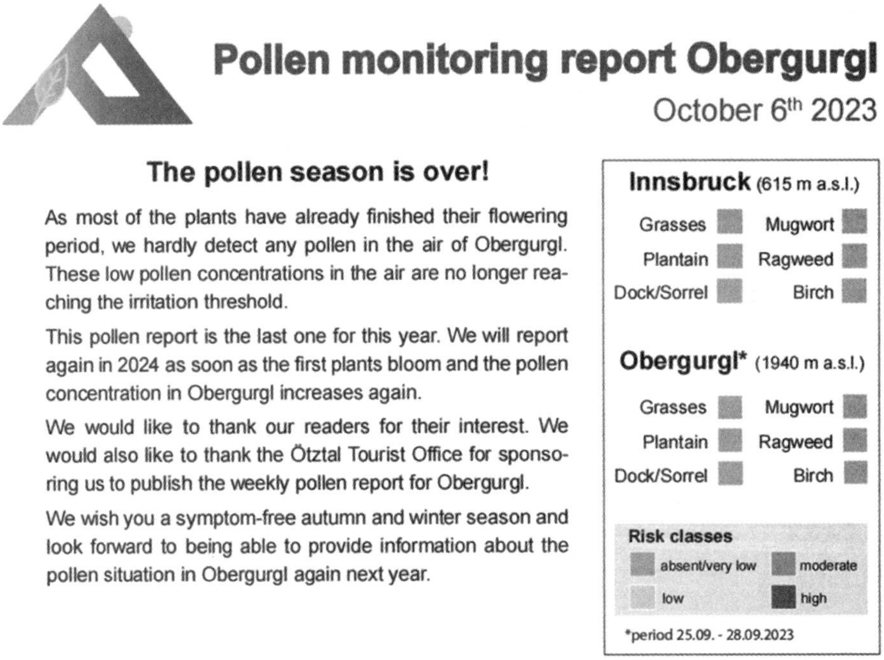

图 1-5 日本无山花粉症门户网站花粉监测报告界面展示

(5)瑞士国家气象局官网

瑞士国家气象局官网具有 Pollen report 版块(图 1-6),进入 Pollen report 版块后,将看到有两个功能:(a)花粉预报(Pollen forecast);(b)花粉报告(Pollen report)。

Pollen forecast 模块提供了五种花粉类型的不同浓度等级。分别是:Hazel(榛树)、Alder

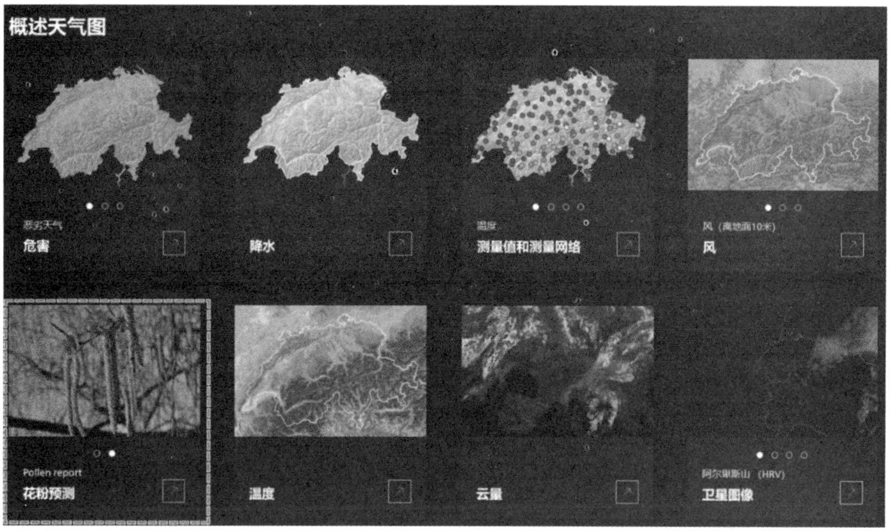

图 1-6　瑞士国家气象局官网界面展示

(赤杨)、Birch(桦木属)、Grasses(禾本科)、Ambrosia(豚草属)。在界面右侧提供了不同花粉花期说明。在界面下方提供了预测浓度等级的视频播放按钮,可以查看随着时间变化花粉浓度等级的动态变化情况。见图 1-7。

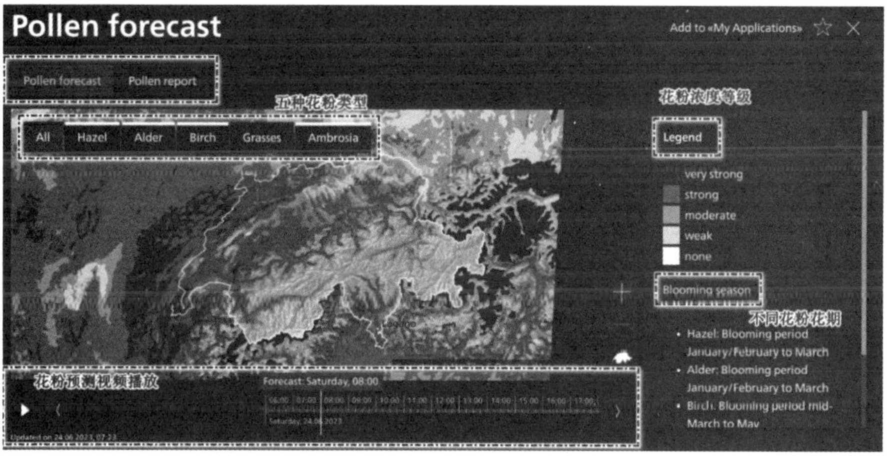

图 1-7　Pollen forecast 模块界面展示

Pollen forecast 模块用文字说明了当天～未来 3 d 的花粉浓度变化情况。见图 1-8。

(6)澳大利亚墨尔本花粉预报网站

由墨尔本大学生物科学学院为花粉症和其他花粉相关过敏症患者提供,包含澳大利亚各地区官方花粉计数数据和 7 d 花粉计数水平预测以及雷暴哮喘风险等级。见图 1-9。

(7)德国花粉预报平台

德国花粉预报由德国花粉信息服务基金会提供,来自德国测量网络中超过 35 个测量站的花粉计数数据,提供每日花粉预报和每周花粉预报两种应用,以及涵盖欧洲当前花粉浓度预测服务。见图 1-10。

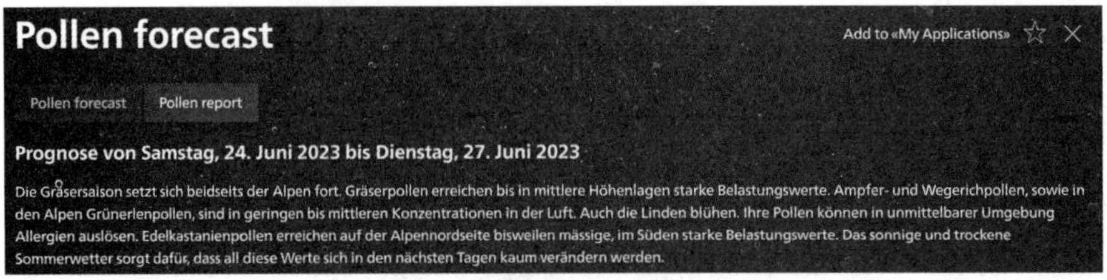

图 1-8　Pollen forecast 模块界面

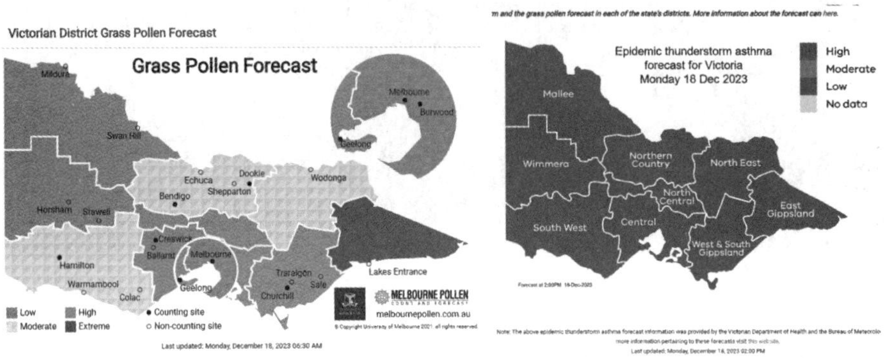

图 1-9　墨尔本花粉预报网站界面

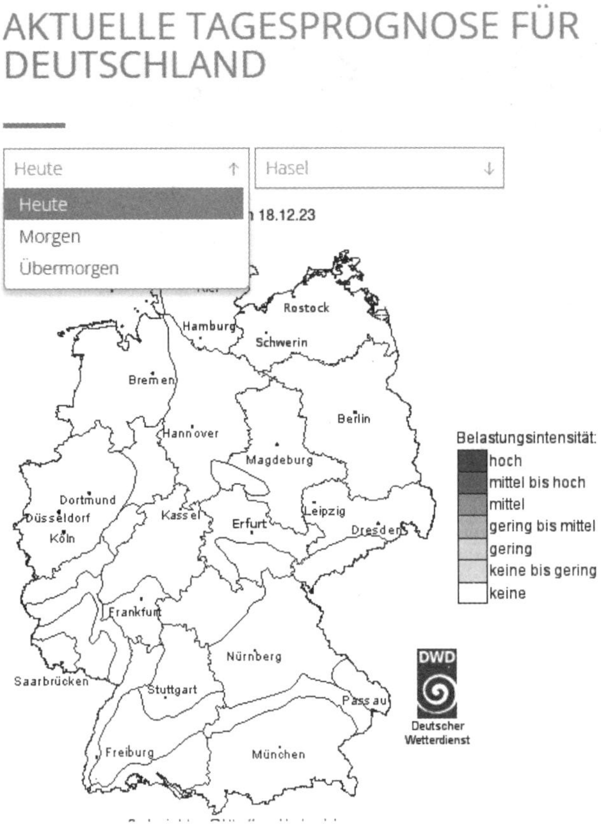

图 1-10　德国花粉预报平台界面

(8)奥地利花粉预报服务平台

提供欧洲每日花粉预报和每周花粉预报两种应用,由 ZAMG(中央气象与地球动力学研究所)与维也纳医科大学合作,结合天气信息提供短期和中期花粉浓度预报服务。见图 1-11。

图 1-11　奥地利花粉预报服务平台界面

(9)英国花粉计数监测网络(Met Office)

花粉计数监测网络将英国气象局(Met Office)的天气数据与国家花粉及气传生物学监测中心等组织的专业知识相结合,生成全英国未来 5 d 的花粉预报。见图 1-12。

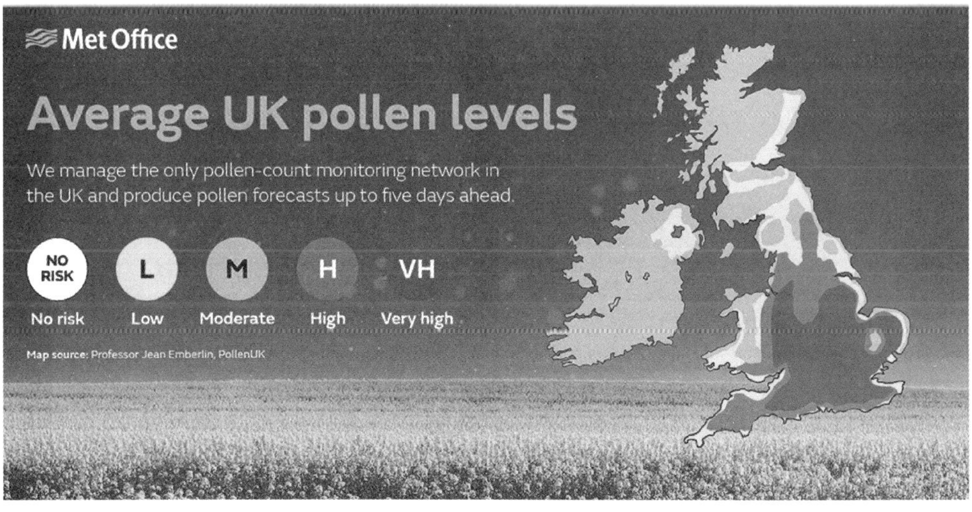

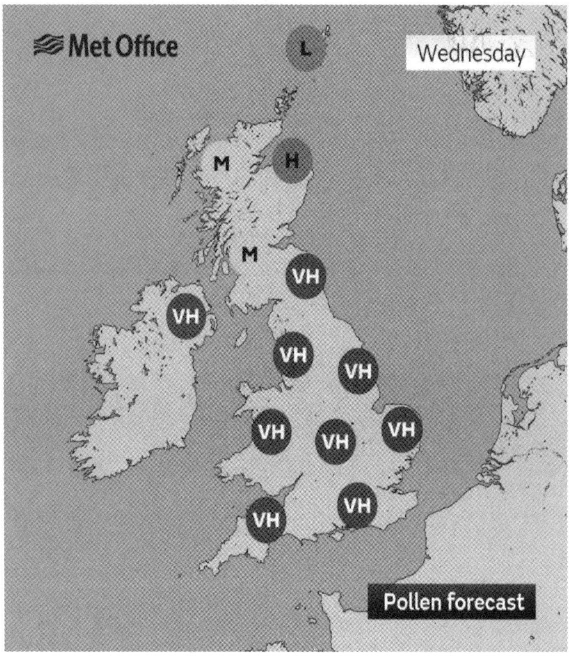

图 1-12　花粉计数监测网络(Met Office)界面

(10)日本 tenki. jp 花粉预报网站

日本 tenki. jp 花粉预报网站访问链接为:https://tenki. jp/pollen/。见图 1-13。

各地の花粉飛散情報 2023

北海道地方	道北	道東	道央	道南		
東北地方	青森県	岩手県	宮城県	秋田県	山形県	福島県
関東·甲信地方	東京都	神奈川県	埼玉県	千葉県	茨城県	栃木県
	群馬県	山梨県	長野県			
北陸地方	新潟県	富山県	石川県	福井県		
東海地方	愛知県	岐阜県	静岡県	三重県		
近畿地方	大阪府	兵庫県	京都府	滋賀県	奈良県	和歌山県
中国地方	鳥取県	島根県	岡山県	広島県	山口県	
四国地方	徳島県	香川県	愛媛県	高知県		
九州地方	福岡県	佐賀県	長崎県	熊本県	大分県	宮崎県
	鹿児島県					

※花粉飛散情報は、主にスギとヒノキ(北海道はシラカバ)を対象としています。

图 1-13　日本 tenki.jp 花粉预报网站界面

参考文献

白玉荣,刘彬贤,刘艳,等,2002. 花粉浓度预报[J]. 气象(6):56-57,65.

白玉荣,段丽瑶,刘彬贤,等,2004. 花粉浓度预报与花粉症分析[C]//中华医学会,中华医学会变态反应学分会. 中华医学会第二次全国变态反应学术会议论文汇编.

程晟,2015. 昆明主城区气传致敏花粉日历及预测模型建立[D]. 昆明:昆明医科大学.

段丽瑶,白玉荣,吴振玲,2009. 天津地区气象要素与花粉浓度的关系研究[C]//中国气象学会医学气象学委员会,兰州大学大气科学学院. 第 26 届中国气象学会年会气候环境变化与人体健康分会场论文集.

刘彬贤,白玉荣,2008. Primary Research Method on Forecasting the Pollen Concentration[C]//中国颗粒学会,华东理工大学. 中国颗粒学会第六届学术年会暨海峡两岸颗粒技术研讨会论文集(下).

刘艳,白玉荣,刘彬贤,2008. Primary Study of Relation between Cumulate Temperature and Tianjin Spring the Pollen Peak Beginning Time[C]//中国颗粒学会,华东理工大学. 中国颗粒学会第六届学术年会暨海峡两岸颗粒技术研讨会论文集(下).

魏建苏,刘梅,顾亚进,等,2008. 南京市花粉浓度变化规律及预报方法研究[J]. 安徽农业科学(22):9368-9371.

王勋银,2000. 基于多级分类器的植物花粉图像识别[D]. 南京:南京理工大学.

吴振玲,宛公展,白玉荣,等,2008. Study of Airborne Pollen Predictive Model in 72 Hours[C]//中国颗粒学会,华东理工大学. 中国颗粒学会第六届学术年会暨海峡两岸颗粒技术研讨会论文集(下).

张德山,徐景先,张姝丽,等,2009. The Research on Weather Forecast of Daily Pollen Flux Curve in Beijing in the future 24 to 96 Hours[C]//中国气象学会大气成分委员会,中国气象科学研究院. 第 26 届中国气象学会年会大气成分与天气气候及环境变化分会场论文集.

张德山，徐景先，张姝丽，等，2010. 北京地区花粉通量演变曲线的预报模式初探[J]. 气象科学，30(6)：822-826.

张姝丽，张德山，何海娟，等，2006. 北京城区 8 月日花粉总数量和致敏花粉数量短期预报[J]. 气象科技，34(6)：724-727.

赵贤国，2018. 基于几何特征的花粉图像识别算法研究[D]. 南京：南京信息工程大学 .

周晓平，韩超，穆启占，2007. 北京地区逐日花粉浓度预报方法研究[C]//中国气象学会 . 中国气象学会 2007 年年会大气成分观测、研究与预报分会场论文集 .

ANGOSTO M J，MORENO-GRAU S，BAYO J，et al，2005. Multiple regression models for predicting total daily pollen concentration in Cartagena[J]. Grana，44(2)：108-114.

BRIGHETTI A M，COSTA C，MENESATTI P，et al，2014. Multivariate statistical forecasting modeling to predict Poaceae pollen critical concentrations by meteoclimatic data[J]. Aerobiologia，30(1)：25-33.

BURKI C，ŠIKOPARIJA B，THIBAUDON M，et al，2019. Artificial neural networks can be used for Ambrosia pollen emission parameterization in COSMO-ART[J]. Atmospheric Environment，218：116969.

CROUZY B，STELLA M，KONZELMANN T，et al，2016. All-optical automatic pollen identification：Towards an operational system[J]. Atmospheric Environment，140：202-212.

CSÉPE Z，MAKRA L，VOUKANTSIS D，et al，2014. Predicting daily ragweed pollen concentrations using Computational Intelligence techniques over two heavily polluted areas in Europe[J]. Science of the Total Environment，476-477：542-552.

DAMIALIS A，SYROPOULOU E，GIOULEKAS A，et al，2007. Atmospheric circulation of Corylus avellana pollen and flowering phenology patterns：Evidence for long-distance pollen transport in the city of Thessaloniki，north Greece[C]//Allergy. 9600 Garsington Rd，Oxford Ox4 2dq，Oxon，England：Blackwell Publishing，62：174-174.

DAOOD A，RIBEIRO E，BUSH M，2016. Pollen grain recognition using deep learning[C]//International Symposium on Visual Computing. Cham：Springer International Publishing，321-330

FRENZ D A，BOIRE A A，1999. Pollen recovery in atmospheric samples collected with the Rotorod Sampler over multiple-day periods such as weekends[J]. Annals of Allergy，Asthma and Immunology，83(3)：217-221.

GALLARDO-CABALLERO R，GARCÍA-ORELLANA C J，GARCÍA-MANSO A，et al，2019. Precise pollen grain detection in bright field microscopy using deep learning techniques[J]. Sensors，19(16)：3583.

HIRST J M，1952. An automatic volumetric spore trap[J]. Annals of Applied Biology，39(2)：257-265.

INMACULADA R，SERRANO S ，GALAN-SOLDEVILLA H ，et al，2015. Sensory analysis integrated by palynological and physicochemical determinations plays a key role in differentiating unifloral honeys of similar botanical origins (Myrtaceae honeys from southern Spain)[J]. International Journal of Food Science & Technology，50(7)：1545-1551. DOI：10. 1111 /ijfs. 12802.

KAWASHIMA S，CLOT B，FUJITA T，et al，2007. An algorithm and a device for counting airborne pollen automatically using laser optics[J]. Atmospheric Environment，41(36)：7987-7993.

KUBERA E，KUBIK-KOMAR A，PIOTROWSKA-WERYSZKO K，et al，2021. Deep learning methods for improving pollen monitoring[J]. Sensors，21(10)：3526.

MIKI K，FUJITA T，SAHASHI N，2021. Development and application of a method to classify airborne pollen taxa concentration using light scattering data[J]. Scientific Reports，11(1)：22371.

MYSZKOWSKA D，2013. Prediction of the birch pollen season characteristics in Cracow，Poland using an 18-year data series. [J]. Aerobiologia，29(1)：31-44.

OLSSON O，KARLSSON M，PERSSON A S，et al，2021. Efficient，automated and robust pollen analysis using deep learning[J]. Methods in Ecology and Evolution，12(5)：850-862.

OTEROS J, PUSCH G, WEICHENMEIER I, et al, 2015. Automatic and online pollen monitoring[J]. International Archives of Allergy and Immunology, 167(3): 158-166.

OTEROS J, SOFIEV M, SMITH M, et al, 2019. Building an automatic pollen monitoring network (ePIN): Selection of optimal sites by clustering pollen stations[J]. Science of the Total Environment, 688: 1263-1274.

PAULING A, CLOT B, MENZEL A, et al, 2020. Pollen forecasts in complex topography: two case studies from the Alps using the numerical pollen forecast model COSMO-ART[J]. Aerobiologia, 36(5): 25-30.

ROBICHAUD A, COMTOIS P, 2021. Numerical modelling of birch pollen dispersion in Canada[J]. Environmental Research, 194: 110554.

RODRÍGUEZ-DAMIÁN M, CERNADAS E, FORMELLA A, et al, 2006. Automatic Detection and Classification of Grains of Pollen Based on Shape and Texture[J]. IEEE Transactions on Systems Man & Cybernetics Part C Applications & Reviews. DOI: 10. 1109/TSMCC. 2005. 855426.

SANTIAGO F, PABLO D, INMACULADA S, et al, 2016. Regional forecast model for the Olea pollen season in Extremadura (SW Spain). [J]. International Journal of Biometeorology, 60(10): 1509-1517.

SEVEROVA E, VOLKOVA O, 2017. Variations and trends of Betula pollen seasons in Moscow (Russia) in relation to meteorological parameters[J]. Aerobiologia, 33(2): 253-264.

TRAVIESO C M, BRICEÑO J C, TICAY-RIVAS J R, et al, 2011. Pollen classification based on contour features. [C]//Intelligent Engineering Systems (INES), 2011 15th IEEE International Conference on. IEEE: 17-21

TSENG Y, KAWASHIMA S, KOBAYASHI S, et al, 2018. Algorithm for forecasting the total amount of airborne birch pollen from meteorological conditions of previous years[J]. Agricultural and Forest Meteorology, 249: 35-43.

VERSTRAETEN W W, KOUZNETSOV R, HOEBEKE L, et al, 2020. Modelling grass pollen levels in Belgium[J]. Science of the Total Environment, 753: 141903.

VOUKANTSIS D, NISKA H, KARATZAS K, et al, 2010. Forecasting daily pollen concentrations using data-driven modeling methods in Thessaloniki, Greece[J]. Atmospheric Environment, 44(39): 5101 5111.

VOUKANTSIS D, KARATZAS K, JAEGER S, et al, 2013. Analysis and forecasting of airborne pollen - induced symptoms with the aid of computational intelligence methods[J]. Aerobiologia, 29(2): 175-185.

WERNER M, GUZIKOWSKI J, KRYZA M, et al, 2021. Extension of WRF-Chem for birch pollen modelling-a case study for Poland[J]. International Journal of Biometeorology, 65(4): 513-526.

XIE Y H, XU Z F, BURKHARDT H, et al, 2014. Spatial geometric constraints histogram descriptors based on curvature mesh graph for 3D pollen particles recognition[J]. Chinese Physics B, 23(6): 060701.

ZHAO W, WANG J, YU D, et al, 2018. Prediction of Daily Pollen Concentration using Support Vector Machine and Particle Swarm Optimization Algorithm[J]. International Journal of Performability Engineering, 14(11): 2808-2819.

ZINK K, PAULING A, ROTACH M W, et al, 2013. EMPOL 1. 0: a new parameterization of pollen emission in numerical weather prediction models[J]. Geoscientific Model Development, 6(6): 1961-1975.

第2章　北京市主要气传致敏花粉浓度监测与预报

2.1　主要气传致敏花粉浓度时空分布规律

柏科、松科、杨柳科、菊科(不含蒿属)、菊科蒿属、禾本科、藜科、桑科这8类花粉数量占北京地区花粉总数的90%～95%,因此着重分析这8类花粉在2012—2020年各个区域的浓度情况,包括最早出现日期、最晚结束日期、高值出现日期,以及花粉季的浓度平均值等。

花粉浓度逐日实测资料取自北京地区12个观测站点(延庆、昌平、朝阳、房山、丰台、海淀、怀柔、门头沟、密云、平谷、石景山和顺义),见图2-1。花粉观测采用自然沉降法(重力法)进行采样,采样介质为涂有凡士林的载玻片。观测时间为每日20时整点,观测人员会放置全新的花粉观测载玻片,24 h过后收集该载玻片并及时更换新的载玻片。收集到的载玻片,将挑取适量的碱性品红甘油胶放在载玻片的中部,微火融化后加盖干净的盖玻片后静置,便于染色和读数。截至2021年底已收集到2012—2020年每年自3月1日至9月30日的逐日实测样本。12个区各站的花粉观测站观测数据分别代表各区域的花粉浓度,全市平均值则为12个区站的算术平均值。同时,为了使表达单位更为清晰,将样本读取时的“粒/500 mm^2”,统一分子分母乘以2倍后换算为“粒/1000 mm^2”。气象资料均来自于北京市气象信息中心经过质量控制的逐日气象数据,其中气象要素包括日平均气温、日平均相对湿度、日平均风速、日平均气压、日总降水量,气象站点的地理位置与花粉监测站点相同。

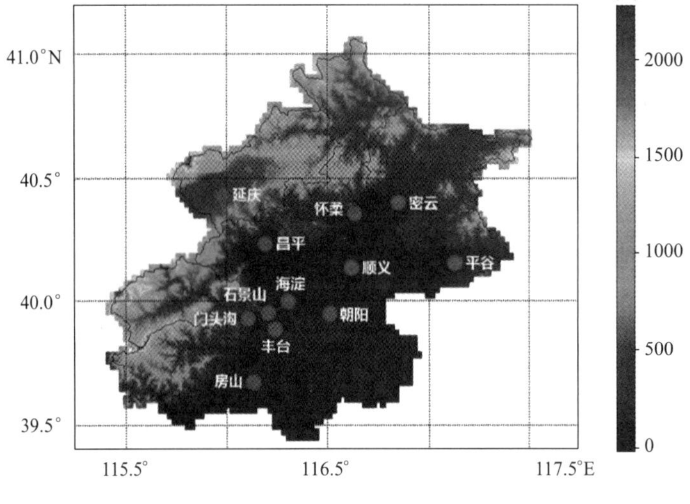

图2-1　北京地形及花粉观测站点分布

2.1.1　北京市各区主要气传致敏花粉浓度

2.1.1.1　昌平区

(1)2012—2020 年,柏科花粉浓度平均值为 289.0 粒/1000 mm^2,最大值为 12680 粒/1000 mm^2,最大值出现在 2013 年 4 月 12 日,见表 2-1。

表 2-1　2012—2020 年昌平柏科花粉浓度

年份	最早出现日	最晚结束日	最大值出现日	花粉季浓度平均值/(粒/1000 mm^2)	浓度最大值/(粒/1000 mm^2)
2012	3 月 16 日	7 月 10 日	4 月 4 日	282.2	8520
2013	3 月 16 日	8 月 25 日	4 月 12 日	672.5	12680
2014	3 月 24 日	9 月 30 日	3 月 25 日	53.3	952
2015	3 月 3 日	6 月 1 日	3 月 20 日	191.1	3160
2016	3 月 3 日	7 月 15 日	3 月 22 日	354.4	3420
2017	3 月 3 日	8 月 2 日	3 月 28 日	142.2	1722
2018	3 月 13 日	9 月 28 日	3 月 25 日	429.7	6360
2019	3 月 3 日	5 月 30 日	3 月 25 日	160.4	1360
2020	3 月 2 日	9 月 6 日	3 月 18 日	315.2	7580
平均	3 月 9 日	8 月 2 日	3 月 26 日	289.0	5084

(2)2012—2020 年,松科花粉浓度平均值为 37.1 粒/1000 mm^2,最大值为 522 粒/1000 mm^2,最大值出现在 2013 年 5 月 7 日,见表 2-2。

表 2-2　2012—2020 年昌平松科花粉浓度

年份	最早出现日	最晚结束日	最大值出现日	花粉季浓度平均值/(粒/1000 mm^2)	浓度最大值/(粒/1000 mm^2)
2012	4 月 22 日	9 月 9 日	5 月 8 日	33.5	250
2013	3 月 28 日	9 月 15 日	5 月 7 日	68.2	522
2014	4 月 9 日	9 月 25 日	4 月 15 日	48.0	288
2015	3 月 12 日	7 月 13 日	5 月 5 日	26.3	138
2016	4 月 14 日	10 月 16 日	4 月 21 日	25.5	444
2017	4 月 4 日	8 月 9 日	4 月 22 日	36.0	384
2018	3 月 31 日	9 月 15 日	4 月 30 日	30.0	194
2019	4 月 5 日	7 月 5 日	5 月 5 日	27.6	198
2020	3 月 9 日	9 月 10 日	4 月 25 日	39.2	488
平均	4 月 1 日	8 月 30 日	4 月 28 日	37.1	323

(3)2012—2020 年,杨柳科花粉浓度平均值为 27.1 粒/1000 mm^2,最大值为 294 粒/1000 mm^2,最大值出现在 2012 年 4 月 8 日,见表 2-3。

表 2-3 2012—2020 年昌平杨柳科花粉浓度

年份	最早出现日	最晚结束日	最大值出现日	花粉季浓度平均值/(粒/1000 mm²)	浓度最大值/(粒/1000 mm²)
2012	3 月 18 日	4 月 22 日	4 月 8 日	47.4	294
2013	3 月 11 日	4 月 21 日	3 月 18 日	20.4	88
2014	3 月 24 日	5 月 3 日	3 月 27 日	52.8	234
2015	3 月 17 日	4 月 28 日	3 月 27 日	25.4	148
2016	3 月 15 日	4 月 16 日	3 月 18 日	20.9	104
2017	3 月 9 日	4 月 12 日	3 月 11 日	17.3	96
2018	3 月 19 日	4 月 27 日	3 月 27 日	19.1	90
2019	3 月 9 日	5 月 10 日	3 月 19 日	16.0	100
2020	3 月 3 日	5 月 16 日	4 月 7 日	24.9	246
平均	3 月 13 日	4 月 27 日	3 月 24 日	27.1	156

(4)2012—2020 年，菊科(不含蒿属)花粉浓度平均值为 4.3 粒/1000 mm²，最大值为 40 粒/1000 mm²，最大值出现在 2020 年 9 月 21 日，见表 2-4。

表 2-4 2012—2020 年昌平菊科(不含蒿属)花粉浓度

年份	最早出现日	最晚结束日	最大值出现日	花粉季浓度平均值/(粒/1000 mm²)	浓度最大值/(粒/1000 mm²)
2012	5 月 14 日	9 月 20 日	6 月 12 日	3.5	8
2013	5 月 7 日	9 月 14 日	5 月 19 日	3.1	6
2014	5 月 8 日	9 月 29 日	6 月 30 日	4.2	12
2015	9 月 19 日	10 月 11 日	—	2.0	2
2016	5 月 24 日	10 月 11 日	9 月 16 日	2.6	4
2017	5 月 11 日	10 月 13 日	9 月 24 日	4.5	12
2018	4 月 10 日	10 月 8 日	5 月 22 日	2.9	8
2019	4 月 28 日	10 月 4 日	5 月 7 日	4.9	16
2020	6 月 12 日	10 月 6 日	9 月 21 日	11.0	40
平均	5 月 25 日	10 月 2 日	7 月 11 日	4.3	12.0

注:“—”表示数据缺失

(5)2012—2020 年，昌平菊科蒿属花粉浓度平均值为 45.6 粒/1000 mm²，最大值为 528 粒/1000 mm²，最大值出现在 2014 年 9 月 3 日，见表 2-5。

表 2-5 2012—2020 年昌平菊科蒿属花粉浓度

年份	最早出现日	最晚结束日	最大值出现日	花粉季浓度平均值/(粒/1000 mm²)	浓度最大值/(粒/1000 mm²)
2012	3 月 22 日	9 月 30 日	8 月 22 日	24.4	132
2013	7 月 2 日	10 月 1 日	8 月 29 日	88.6	472
2014	7 月 7 日	9 月 30 日	9 月 3 日	59.9	528

续表

年份	最早出现日	最晚结束日	最大值出现日	花粉季浓度平均值 /(粒/1000 mm²)	浓度最大值 /(粒/1000 mm²)
2015	7 月 20 日	10 月 15 日	9 月 2 日	51.2	296
2016	6 月 19 日	10 月 15 日	9 月 6 日	51.6	420
2017	7 月 17 日	10 月 12 日	9 月 9 日	35.8	168
2018	6 月 15 日	10 月 11 日	9 月 3 日	45.7	456
2019	6 月 25 日	9 月 28 日	9 月 1 日	14.0	46
2020	6 月 4 日	10 月 13 日	9 月 2 日	38.8	294
平均	6 月 17 日	10 月 7 日	9 月 1 日	45.6	312

(6)2012—2020 年，昌平禾本科花粉浓度平均值为 5.6 粒/1000 mm²，最大值为 58 粒/1000 mm²，最大值出现在 2014 年 5 月 13 日，见表 2-6。

表 2-6　2012—2020 年昌平禾本科花粉浓度

年份	最早出现日	最晚结束日	最大值出现日	花粉季浓度平均值 /(粒/1000 mm²)	浓度最大值 /(粒/1000 mm²)
2012	4 月 25 日	9 月 29 日	4 月 25 日	5.9	48
2013	4 月 24 日	10 月 1 日	5 月 20 日	7.0	48
2014	4 月 17 日	9 月 28 日	5 月 13 日	7.8	58
2015	5 月 3 日	10 月 13 日	9 月 20 日	4.4	22
2016	5 月 10 日	10 月 10 日	9 月 23 日	4.0	14
2017	4 月 10 日	10 月 2 日	9 月 9 日	4.1	12
2018	5 月 9 日	10 月 14 日	9 月 21 日	4.0	18
2019	4 月 30 日	10 月 7 日	8 月 31 日	5.3	20
2020	4 月 5 日	10 月 12 日	8 月 31 日	8.3	50
平均	4 月 24 日	10 月 6 日	8 月 1 日	5.6	32

(7)2012—2020 年，昌平藜科花粉浓度平均值为 15.1 粒/1000 mm²，最大值为 194 粒/1000 mm²，最大值出现在 2014 年 8 月 24 日，见表 2-7。

表 2-7　2012—2020 年昌平藜科花粉浓度

年份	最早出现日	最晚结束日	最大值出现日	花粉季浓度平均值 /(粒/1000 mm²)	浓度最大值 /(粒/1000 mm²)
2012	3 月 16 日	9 月 28 日	7 月 23 日	8.2	106
2013	4 月 22 日	10 月 1 日	8 月 30 日	18.9	98
2014	4 月 28 日	9 月 29 日	8 月 24 日	23.0	194
2015	4 月 15 日	10 月 13 日	9 月 2 日	17.9	124
2016	3 月 12 日	10 月 16 日	9 月 4 日	10.2	56
2017	7 月 30 日	10 月 8 日	8 月 25 日	11.3	58

续表

年份	最早出现日	最晚结束日	最大值出现日	花粉季浓度平均值/(粒/1000 mm^2)	浓度最大值/(粒/1000 mm^2)
2018	3月11日	10月8日	9月3日	11.8	108
2019	4月24日	10月8日	8月30日	17.7	140
2020	3月3日	10月12日	9月10日	17.3	138
平均	4月14日	10月7日	8月27日	15.1	114

(8)2012—2020年,昌平桑科花粉浓度平均值为45.3粒/1000 mm^2,最大值为686粒/1000 mm^2,最大值出现在2012年9月2日,见表2-8。

表 2-8　2012—2020年昌平桑科花粉浓度

年份	最早出现日	最晚结束日	最大值出现日	花粉季浓度平均值/(粒/1000 mm^2)	浓度最大值/(粒/1000 mm^2)
2012	4月29日	9月29日	9月2日	67.0	686
2013	4月23日	10月1日	8月29日	90.2	648
2014	4月7日	9月30日	8月27日	25.7	140
2015	6月21日	10月15日	8月29日	47.1	246
2016	4月16日	10月15日	9月1日	68.9	450
2017	7月8日	10月14日	9月9日	49.3	392
2018	5月31日	10月15日	9月3日	28.8	218
2019	3月20日	9月13日	8月30日	6.6	50
2020	5月11日	10月13日	8月31日	24.0	150
平均	5月8日	10月6日	8月31日	45.3	331

2.1.1.2　朝阳区

(1)2012—2020年,朝阳区柏科花粉浓度平均值为90.1粒/1000 mm^2,最大值为3824粒/1000 mm^2,最大值出现在2012年4月4日,见表2-9。

表 2-9　2012—2020年朝阳柏科花粉浓度

年份	最早出现日	最晚结束日	最大值出现日	花粉季浓度平均值/(粒/1000 mm^2)	浓度最大值/(粒/1000 mm^2)
2012	3月23日	5月24日	4月4日	223.4	3824
2013	3月21日	8月9日	4月2日	128.4	1316
2014	3月24日	9月16日	3月25日	18.1	112
2015	3月5日	9月18日	3月20日	104.4	1480
2016	3月4日	6月3日	3月27日	45.0	364
2017	3月4日	10月14日	3月10日	33.6	246
2018	3月13日	8月28日	3月25日	65.0	520
2019	3月4日	8月15日	3月12日	46.4	546

续表

年份	最早出现日	最晚结束日	最大值出现日	花粉季浓度平均值/(粒/1000 mm^2)	浓度最大值/(粒/1000 mm^2)
2020	3 月 5 日	6 月 14 日	3 月 18 日	146.8	1620
平均	3 月 11 日	8 月 5 日	3 月 22 日	90.1	1114

(2)2012—2020 年，朝阳区松科花粉浓度平均值为 33.7 粒/1000 mm^2，最大值为 700 粒/1000 mm^2，最大值出现在 2013 年 5 月 25 日，见表 2-10。

表 2-10　2012—2020 年朝阳松科花粉浓度

年份	最早出现日	最晚结束日	最大值出现日	花粉季浓度平均值/(粒/1000 mm^2)	浓度最大值/(粒/1000 mm^2)
2012	4 月 22 日	8 月 27 日	5 月 8 日	49.3	508
2013	4 月 1 日	9 月 24 日	5 月 25 日	83.6	700
2014	4 月 6 日	8 月 22 日	4 月 27 日	23.3	132
2015	3 月 30 日	8 月 22 日	5 月 17 日	20.9	204
2016	4 月 13 日	7 月 2 日	5 月 12 日	16.1	100
2017	3 月 21 日	9 月 17 日	5 月 19 日	12.3	64
2018	4 月 13 日	7 月 17 日	4 月 30 日	23.9	138
2019	4 月 15 日	9 月 19 日	5 月 5 日	22.1	126
2020	4 月 13 日	9 月 13 日	5 月 4 日	51.4	416
平均	4 月 8 日	8 月 25 日	5 月 9 日	33.7	265

(3)2012—2020 年，朝阳区杨柳科花粉浓度平均值为 70.0 粒/1000 mm^2，最大值为 872 粒/1000 mm^2，最大值出现在 2020 年 3 月 23 日，见表 2-11。

表 2-11　2012—2020 年朝阳杨柳科花粉浓度

年份	最早出现日	最晚结束日	最大值出现日	花粉季浓度平均值/(粒/1000 mm^2)	浓度最大值/(粒/1000 mm^2)
2012	3 月 20 日	4 月 22 日	4 月 11 日	81.3	292
2013	3 月 13 日	4 月 21 日	4 月 3 日	169.7	680
2014	3 月 24 日	5 月 9 日	3 月 28 日	79.7	218
2015	3 月 11 日	4 月 30 日	3 月 27 日	58.8	378
2016	3 月 16 日	4 月 17 日	3 月 18 日	50.7	480
2017	3 月 1 日	5 月 1 日	3 月 11 日	33.6	244
2018	3 月 19 日	4 月 30 日	3 月 28 日	69.6	334
2019	3 月 5 日	5 月 13 日	3 月 19 日	18.0	98
2020	3 月 3 日	5 月 12 日	3 月 23 日	68.4	872
平均	3 月 12 日	4 月 30 日	3 月 25 日	70.0	400

(4)2012—2020 年,朝阳区菊科(不含蒿属)花粉浓度平均值为 9.9 粒/1000 mm^2,最大值为 188 粒/1000 mm^2,最大值出现在 2020 年 6 月 6 日,见表 2-12。

表 2-12　2012—2020 年朝阳菊科(不含蒿属)花粉浓度

年份	最早出现日	最晚结束日	最大值出现日	花粉季浓度平均值/(粒/1000 mm^2)	浓度最大值/(粒/1000 mm^2)
2012	8 月 6 日	8 月 6 日	8 月 6 日	4.0	4
2013	5 月 15 日	9 月 25 日	9 月 10 日	20.7	104
2014	4 月 30 日	9 月 29 日	8 月 25 日	4.2	12
2015	5 月 5 日	9 月 20 日	5 月 5 日	2.0	2
2016	4 月 20 日	10 月 16 日	9 月 2 日	3.1	6
2017	5 月 3 日	9 月 19 日	9 月 19 日	8.0	36
2018	5 月 7 日	10 月 15 日	8 月 2 日	17.1	138
2019	5 月 4 日	9 月 28 日	9 月 28 日	8.8	46
2020	3 月 15 日	9 月 8 日	6 月 6 日	21.5	188
平均	5 月 8 日	9 月 21 日	8 月 8 日	9.9	60

(5)2012—2020 年,朝阳区菊科蒿属花粉浓度平均值为 77.8 粒/1000 mm^2,最大值为 2840 粒/1000 mm^2,最大值出现在 2013 年 8 月 29 日,见表 2-13。

表 2-13　2012—2020 年朝阳菊科蒿属花粉浓度

年份	最早出现日	最晚结束日	最大值出现日	花粉季浓度平均值/(粒/1000 mm^2)	浓度最大值/(粒/1000 mm^2)
2012	7 月 8 日	9 月 30 日	8 月 19 日	35.6	160
2013	7 月 16 日	9 月 29 日	8 月 29 日	249.8	2840
2014	7 月 11 日	9 月 30 日	9 月 4 日	101.3	956
2015	3 月 5 日	10 月 16 日	9 月 3 日	56.6	440
2016	7 月 14 日	10 月 15 日	8 月 31 日	34.7	210
2017	7 月 10 日	10 月 3 日	8 月 31 日	35.0	294
2018	6 月 27 日	10 月 15 日	9 月 4 日	73.3	846
2019	7 月 23 日	10 月 14 日	8 月 28 日	48.5	512
2020	6 月 1 日	10 月 13 日	9 月 2 日	65.2	654
平均	6 月 22 日	10 月 8 日	8 月 30 日	77.8	768

(6)2012—2020 年,朝阳区禾本科花粉浓度平均值为 8.6 粒/1000 mm^2,最大值为 144 粒/1000 mm^2,最大值出现在 2018 年 7 月 30 日,见表 2-14。

表 2-14　2012—2020 年朝阳禾本科花粉浓度

年份	最早出现日	最晚结束日	最大值出现日	花粉季浓度平均值/(粒/1000 mm^2)	浓度最大值/(粒/1000 mm^2)
2012	5 月 5 日	9 月 30 日	9 月 19 日	14.6	92
2013	4 月 24 日	9 月 30 日	5 月 21 日	16.3	120
2014	4 月 17 日	9 月 30 日	9 月 15 日	6.3	42
2015	4 月 3 日	9 月 27 日	6 月 1 日	5.5	32
2016	4 月 29 日	10 月 4 日	5 月 31 日	6.9	54
2017	4 月 11 日	10 月 8 日	9 月 13 日	6.3	32
2018	5 月 8 日	10 月 4 日	7 月 30 日	10.9	144
2019	4 月 29 日	10 月 15 日	9 月 17 日	5.1	42
2020	5 月 1 日	10 月 13 日	9 月 22 日	5.4	62
平均	4 月 24 日	10 月 4 日	8 月 5 日	8.6	69

(7)2012—2020 年，朝阳区藜科花粉浓度平均值为 24.5 粒/1000 mm^2，最大值为 520 粒/1000 mm^2，最大值出现在 2013 年 8 月 29 日，见表 2-15。

表 2-15　2012—2020 年朝阳藜科花粉浓度

年份	最早出现日	最晚结束日	最大值出现日	花粉季浓度平均值/(粒/1000 mm^2)	浓度最大值/(粒/1000 mm^2)
2012	5 月 8 日	9 月 25 日	7 月 23 日	14.6	280
2013	3 月 19 日	9 月 28 日	8 月 29 日	62.7	520
2014	5 月 1 日	9 月 30 日	9 月 8 日	37.6	246
2015	5 月 14 日	10 月 14 日	8 月 30 日	25.7	140
2016	5 月 6 日	10 月 10 日	8 月 31 日	16.4	102
2017	7 月 7 日	10 月 6 日	9 月 3 日	10.3	38
2018	4 月 21 日	10 月 5 日	9 月 20 日	9.8	38
2019	5 月 12 日	10 月 12 日	9 月 5 日	15.3	114
2020	3 月 10 日	10 月 15 日	9 月 7 日	27.8	150
平均	4 月 30 日	10 月 6 日	8 月 31 日	24.5	181

(8)2012—2020 年，朝阳区桑科花粉浓度平均值为 71.1 粒/1000 mm^2，最大值为 1368 粒/1000 mm^2，最大值出现在 2012 年 9 月 3 日，见表 2-16。

表 2-16　2012—2020 年朝阳桑科花粉浓度

年份	最早出现日	最晚结束日	最大值出现日	花粉季浓度平均值/(粒/1000 mm^2)	浓度最大值/(粒/1000 mm^2)
2012	4 月 23 日	9 月 30 日	9 月 3 日	124.4	1368
2013	4 月 13 日	9 月 29 日	8 月 29 日	245.0	1680
2014	4 月 8 日	9 月 28 日	9 月 5 日	28.8	140

续表

年份	最早出现日	最晚结束日	最大值出现日	花粉季浓度平均值/(粒/1000 mm^2)	浓度最大值/(粒/1000 mm^2)
2015	7月12日	10月14日	8月22日	65.5	290
2016	7月4日	10月16日	9月4日	36.0	182
2017	7月9日	10月13日	8月31日	37.2	272
2018	6月2日	10月15日	9月2日	40.9	234
2019	4月5日	10月15日	9月3日	19.8	136
2020	3月26日	10月13日	8月30日	42.7	466
平均	5月15日	10月9日	8月31日	71.1	530

2.1.1.3 房山区

(1)2012—2020年，房山区柏科花粉浓度平均值为133.9粒/1000 mm^2，最大值为15220粒/1000 mm^2，最大值出现在2020年3月18日，见表2-17。

表2-17 2012—2020年房山柏科花粉浓度

年份	最早出现日	最晚结束日	最大值出现日	花粉季浓度平均值/(粒/1000 mm^2)	浓度最大值/(粒/1000 mm^2)
2012	3月27日	4月19日	3月30日	9.8	34
2013	3月11日	5月14日	3月28日	24.6	170
2014	3月24日	9月29日	3月29日	40.9	312
2015	3月1日	5月6日	3月20日	64.9	966
2016	3月1日	9月5日	3月22日	177.2	1880
2017	3月1日	5月13日	3月15日	85.1	990
2018	3月9日	8月25日	3月28日	81.4	1320
2019	3月1日	5月19日	3月25日	64.4	1080
2020	3月2日	6月8日	3月18日	656.9	15220
平均	3月8日	6月22日	3月23日	133.9	2441

(2)2012—2020年，房山区松科花粉浓度平均值为22.8粒/1000 mm^2，最大值为234粒/1000 mm^2，最大值出现在2017年5月19日，见表2-18。

表2-18 2012—2020年房山松科花粉浓度

年份	最早出现日	最晚结束日	最大值出现日	花粉季浓度平均值/(粒/1000 mm^2)	浓度最大值/(粒/1000 mm^2)
2012	3月28日	7月11日	5月8日	14.9	130
2013	4月16日	7月16日	5月22日	21.8	108
2014	4月9日	7月15日	5月2日	21.9	88
2015	3月9日	9月19日	5月17日	15.2	214
2016	4月12日	8月7日	5月2日	21.2	118

续表

年份	最早出现日	最晚结束日	最大值出现日	花粉季浓度平均值/(粒/1000 mm²)	浓度最大值/(粒/1000 mm²)
2017	4月4日	9月23日	5月19日	25.0	234
2018	4月9日	8月17日	4月30日	21.1	150
2019	3月28日	10月1日	5月5日	22.8	164
2020	3月27日	10月16日	5月10日	41.7	228
平均	4月2日	8月24日	5月9日	22.8	159

(3)2012—2020 年，房山区杨柳科花粉浓度平均值为 238.2 粒/1000 mm^2，最大值为 65250 粒/1000 mm^2，最大值出现在 2020 年 3 月 22 日，见表 2-19。

表 2-19　2012—2020 年房山杨柳科花粉浓度

年份	最早出现日	最晚结束日	最大值出现日	花粉季浓度平均值/(粒/1000 mm²)	浓度最大值/(粒/1000 mm²)
2012	3月1日	4月22日	4月4日	69.3	630
2013	3月20日	4月24日	4月8日	16.0	44
2014	3月24日	5月4日	3月24日	97.9	468
2015	3月3日	5月3日	3月25日	99.8	1322
2016	3月2日	4月30日	3月18日	76.8	812
2017	3月9日	5月2日	3月11日	52.5	324
2018	3月12日	4月29日	3月27日	384.8	6690
2019	3月1日	4月29日	3月20日	213.0	3800
2020	3月1日	5月30日	3月22日	1133.8	65250
平均	3月8日	5月2日	3月24日	238.2	8816

(4)2012—2020 年，房山区菊科(不含蒿属)花粉浓度平均值为 5.5 粒/1000 mm^2，最大值为 74 粒/1000 mm^2，最大值出现在 2018 年 5 月 12 日，见表 2-20。

表 2-20　2012—2020 年房山菊科(不含蒿属)花粉浓度

年份	最早出现日	最晚结束日	最大值出现日	花粉季浓度平均值/(粒/1000 mm²)	浓度最大值/(粒/1000 mm²)
2012	5月14日	9月16日	5月28日	2.5	4
2013	9月7日	9月13日	9月7日	2.0	2
2014	4月28日	9月29日	8月23日	2.8	6
2015	4月28日	10月11日	9月30日	4.6	16
2016	4月21日	10月16日	4月21日	4.8	16
2017	4月23日	9月24日	5月13日	3.2	12
2018	5月1日	10月6日	5月12日	12.0	74
2019	4月20日	10月8日	9月2日	7.0	56

续表

年份	最早出现日	最晚结束日	最大值出现日	花粉季浓度平均值/(粒/1000 mm^2)	浓度最大值/(粒/1000 mm^2)
2020	4月21日	10月12日	5月10日	10.6	64
平均	5月11日	10月1日	7月3日	5.5	28

(5)2012—2020年，房山区菊科蒿属花粉浓度平均值为42.7粒/1000 mm^2，最大值为1160粒/1000 mm^2，最大值出现在2016年9月8日，见表2-21。

表2-21 2012—2020年房山菊科蒿属花粉浓度

年份	最早出现日	最晚结束日	最大值出现日	花粉季浓度平均值/(粒/1000 mm^2)	浓度最大值/(粒/1000 mm^2)
2012	3月10日	10月5日	8月21日	14.6	56
2013	6月26日	10月1日	8月29日	43.1	252
2014	7月4日	10月5日	9月6日	55.5	532
2015	5月20日	10月8日	8月22日	36.4	188
2016	7月16日	10月16日	9月8日	61.7	1160
2017	7月11日	10月14日	9月7日	48.4	486
2018	7月9日	10月14日	9月6日	35.7	174
2019	5月21日	7月1日	5月21日	2.0	2
2020	7月6日	10月15日	9月3日	86.6	974
平均	6月13日	9月28日	8月20日	42.7	425

(6)2012—2020年，房山区禾本科花粉浓度平均值为10.3粒/1000 mm^2，最大值为1164粒/1000 mm^2，最大值出现在2018年5月14日，见表2-22。

表2-22 2012—2020年房山禾本科花粉浓度

年份	最早出现日	最晚结束日	最大值出现日	花粉季浓度平均值/(粒/1000 mm^2)	浓度最大值/(粒/1000 mm^2)
2012	5月9日	10月6日	5月31日	9.7	74
2013	4月2日	10月1日	8月18日	10.3	52
2014	5月1日	10月5日	9月8日	7.7	64
2015	5月13日	10月15日	9月8日	7.9	40
2016	4月14日	10月12日	5月21日	9.9	172
2017	5月1日	10月15日	9月19日	11.7	118
2018	5月5日	10月14日	5月14日	18.5	1164
2019	4月30日	10月15日	9月10日	8.1	134
2020	4月4日	10月14日	8月25日	9.1	36
平均	4月25日	10月10日	7月31日	10.3	206

(7)2012—2020 年,房山区藜科花粉浓度平均值为 30.0 粒/1000 mm^2,最大值为 1020 粒/1000 mm^2,最大值出现在 2019 年 9 月 10 日,见表 2-23。

表 2-23　2012—2020 年房山藜科花粉浓度

年份	最早出现日	最晚结束日	最大值出现日	花粉季浓度平均值/(粒/1000 mm^2)	浓度最大值/(粒/1000 mm^2)
2012	4 月 4 日	9 月 30 日	7 月 23 日	9.0	76
2013	5 月 3 日	9 月 29 日	8 月 26 日	24.8	316
2014	5 月 12 日	10 月 5 日	8 月 24 日	40.0	524
2015	4 月 27 日	10 月 16 日	9 月 2 日	37.7	272
2016	4 月 16 日	10 月 14 日	9 月 9 日	30.4	388
2017	4 月 27 日	10 月 14 日	9 月 22 日	21.0	150
2018	4 月 7 日	10 月 12 日	9 月 6 日	16.0	120
2019	5 月 10 日	10 月 13 日	9 月 10 日	51.4	1020
2020	6 月 1 日	10 月 12 日	8 月 29 日	39.9	260
平均	4 月 28 日	10 月 9 日	8 月 30 日	30.0	347

(8)2012—2020 年,房山区桑科花粉浓度平均值为 55.8 粒/1000 mm^2,最大值为 812 粒/1000 mm^2,最大值出现在 2013 年 8 月 26 日,见表 2-24。

表 2-24　2012—2020 年房山桑科花粉浓度

年份	最早出现日	最晚结束日	最大值出现日	花粉季浓度平均值/(粒/1000 mm^2)	浓度最大值/(粒/1000 mm^2)
2012	5 月 5 日	10 月 7 日	8 月 31 日	50.6	400
2013	5 月 10 日	10 月 1 日	8 月 26 日	75.3	812
2014	4 月 26 日	10 月 5 日	8 月 24 日	40.1	372
2015	5 月 31 日	10 月 14 日	9 月 1 日	64.0	412
2016	7 月 11 日	10 月 16 日	8 月 25 日	87.0	762
2017	6 月 9 日	10 月 9 日	9 月 5 日	76.5	534
2018	5 月 15 日	10 月 14 日	9 月 3 日	36.9	302
2019	5 月 5 日	10 月 11 日	9 月 10 日	20.1	384
2020	4 月 1 日	10 月 14 日	9 月 1 日	51.6	606
平均	5 月 16 日	10 月 10 日	8 月 31 日	55.8	509

2.1.1.4　丰台区

(1)2012—2020 年,丰台区柏科花粉浓度平均值为 153.6 粒/1000 mm^2,最大值为 10798 粒/1000 mm^2,最大值出现在 2020 年 3 月 18 日,见表 2-25。

表 2-25　2012—2020 年丰台柏科花粉浓度

年份	最早出现日	最晚结束日	最大值出现日	花粉季浓度平均值/(粒/1000 mm^2)	浓度最大值/(粒/1000 mm^2)
2012	3 月 25 日	5 月 30 日	4 月 4 日	148.6	2794
2013	3 月 12 日	5 月 22 日	4 月 2 日	106.8	1254
2014	3 月 24 日	9 月 29 日	3 月 29 日	16.9	94
2015	3 月 5 日	6 月 18 日	3 月 20 日	116.0	1224
2016	3 月 4 日	8 月 15 日	3 月 27 日	121.5	920
2017	3 月 3 日	6 月 11 日	3 月 19 日	114.0	1800
2018	3 月 12 日	9 月 11 日	3 月 24 日	139.9	840
2019	3 月 5 日	8 月 24 日	3 月 17 日	91.4	2240
2020	3 月 1 日	8 月 24 日	3 月 18 日	527.2	10798
平均	3 月 10 日	7 月 24 日	3 月 24 日	153.6	2440

(2)2012—2020 年，丰台区松科花粉浓度平均值为 40.8 粒/1000 mm^2，最大值为 766 粒/1000 mm^2，最大值出现在 2014 年 4 月 15 日，见表 2-26。

表 2-26　2012—2020 年丰台松科花粉浓度

年份	最早出现日	最晚结束日	最大值出现日	花粉季浓度平均值/(粒/1000 mm^2)	浓度最大值/(粒/1000 mm^2)
2012	3 月 23 日	9 月 22 日	5 月 13 日	18.7	152
2013	3 月 31 日	9 月 15 日	5 月 4 日	42.7	378
2014	4 月 2 日	9 月 17 日	4 月 15 日	48.7	766
2015	3 月 16 日	9 月 22 日	4 月 22 日	43.8	480
2016	3 月 12 日	7 月 13 日	5 月 2 日	31.6	188
2017	4 月 8 日	7 月 13 日	4 月 18 日	37.3	188
2018	3 月 15 日	7 月 29 日	4 月 30 日	49.1	336
2019	4 月 13 日	8 月 3 日	5 月 5 日	36.2	248
2020	3 月 21 日	9 月 15 日	5 月 1 日	58.9	336
平均	3 月 26 日	8 月 23 日	4 月 28 日	40.8	341

(3)2012—2020 年，丰台区杨柳科花粉浓度平均值为 117.1 粒/1000 mm^2，最大值为 4092 粒/1000 mm^2，最大值出现在 2020 年 4 月 6 日，见表 2-27。

表 2-27　2012—2020 年丰台杨柳科花粉浓度

年份	最早出现日	最晚结束日	最大值出现日	花粉季浓度平均值/(粒/1000 mm^2)	浓度最大值/(粒/1000 mm^2)
2012	3 月 22 日	4 月 22 日	3 月 28 日	42.5	156
2013	3 月 18 日	4 月 20 日	4 月 2 日	55.5	444
2014	3 月 24 日	5 月 9 日	4 月 2 日	128.1	598

续表

年份	最早出现日	最晚结束日	最大值出现日	花粉季浓度平均值/(粒/1000 mm^2)	浓度最大值/(粒/1000 mm^2)
2015	3 月 4 日	5 月 9 日	4 月 14 日	99.0	1112
2016	3 月 6 日	4 月 13 日	3 月 17 日	40.8	172
2017	3 月 2 日	4 月 15 日	3 月 18 日	71.1	348
2018	3 月 3 日	4 月 21 日	4 月 12 日	110.2	560
2019	3 月 3 日	5 月 3 日	3 月 20 日	21.4	340
2020	3 月 1 日	5 月 13 日	4 月 6 日	485.1	4092
平均	3 月 9 日	4 月 27 日	3 月 30 日	117.1	869

(4)2012—2020 年,丰台区菊科(不含蒿属)花粉浓度平均值为 3.8 粒/1000 mm^2,最大值为 100 粒/1000 mm^2,最大值出现在 2013 年 6 月 30 日,见表 2-28。

表 2-28　2012—2020 年丰台菊科(不含蒿属)花粉浓度

年份	最早出现日	最晚结束日	最大值出现日	花粉季浓度平均值/(粒/1000 mm^2)	浓度最大值/(粒/1000 mm^2)
2012	9 月 19 日	9 月 29 日	9 月 19 日	2.0	2
2013	5 月 19 日	9 月 24 日	6 月 30 日	9.4	100
2014	5 月 12 日	8 月 22 日	5 月 25 日	2.8	4
2015	3 月 14 日	10 月 13 日	10 月 13 日	2.3	4
2016	5 月 5 日	10 月 10 日	9 月 7 日	2.8	4
2017	4 月 28 日	10 月 7 日	9 月 24 日	3.5	12
2018	3 月 5 日	8 月 27 日	3 月 5 日	2.0	2
2019	5 月 31 日	10 月 15 日	7 月 18 日	4.7	28
2020	5 月 11 日	10 月 4 日	5 月 12 日	4.5	14
平均	5 月 12 日	9 月 26 日	7 月 17 日	3.8	19

(5)2012—2020 年,丰台区菊科蒿属花粉浓度平均值为 55.6 粒/1000 mm^2,最大值为 862 粒/1000 mm^2,最大值出现在 2014 年 9 月 4 日,见表 2-29。

表 2-29　2012—2020 年丰台菊科蒿属花粉浓度

年份	最早出现日	最晚结束日	最大值出现日	花粉季浓度平均值/(粒/1000 mm^2)	浓度最大值/(粒/1000 mm^2)
2012	3 月 29 日	9 月 28 日	8 月 29 日	18.3	160
2013	7 月 7 日	9 月 30 日	8 月 17 日	74.6	596
2014	7 月 9 日	9 月 30 日	9 月 4 日	72.9	862
2015	5 月 13 日	10 月 15 日	9 月 7 日	36.1	230
2016	6 月 25 日	10 月 14 日	9 月 8 日	53.3	480
2017	7 月 14 日	10 月 15 日	8 月 24 日	44.3	264

续表

年份	最早出现日	最晚结束日	最大值出现日	花粉季浓度平均值/(粒/1000 mm²)	浓度最大值/(粒/1000 mm²)
2018	7月3日	10月15日	9月6日	61.1	324
2019	6月12日	9月17日	8月28日	62.3	502
2020	6月4日	10月14日	9月1日	77.9	774
平均	6月12日	10月6日	8月31日	55.6	466

(6)2012—2020年，丰台区禾本科花粉浓度平均值为15.3粒/1000 mm²，最大值为604粒/1000 mm²，最大值出现在2016年5月23日，见表2-30。

表2-30　2012—2020年丰台禾本科花粉浓度

年份	最早出现日	最晚结束日	最大值出现日	花粉季浓度平均值/(粒/1000 mm²)	浓度最大值/(粒/1000 mm²)
2012	5月10日	9月30日	9月20日	7.5	42
2013	4月30日	9月30日	5月29日	13.7	90
2014	5月6日	9月30日	9月15日	7.9	72
2015	4月29日	10月16日	5月30日	20.7	354
2016	4月19日	10月15日	5月23日	25.8	604
2017	4月16日	10月13日	5月20日	16.1	132
2018	5月7日	10月6日	5月14日	16.4	102
2019	5月1日	10月15日	8月29日	7.4	52
2020	3月18日	10月15日	6月8日	22.4	160
平均	4月25日	10月8日	6月30日	15.3	179

(7)2012—2020年，丰台区藜科花粉浓度平均值为22.6粒/1000 mm²，最大值为316粒/1000 mm²，最大值出现在2019年9月1日，见表2-31。

表2-31　2012—2020年丰台藜科花粉浓度

年份	最早出现日	最晚结束日	最大值出现日	花粉季浓度平均值/(粒/1000 mm²)	浓度最大值/(粒/1000 mm²)
2012	4月27日	9月28日	8月19日	6.2	26
2013	4月29日	9月30日	8月17日	25.4	208
2014	4月30日	9月30日	9月6日	28.8	156
2015	3月4日	10月16日	9月3日	27.4	162
2016	4月28日	10月13日	9月7日	15.8	144
2017	4月10日	10月13日	8月24日	17.8	114
2018	4月28日	10月15日	9月6日	18.8	108
2019	3月2日	10月14日	9月1日	25.7	316

续表

年份	最早出现日	最晚结束日	最大值出现日	花粉季浓度平均值 /(粒/1000 mm²)	浓度最大值 /(粒/1000 mm²)
2020	4 月 16 日	10 月 1 日	9 月 1 日	37.7	248
平均	4 月 12 日	10 月 7 日	8 月 30 日	22.6	165

(8)2012—2020 年，丰台区桑科花粉浓度平均值为 45.9 粒/1000 mm^2，最大值为 914 粒/1000 mm^2，最大值出现在 2020 年 9 月 1 日，见表 2-32。

表 2-32　2012—2020 年丰台桑科花粉浓度

年份	最早出现日	最晚结束日	最大值出现日	花粉季浓度平均值 /(粒/1000 mm²)	浓度最大值 /(粒/1000 mm²)
2012	4 月 3 日	9 月 30 日	8 月 30 日	30.3	268
2013	3 月 26 日	9 月 30 日	8 月 29 日	64.1	392
2014	4 月 26 日	9 月 30 日	9 月 4 日	44.1	360
2015	7 月 3 日	10 月 16 日	8 月 29 日	39.3	142
2016	7 月 4 日	10 月 15 日	9 月 13 日	41.3	198
2017	6 月 20 日	10 月 15 日	9 月 8 日	59.7	318
2018	7 月 5 日	10 月 15 日	9 月 6 日	56.3	444
2019	3 月 20 日	10 月 15 日	9 月 1 日	17.3	398
2020	4 月 1 日	10 月 15 日	9 月 1 日	60.7	914
平均	5 月 12 日	10 月 10 日	9 月 3 日	45.9	382

2.1.1.5　海淀区

(1)2012—2020 年，海淀区柏科花粉浓度平均值为 154.3 粒/1000 mm^2，最大值为 6676 粒/1000 mm^2，最大值出现在 2020 年 3 月 17 日，见表 2-33。

表 2-33　2012—2020 年海淀柏科花粉浓度

年份	最早出现日	最晚结束日	最大值出现日	花粉季浓度平均值 /(粒/1000 mm²)	浓度最大值 /(粒/1000 mm²)
2012	3 月 24 日	7 月 20 日	4 月 4 日	103.7	1788
2013	3 月 18 日	6 月 27 日	4 月 12 日	95.6	1652
2014	3 月 24 日	9 月 16 日	3 月 25 日	32.9	282
2015	3 月 2 日	8 月 22 日	3 月 21 日	228.2	2400
2016	3 月 3 日	7 月 8 日	3 月 27 日	163.3	1360
2017	3 月 1 日	9 月 22 日	3 月 10 日	126.3	1188
2018	3 月 12 日	6 月 30 日	3 月 26 日	193.7	1360
2019	3 月 5 日	7 月 1 日	3 月 17 日	107.6	1220
2020	3 月 2 日	7 月 6 日	3 月 17 日	337.4	6676
平均	3 月 10 日	7 月 27 日	3 月 24 日	154.3	1992

(2)2012—2020 年,海淀区松科花粉浓度平均值为 40.1 粒/1000 mm^2,最大值为 722 粒/1000 mm^2,最大值出现在 2020 年 4 月 20 日,见表 2-34。

表 2-34　2012—2020 年海淀松科花粉浓度

年份	最早出现日	最晚结束日	最大值出现日	花粉季浓度平均值/(粒/1000 mm^2)	浓度最大值/(粒/1000 mm^2)
2012	4 月 19 日	9 月 28 日	5 月 13 日	15.3	166
2013	3 月 20 日	9 月 8 日	5 月 15 日	40.9	282
2014	4 月 3 日	9 月 13 日	4 月 29 日	40.3	296
2015	4 月 3 日	9 月 1 日	5 月 1 日	31.4	294
2016	4 月 1 日	8 月 15 日	4 月 22 日	38.4	290
2017	3 月 27 日	9 月 29 日	4 月 29 日	39.8	314
2018	3 月 15 日	10 月 10 日	4 月 30 日	50.9	288
2019	3 月 12 日	7 月 31 日	5 月 16 日	40.8	366
2020	4 月 6 日	8 月 8 日	4 月 20 日	63.2	722
平均	3 月 29 日	9 月 5 日	5 月 2 日	40.1	335

(3)2012—2020 年,海淀区杨柳科花粉浓度平均值为 93.4 粒/1000 mm^2,最大值为 2380 粒/1000 mm^2,最大值出现在 2015 年 3 月 25 日,见表 2-35。

表 2-35　2012—2020 年海淀杨柳科花粉浓度

年份	最早出现日	最晚结束日	最大值出现日	花粉季浓度平均值/(粒/1000 mm^2)	浓度最大值/(粒/1000 mm^2)
2012	3 月 24 日	4 月 22 日	4 月 8 日	89.5	394
2013	3 月 18 日	4 月 21 日	4 月 8 日	76.9	754
2014	3 月 24 日	4 月 23 日	3 月 29 日	236.5	1094
2015	3 月 8 日	5 月 7 日	3 月 25 日	123.9	2380
2016	3 月 6 日	4 月 21 日	3 月 27 日	83.2	580
2017	3 月 2 日	4 月 13 日	3 月 30 日	96.1	382
2018	3 月 15 日	4 月 30 日	3 月 23 日	32.4	138
2019	3 月 1 日	4 月 22 日	3 月 20 日	61.5	1200
2020	3 月 1 日	5 月 6 日	4 月 7 日	40.3	236
平均	3 月 11 日	4 月 25 日	3 月 30 日	93.4	795

(4)2012—2020 年,海淀区菊科(不含蒿属)花粉浓度平均值为 3.1 粒/1000 mm^2,最大值为 12 粒/1000 mm^2,最大值出现在 2019 年 7 月 22 日,见表 2-36。

表 2-36　2012—2020 年海淀菊科(不含蒿属)花粉浓度

年份	最早出现日	最晚结束日	最大值出现日	花粉季浓度平均值/(粒/1000 mm²)	浓度最大值/(粒/1000 mm²)
2012	5月29日	6月13日	5月29日	2.0	2
2013	4月8日	9月1日	4月8日	2.4	4
2014	5月2日	9月5日	9月5日	3.7	10
2015	4月29日	10月15日	10月8日	2.8	8
2016	4月26日	10月9日	5月29日	2.2	4
2017	4月21日	9月22日	4月30日	3.2	6
2018	5月15日	6月15日	5月22日	4.0	6
2019	5月24日	10月8日	7月22日	3.7	12
2020	5月2日	9月27日	6月14日	4.3	10
平均	5月4日	9月2日	6月21日	3.1	7

(5)2012—2020 年,海淀区菊科蒿属花粉浓度平均值为 54.0 粒/1000 mm²,最大值为 1860 粒/1000 mm²,最大值出现在 2019 年 8 月 28 日,见表 2-37。

表 2-37　2012—2020 年海淀菊科蒿属花粉浓度

年份	最早出现日	最晚结束日	最大值出现日	花粉季浓度平均值/(粒/1000 mm²)	浓度最大值/(粒/1000 mm²)
2012	4月9日	9月30日	8月29日	14.6	100
2013	7月4日	9月30日	8月13日	49.4	366
2014	7月8日	9月30日	7月13日	43.0	280
2015	7月2日	10月8日	9月2日	41.3	238
2016	7月23日	10月14日	8月31日	46.2	348
2017	7月12日	10月16日	9月6日	25.8	154
2018	3月1日	10月15日	9月3日	34.9	192
2019	5月31日	9月21日	8月28日	198.2	1860
2020	6月4日	10月15日	9月2日	32.9	278
平均	6月6日	10月6日	8月24日	54.0	424

(6)2012—2020 年,海淀区禾本科花粉浓度平均值为 7.4 粒/1000 mm²,最大值为 110 粒/1000 mm²,最大值出现在 2019 年 9 月 11 日,见表 2-38。

表 2-38　2012—2020 年海淀禾本科花粉浓度

年份	最早出现日	最晚结束日	最大值出现日	花粉季浓度平均值/(粒/1000 mm²)	浓度最大值/(粒/1000 mm²)
2012	5月5日	9月29日	5月19日	9.9	56
2013	4月30日	9月30日	9月19日	5.7	44
2014	5月1日	9月29日	5月20日	7.7	50

续表

年份	最早出现日	最晚结束日	最大值出现日	花粉季浓度平均值 /(粒/1000 mm²)	浓度最大值 /(粒/1000 mm²)
2015	5月3日	10月8日	8月14日	3.9	12
2016	5月1日	10月14日	8月31日	4.4	16
2017	4月23日	10月9日	9月15日	5.5	26
2018	5月10日	10月9日	9月27日	3.8	14
2019	5月17日	10月13日	9月11日	15.1	110
2020	5月8日	10月15日	6月11日	10.7	90
平均	5月4日	10月7日	8月5日	7.4	46

(7)2012—2020年,海淀区藜科花粉浓度平均值为19.0粒/1000 mm^2,最大值为284粒/1000 mm^2,最大值出现在2019年9月20日,见表2-39。

表2-39　2012—2020年海淀藜科花粉浓度

年份	最早出现日	最晚结束日	最大值出现日	花粉季浓度平均值 /(粒/1000 mm²)	浓度最大值 /(粒/1000 mm²)
2012	5月9日	9月28日	7月23日	7.2	118
2013	5月2日	9月29日	8月27日	14.1	80
2014	5月26日	9月28日	8月25日	17.8	66
2015	4月27日	10月11日	8月29日	18.7	116
2016	5月8日	10月13日	9月7日	11.4	80
2017	6月17日	10月11日	8月27日	12.2	72
2018	5月7日	10月14日	9月3日	8.9	46
2019	4月30日	10月12日	9月20日	49.2	284
2020	3月5日	10月14日	9月16日	31.7	282
平均	5月4日	10月7日	8月30日	19.0	127

(8)2012—2020年,海淀区桑科花粉浓度平均值为29.0粒/1000 mm^2,最大值为330粒/1000 mm^2,最大值出现在2017年9月8日,见表2-40。

表2-40　2012—2020年海淀桑科花粉浓度

年份	最早出现日	最晚结束日	最大值出现日	花粉季浓度平均值 /(粒/1000 mm²)	浓度最大值 /(粒/1000 mm²)
2012	4月17日	9月30日	8月30日	12.1	104
2013	4月2日	9月30日	9月1日	36.5	250
2014	4月21日	9月30日	8月24日	20.9	120
2015	7月3日	10月15日	8月29日	32.2	224
2016	7月9日	10月15日	9月5日	25.3	164
2017	6月20日	10月15日	9月8日	44.5	330

续表

年份	最早出现日	最晚结束日	最大值出现日	花粉季浓度平均值/(粒/1000 mm²)	浓度最大值/(粒/1000 mm²)
2018	6 月 1 日	10 月 15 日	9 月 9 日	17.6	80
2019	4 月 30 日	9 月 20 日	8 月 24 日	36.8	312
2020	5 月 2 日	10 月 12 日	8 月 28 日	34.7	206
平均	5 月 18 日	10 月 6 日	8 月 31 日	29.0	199

2.1.1.6　怀柔区

(1)2012—2020 年,怀柔区柏科花粉浓度平均值为 238.6 粒/1000 mm^2,最大值为 22592 粒/1000 mm^2,最大值出现在 2020 年 3 月 21 日,见表 2-41。

表 2-41　2012—2020 年怀柔柏科花粉浓度

年份	最早出现日	最晚结束日	最大值出现日	花粉季浓度平均值/(粒/1000 mm²)	浓度最大值/(粒/1000 mm²)
2012	4 月 9 日	6 月 22 日	4 月 9 日	120.4	556
2013	3 月 11 日	9 月 8 日	4 月 12 日	190.8	2584
2014	3 月 30 日	9 月 5 日	4 月 2 日	30.9	234
2015	3 月 1 日	6 月 11 日	3 月 21 日	156.1	988
2016	3 月 3 日	10 月 11 日	3 月 27 日	191.0	2600
2017	3 月 6 日	10 月 5 日	3 月 30 日	104.0	1380
2018	3 月 4 日	8 月 28 日	3 月 28 日	272.0	2520
2019	3 月 3 日	7 月 1 日	3 月 16 日	309.3	3150
2020	3 月 1 日	9 月 15 日	3 月 21 日	773.3	22592
平均	3 月 11 日	8 月 18 日	3 月 28 日	238.6	4067

(2)2012—2020 年,怀柔区松科花粉浓度平均值为 63.5 粒/1000 mm^2,最大值为 1000 粒/1000 mm^2,最大值出现在 2019 年 5 月 5 日,见表 2-42。

表 2-42　2012—2020 年怀柔松科花粉浓度

年份	最早出现日	最晚结束日	最大值出现日	花粉季浓度平均值/(粒/1000 mm²)	浓度最大值/(粒/1000 mm²)
2012	4 月 13 日	9 月 10 日	5 月 12 日	46.0	364
2013	3 月 22 日	8 月 1 日	5 月 8 日	60.7	828
2014	3 月 31 日	9 月 4 日	4 月 22 日	73.3	580
2015	3 月 3 日	7 月 30 日	4 月 26 日	44.9	336
2016	4 月 12 日	8 月 21 日	5 月 2 日	73.9	664
2017	3 月 26 日	10 月 9 日	4 月 22 日	43.6	336
2018	3 月 31 日	10 月 10 日	4 月 27 日	78.2	858
2019	3 月 21 日	8 月 21 日	5 月 5 日	74.8	1000

续表

年份	最早出现日	最晚结束日	最大值出现日	花粉季浓度平均值/(粒/1000 mm²)	浓度最大值/(粒/1000 mm²)
2020	3月7日	9月7日	4月24日	76.5	556
平均	3月25日	9月2日	4月29日	63.5	614

(3)2012—2020年,怀柔区杨柳科花粉浓度平均值为52.4粒/1000 mm²,最大值为828粒/1000 mm²,最大值出现在2020年3月26日,见表2-43。

表2-43　2012—2020年怀柔杨柳科花粉浓度

年份	最早出现日	最晚结束日	最大值出现日	花粉季浓度平均值/(粒/1000 mm²)	浓度最大值/(粒/1000 mm²)
2012	3月15日	4月22日	4月10日	100.2	468
2013	3月11日	4月2日	3月25日	5.3	20
2014	3月30日	5月7日	4月9日	66.5	292
2015	3月1日	4月30日	3月31日	48.6	188
2016	3月14日	4月20日	3月21日	47.4	222
2017	3月10日	4月12日	3月16日	35.3	170
2018	3月13日	4月29日	4月16日	53.5	316
2019	3月6日	5月10日	3月29日	26.6	246
2020	3月1日	5月5日	3月26日	88.2	828
平均	3月11日	4月25日	3月30日	52.4	306

(4)2012—2020年,怀柔区菊科(不含蒿属)花粉浓度平均值为5.4粒/1000 mm²,最大值为166粒/1000 mm²,最大值出现在2013年8月7日,见表2-44。

表2-44　2012—2020年怀柔菊科(不含蒿属)花粉浓度

年份	最早出现日	最晚结束日	最大值出现日	花粉季浓度平均值/(粒/1000 mm²)	浓度最大值/(粒/1000 mm²)
2012	5月10日	6月21日	5月23日	7.6	20
2013	5月11日	10月4日	8月7日	12.8	166
2014	5月24日	9月17日	8月26日	3.0	8
2015	6月2日	9月27日	6月2日	3.4	8
2016	4月16日	9月22日	6月2日	2.3	4
2017	5月5日	10月12日	8月30日	3.5	8
2018	4月28日	10月11日	5月9日	5.0	16
2019	5月8日	10月15日	7月18日	6.8	38
2020	5月10日	9月21日	8月22日	4.4	22
平均	5月9日	9月19日	7月9日	5.4	32

(5)2012—2020 年，怀柔区菊科蒿属花粉浓度平均值为 52.6 粒/1000 mm^2，最大值为 572 粒/1000 mm^2，最大值出现在 2019 年 8 月 31 日，见表 2-45。

表 2-45　2012—2020 年怀柔菊科蒿属花粉浓度

年份	最早出现日	最晚结束日	最大值出现日	花粉季浓度平均值/(粒/1000 mm^2)	浓度最大值/(粒/1000 mm^2)
2012	3 月 21 日	9 月 30 日	8 月 25 日	52.4	432
2013	7 月 4 日	10 月 8 日	8 月 22 日	66.0	382
2014	6 月 28 日	9 月 30 日	9 月 6 日	50.8	372
2015	6 月 9 日	10 月 14 日	9 月 2 日	56.3	462
2016	6 月 19 日	10 月 14 日	9 月 7 日	37.3	216
2017	7 月 7 日	9 月 29 日	9 月 7 日	31.6	178
2018	5 月 25 日	10 月 14 日	9 月 5 日	34.6	170
2019	3 月 1 日	10 月 15 日	8 月 31 日	88.3	572
2020	7 月 23 日	10 月 11 日	9 月 1 日	55.8	612
平均	6 月 1 日	10 月 8 日	9 月 1 日	52.6	377

(6)2012—2020 年，怀柔区禾本科花粉浓度平均值为 10.0 粒/1000 mm^2，最大值为 2172 粒/1000 mm^2，最大值出现在 2012 年 5 月 29 日，见表 2-46。

表 2-46　2012—2020 年怀柔禾本科花粉浓度

年份	最早出现日	最晚结束日	最大值出现日	花粉季浓度平均值/(粒/1000 mm^2)	浓度最大值/(粒/1000 mm^2)
2012	4 月 17 日	9 月 29 日	5 月 29 日	38.6	2172
2013	4 月 3 日	10 月 8 日	9 月 20 日	5.2	44
2014	5 月 4 日	9 月 30 日	9 月 11 日	4.3	18
2015	5 月 15 日	10 月 6 日	5 月 24 日	6.6	58
2016	4 月 25 日	10 月 15 日	9 月 22 日	7.3	32
2017	5 月 3 日	10 月 7 日	9 月 8 日	4.1	24
2018	5 月 8 日	10 月 6 日	9 月 25 日	6.6	26
2019	4 月 21 日	10 月 11 日	9 月 22 日	8.7	106
2020	3 月 31 日	10 月 8 日	9 月 22 日	8.3	92
平均	4 月 24 日	10 月 6 日	8 月 24 日	10.0	286

(7)2012—2020 年，怀柔区藜科花粉浓度平均值为 13.9 粒/1000 mm^2，最大值为 150 粒/1000 mm^2，最大值出现在 2020 年 9 月 2 日，见表 2-47。

表 2-47　2012—2020 年怀柔藜科花粉浓度

年份	最早出现日	最晚结束日	最大值出现日	花粉季浓度平均值/(粒/1000 mm^2)	浓度最大值/(粒/1000 mm^2)
2012	3 月 15 日	9 月 30 日	7 月 23 日	12.6	100
2013	5 月 21 日	10 月 4 日	9 月 16 日	9.0	38
2014	4 月 25 日	9 月 29 日	9 月 6 日	21.1	112
2015	4 月 21 日	10 月 8 日	9 月 4 日	11.3	60
2016	5 月 19 日	10 月 14 日	9 月 7 日	8.9	54
2017	5 月 16 日	10 月 4 日	9 月 2 日	11.0	72
2018	5 月 4 日	10 月 15 日	9 月 1 日	10.5	82
2019	5 月 28 日	10 月 15 日	9 月 4 日	23.7	136
2020	3 月 8 日	10 月 13 日	9 月 2 日	16.6	150
平均	4 月 27 日	10 月 8 日	8 月 31 日	13.9	89

(8)2012—2020 年，怀柔区桑科花粉浓度平均值为 43.0 粒/1000 mm^2，最大值为 434 粒/1000 mm^2，最大值出现在 2020 年 8 月 28 日，见表 2-48。

表 2-48　2012—2020 年怀柔桑科花粉浓度

年份	最早出现日	最晚结束日	最大值出现日	花粉季浓度平均值/(粒/1000 mm^2)	浓度最大值/(粒/1000 mm^2)
2012	4 月 13 日	9 月 28 日	8 月 27 日	26.7	208
2013	4 月 24 日	10 月 8 日	8 月 31 日	39.6	222
2014	4 月 27 日	9 月 29 日	4 月 28 日	26.0	258
2015	5 月 7 日	10 月 15 日	8 月 29 日	36.0	220
2016	7 月 4 日	10 月 14 日	9 月 7 日	64.9	330
2017	6 月 22 日	10 月 9 日	9 月 7 日	45.1	218
2018	5 月 14 日	10 月 15 日	9 月 1 日	39.0	246
2019	5 月 3 日	10 月 11 日	9 月 1 日	38.2	302
2020	4 月 12 日	10 月 7 日	8 月 28 日	71.3	434
平均	5 月 10 日	10 月 8 日	8 月 17 日	43.0	271

2.1.1.7　门头沟区

(1)2012—2020 年，门头沟区柏科花粉浓度平均值为 218.2 粒/1000 mm^2，最大值为 25770 粒/1000 mm^2，最大值出现在 2020 年 3 月 18 日，见表 2-49。

表 2-49　2012—2020 年门头沟柏科花粉浓度

年份	最早出现日	最晚结束日	最大值出现日	花粉季浓度平均值/(粒/1000 mm^2)	浓度最大值/(粒/1000 mm^2)
2012	3 月 18 日	7 月 6 日	4 月 9 日	17.0	172
2013	3 月 11 日	6 月 28 日	4 月 2 日	264.1	4120

续表

年份	最早出现日	最晚结束日	最大值出现日	花粉季浓度平均值/(粒/1000 mm^2)	浓度最大值/(粒/1000 mm^2)
2014	3 月 24 日	6 月 1 日	3 月 26 日	48.7	320
2015	3 月 9 日	8 月 8 日	3 月 24 日	61.8	464
2016	3 月 2 日	7 月 29 日	3 月 22 日	162.4	1428
2017	3 月 1 日	7 月 14 日	3 月 19 日	71.6	1540
2018	3 月 12 日	9 月 11 日	3 月 25 日	342.9	3600
2019	3 月 1 日	7 月 6 日	3 月 17 日	71.5	840
2020	3 月 2 日	8 月 4 日	3 月 18 日	923.9	25770
平均	3 月 8 日	7 月 19 日	3 月 24 日	218.2	4250

(2)2012—2020 年，门头沟区松科花粉浓度平均值为 31.3 粒/1000 mm^2，最大值为 610 粒/1000 mm^2，最大值出现在 2020 年 4 月 19 日，见表 2-50。

表 2-50　2012—2020 年门头沟松科花粉浓度

年份	最早出现日	最晚结束日	最大值出现日	花粉季浓度平均值/(粒/1000 mm^2)	浓度最大值/(粒/1000 mm^2)
2012	4 月 23 日	6 月 28 日	5 月 8 日	14.6	136
2013	3 月 12 日	7 月 27 日	5 月 7 日	32.9	170
2014	3 月 25 日	6 月 26 日	4 月 22 日	25.1	208
2015	3 月 3 日	10 月 10 日	4 月 25 日	20.3	114
2016	4 月 16 日	7 月 24 日	4 月 30 日	25.0	142
2017	4 月 4 日	7 月 8 日	5 月 18 日	20.6	174
2018	4 月 10 日	10 月 14 日	4 月 30 日	38.5	180
2019	3 月 28 日	10 月 4 日	5 月 16 日	30.2	144
2020	3 月 23 日	9 月 10 日	4 月 19 日	74.1	610
平均	3 月 29 日	8 月 16 日	5 月 2 日	31.3	209

(3)2012—2020 年，门头沟区杨柳科花粉浓度平均值为 36.4 粒/1000 mm^2，最大值为 1442 粒/1000 mm^2，最大值出现在 2020 年 3 月 27 日，见表 2-51。

表 2-51　2012—2020 年门头沟杨柳科花粉浓度

年份	最早出现日	最晚结束日	最大值出现日	花粉季浓度平均值/(粒/1000 mm^2)	浓度最大值/(粒/1000 mm^2)
2012	3 月 23 日	4 月 26 日	3 月 29 日	20.5	106
2013	3 月 15 日	4 月 28 日	4 月 7 日	15.5	114
2014	3 月 24 日	4 月 25 日	3 月 25 日	64.4	200
2015	3 月 9 日	4 月 27 日	3 月 26 日	27.7	150
2016	3 月 7 日	4 月 10 日	3 月 18 日	25.4	272

续表

年份	最早出现日	最晚结束日	最大值出现日	花粉季浓度平均值/(粒/1000 mm^2)	浓度最大值/(粒/1000 mm^2)
2017	3月8日	5月10日	3月11日	25.6	162
2018	3月21日	5月1日	3月24日	12.0	54
2019	3月9日	5月7日	4月16日	25.0	126
2020	3月1日	4月21日	3月27日	111.5	1442
平均	3月13日	4月27日	3月27日	36.4	292

(4)2012—2020年,门头沟区菊科(不含蒿属)花粉浓度平均值为6.7粒/1000 mm^2,最大值为174粒/1000 mm^2,最大值出现在2020年7月31日,见表2-52。

表2-52　2012—2020年门头沟菊科(不含蒿属)花粉浓度

年份	最早出现日	最晚结束日	最大值出现日	花粉季浓度平均值/(粒/1000 mm^2)	浓度最大值/(粒/1000 mm^2)
2012	5月12日	9月19日	5月23日	3.2	6
2013	5月19日	9月21日	9月6日	15.4	110
2014	5月11日	9月16日	9月15日	6.0	10
2015	6月15日	10月13日	9月20日	5.1	20
2016	5月16日	10月16日	5月28日	4.0	18
2017	4月30日	10月28日	8月25日	4.7	16
2018	4月28日	10月14日	8月22日	5.6	22
2019	6月11日	10月20日	9月4日	7.0	42
2020	4月24日	9月22日	5月9日	8.9	174
平均	5月15日	10月5日	7月31日	6.7	46

(5)2012—2020年,门头沟区菊科蒿属花粉浓度平均值为59.9粒/1000 mm^2,最大值为1184粒/1000 mm^2,最大值出现在2019年8月28日,见表2-53。

表2-53　2012—2020年门头沟菊科蒿属花粉浓度

年份	最早出现日	最晚结束日	最大值出现日	花粉季浓度平均值/(粒/1000 mm^2)	浓度最大值/(粒/1000 mm^2)
2012	5月22日	9月29日	8月31日	26.6	196
2013	6月18日	9月30日	9月6日	62.5	462
2014	7月9日	9月30日	9月4日	55.1	382
2015	7月16日	10月13日	9月2日	42.5	204
2016	7月1日	10月15日	8月31日	67.2	516
2017	7月23日	10月28日	8月24日	41.4	318
2018	5月22日	10月15日	9月4日	43.7	264
2019	4月12日	10月20日	8月28日	126.6	1184

续表

年份	最早出现日	最晚结束日	最大值出现日	花粉季浓度平均值/(粒/1000 mm^2)	浓度最大值/(粒/1000 mm^2)
2020	7 月 16 日	10 月 13 日	9 月 6 日	73.3	848
平均	6 月 18 日	10 月 11 日	9 月 1 日	59.9	486

(6)2012—2020 年,门头沟区禾本科花粉浓度平均值为 7.7 粒/1000 mm^2,最大值为 132 粒/1000 mm^2,最大值出现在 2019 年 9 月 17 日,见表 2-54。

表 2-54 2012—2020 年门头沟禾本科花粉浓度

年份	最早出现日	最晚结束日	最大值出现日	花粉季浓度平均值/(粒/1000 mm^2)	浓度最大值/(粒/1000 mm^2)
2012	5 月 18 日	10 月 2 日	8 月 29 日	5.6	24
2013	4 月 25 日	9 月 30 日	9 月 19 日	9.1	54
2014	4 月 17 日	9 月 29 日	9 月 10 日	6.4	40
2015	5 月 20 日	10 月 13 日	8 月 14 日	6.6	24
2016	4 月 13 日	10 月 15 日	8 月 31 日	5.6	48
2017	4 月 27 日	10 月 21 日	9 月 12 日	6.9	36
2018	5 月 9 日	10 月 12 日	9 月 6 日	5.3	24
2019	4 月 10 日	10 月 18 日	9 月 17 日	13.2	132
2020	4 月 12 日	10 月 14 日	9 月 21 日	11.0	72
平均	4 月 26 日	10 月 10 日	9 月 7 日	7.7	50

(7)2012—2020 年,门头沟区藜科花粉浓度平均值为 28.8 粒/1000 mm^2,最大值为 572 粒/1000 mm^2,最大值出现在 2014 年 9 月 8 日,见表 2-55。

表 2-55 2012—2020 年门头沟藜科花粉浓度

年份	最早出现日	最晚结束日	最大值出现日	花粉季浓度平均值/(粒/1000 mm^2)	浓度最大值/(粒/1000 mm^2)
2012	3 月 16 日	10 月 2 日	8 月 18 日	10.8	106
2013	5 月 13 日	9 月 30 日	8 月 29 日	38.5	230
2014	4 月 21 日	9 月 29 日	9 月 8 日	71.7	572
2015	5 月 25 日	10 月 16 日	9 月 3 日	33.9	252
2016	5 月 1 日	10 月 11 日	8 月 25 日	11.7	48
2017	4 月 30 日	10 月 12 日	8 月 24 日	12.4	78
2018	4 月 14 日	10 月 14 日	9 月 6 日	18.7	92
2019	5 月 3 日	10 月 20 日	9 月 2 日	38.9	222
2020	4 月 25 日	10 月 15 日	8 月 30 日	22.8	166
平均	4 月 26 日	10 月 9 日	8 月 29 日	28.8	196

(8)2012—2020 年,门头沟区桑科花粉浓度平均值为 47.3 粒/1000 mm^2,最大值为 3238 粒/1000 mm^2,最大值出现在 2020 年 4 月 29 日,见表 2-56。

表 2-56　2012—2020 年门头沟桑科花粉浓度

年份	最早出现日	最晚结束日	最大值出现日	花粉季浓度平均值/(粒/1000 mm^2)	浓度最大值/(粒/1000 mm^2)
2012	4 月 16 日	10 月 2 日	8 月 31 日	13.4	164
2013	3 月 31 日	9 月 30 日	9 月 2 日	94.8	396
2014	4 月 7 日	9 月 28 日	9 月 5 日	29.2	132
2015	7 月 13 日	10 月 15 日	8 月 25 日	28.3	170
2016	7 月 9 日	10 月 16 日	8 月 30 日	42.9	384
2017	5 月 15 日	10 月 21 日	9 月 9 日	43.7	240
2018	5 月 28 日	10 月 15 日	9 月 11 日	22.4	140
2019	4 月 17 日	10 月 18 日	9 月 5 日	41.9	460
2020	4 月 7 日	10 月 15 日	4 月 29 日	109.4	3238
平均	5 月 9 日	10 月 11 日	8 月 20 日	47.3	592

2.1.1.8　密云区

(1)2012—2020 年,密云区柏科花粉浓度平均值为 151.2 粒/1000 mm^2,最大值为 9100 粒/1000 mm^2,最大值出现在 2020 年 3 月 21 日,见表 2-57。

表 2-57　2012—2020 年密云柏科花粉浓度

年份	最早出现日	最晚结束日	最大值出现日	花粉季浓度平均值/(粒/1000 mm^2)	浓度最大值/(粒/1000 mm^2)
2012	3 月 14 日	4 月 24 日	4 月 8 日	88.6	368
2013	3 月 11 日	8 月 23 日	4 月 12 日	93.3	1908
2014	3 月 24 日	8 月 14 日	3 月 26 日	52.3	358
2015	3 月 1 日	8 月 14 日	3 月 27 日	126.8	1164
2016	3 月 5 日	6 月 9 日	3 月 27 日	114.4	1140
2017	3 月 6 日	8 月 10 日	3 月 19 日	70.9	732
2018	3 月 10 日	9 月 20 日	3 月 28 日	193.6	1320
2019	3 月 1 日	7 月 3 日	3 月 20 日	131.9	1520
2020	3 月 2 日	5 月 21 日	3 月 21 日	489.3	9100
平均	3 月 8 日	7 月 15 日	3 月 27 日	151.2	1957

(2)2012—2020 年,密云区松科花粉浓度平均值为 54.4 粒/1000 mm^2,最大值为 744 粒/1000 mm^2,最大值出现在 2019 年 5 月 5 日,见表 2-58。

表 2-58　2012—2020 年密云松科花粉浓度

年份	最早出现日	最晚结束日	最大值出现日	花粉季浓度平均值/(粒/1000 mm²)	浓度最大值/(粒/1000 mm²)
2012	4 月 8 日	7 月 1 日	5 月 7 日	53.2	584
2013	3 月 27 日	9 月 27 日	5 月 8 日	76.1	498
2014	3 月 27 日	8 月 15 日	4 月 27 日	54.0	482
2015	4 月 16 日	10 月 8 日	4 月 25 日	39.3	196
2016	4 月 12 日	9 月 27 日	5 月 2 日	50.6	636
2017	3 月 15 日	8 月 13 日	4 月 23 日	36.7	366
2018	4 月 8 日	10 月 7 日	5 月 1 日	68.9	486
2019	4 月 4 日	10 月 3 日	5 月 5 日	56.7	744
2020	3 月 4 日	10 月 11 日	4 月 29 日	53.9	492
平均	3 月 30 日	9 月 12 日	4 月 30 日	54.4	498

(3)2012—2020 年，密云区杨柳科花粉浓度平均值为 55.1 粒/1000 mm²，最大值为 1790 粒/1000 mm²，最大值出现在 2020 年 3 月 21 日，见表 2-59。

表 2-59　2012—2020 年密云杨柳科花粉浓度

年份	最早出现日	最晚结束日	最大值出现日	花粉季浓度平均值/(粒/1000 mm²)	浓度最大值/(粒/1000 mm²)
2012	3 月 17 日	4 月 22 日	4 月 12 日	36.0	108
2013	3 月 10 日	4 月 12 日	4 月 6 日	11.3	56
2014	3 月 24 日	4 月 15 日	3 月 28 日	119.1	404
2015	3 月 7 日	5 月 1 日	3 月 29 日	33.3	160
2016	3 月 15 日	4 月 24 日	3 月 22 日	31.3	180
2017	3 月 11 日	5 月 2 日	3 月 16 日	30.4	120
2018	3 月 5 日	4 月 30 日	4 月 2 日	39.3	200
2019	3 月 16 日	4 月 22 日	3 月 27 日	31.1	132
2020	3 月 1 日	4 月 30 日	3 月 21 日	163.9	1790
平均	3 月 11 日	4 月 24 日	3 月 28 日	55.1	350

(4)2012—2020 年，密云区菊科(不含蒿属)花粉浓度平均值为 4.8 粒/1000 mm²，最大值为 80 粒/1000 mm²，最大值出现在 2013 年 6 月 10 日，见表 2-60。

表 2-60　2012—2020 年密云菊科(不含蒿属)花粉浓度

年份	最早出现日	最晚结束日	最大值出现日	花粉季浓度平均值/(粒/1000 mm²)	浓度最大值/(粒/1000 mm²)
2012	5 月 23 日	8 月 28 日	8 月 28 日	6.0	18
2013	3 月 25 日	9 月 5 日	6 月 10 日	13.4	80
2014	5 月 13 日	9 月 29 日	9 月 9 日	2.5	6

续表

年份	最早出现日	最晚结束日	最大值出现日	花粉季浓度平均值 /(粒/1000 mm²)	浓度最大值 /(粒/1000 mm²)
2015	5 月 6 日	10 月 8 日	8 月 29 日	2.3	4
2016	6 月 9 日	8 月 20 日	6 月 9 日	2.0	2
2017	5 月 3 日	9 月 10 日	9 月 4 日	2.4	4
2018	7 月 6 日	9 月 13 日	9 月 13 日	5.0	14
2019	4 月 17 日	10 月 7 日	9 月 7 日	7.1	42
2020	4 月 28 日	10 月 9 日	4 月 28 日	2.7	8
平均	5 月 11 日	9 月 17 日	8 月 1 日	4.8	20

(5)2012—2020 年，密云区菊科蒿属花粉浓度平均值为 58.0 粒/1000 mm^2，最大值为 854 粒/1000 mm^2，最大值出现在 2019 年 8 月 23 日，见表 2-61。

表 2-61　2012—2020 年密云菊科蒿属花粉浓度

年份	最早出现日	最晚结束日	最大值出现日	花粉季浓度平均值 /(粒/1000 mm²)	浓度最大值 /(粒/1000 mm²)
2012	3 月 15 日	10 月 2 日	8 月 1 日	34.4	334
2013	6 月 30 日	10 月 1 日	9 月 2 日	56.0	242
2014	7 月 8 日	9 月 30 日	9 月 3 日	64.9	546
2015	8 月 2 日	10 月 4 日	9 月 2 日	92.8	642
2016	6 月 26 日	10 月 15 日	9 月 6 日	36.6	242
2017	7 月 14 日	10 月 15 日	9 月 1 日	28.6	186
2018	7 月 6 日	10 月 14 日	9 月 5 日	30.5	152
2019	5 月 14 日	10 月 15 日	8 月 23 日	121.7	854
2020	3 月 20 日	10 月 5 日	9 月 1 日	56.1	556
平均	6 月 7 日	10 月 7 日	8 月 29 日	58.0	417

(6)2012—2020 年，密云区禾本科花粉浓度平均值为 6.2 粒/1000 mm^2，最大值为 98 粒/1000 mm^2，最大值出现在 2020 年 6 月 17 日，见表 2-62。

表 2-62　2012—2020 年密云禾本科花粉浓度

年份	最早出现日	最晚结束日	最大值出现日	花粉季浓度平均值 /(粒/1000 mm²)	浓度最大值 /(粒/1000 mm²)
2012	4 月 14 日	10 月 3 日	8 月 18 日	4.5	12
2013	4 月 15 日	9 月 29 日	4 月 15 日	6.2	44
2014	4 月 18 日	9 月 30 日	9 月 10 日	5.5	34
2015	5 月 11 日	10 月 10 日	8 月 29 日	7.9	48
2016	4 月 21 日	10 月 11 日	8 月 25 日	5.2	24
2017	4 月 21 日	10 月 11 日	5 月 25 日	5.2	20

续表

年份	最早出现日	最晚结束日	最大值出现日	花粉季浓度平均值/(粒/1000 mm²)	浓度最大值/(粒/1000 mm²)
2018	5 月 17 日	9 月 29 日	8 月 15 日	3.6	14
2019	5 月 2 日	10 月 15 日	9 月 2 日	9.1	38
2020	3 月 5 日	10 月 15 日	6 月 17 日	9.0	98
平均	4 月 20 日	10 月 7 日	7 月 24 日	6.2	37

(7)2012—2020 年，密云区藜科花粉浓度平均值为 13.6 粒/1000 mm^2，最大值为 238 粒/1000 mm^2，最大值出现在 2020 年 9 月 1 日，见表 2-63。

表 2-63　2012—2020 年密云藜科花粉浓度

年份	最早出现日	最晚结束日	最大值出现日	花粉季浓度平均值/(粒/1000 mm²)	浓度最大值/(粒/1000 mm²)
2012	4 月 7 日	10 月 6 日	8 月 22 日	4.2	22
2013	5 月 14 日	10 月 1 日	9 月 19 日	11.4	108
2014	3 月 28 日	9 月 29 日	7 月 28 日	20.9	236
2015	5 月 18 日	10 月 7 日	8 月 29 日	14.6	96
2016	5 月 1 日	10 月 15 日	8 月 31 日	6.0	44
2017	4 月 29 日	10 月 15 日	9 月 1 日	7.6	36
2018	5 月 11 日	10 月 12 日	9 月 10 日	9.3	48
2019	5 月 8 日	10 月 13 日	9 月 2 日	23.7	134
2020	3 月 22 日	10 月 1 日	9 月 1 日	24.4	238
平均	4 月 25 日	10 月 7 日	8 月 29 日	13.6	107

(8)2012—2020 年，密云区桑科花粉浓度平均值为 44.1 粒/1000 mm^2，最大值为 1296 粒/1000 mm^2，最大值出现在 2019 年 8 月 9 日，见表 2-64。

表 2-64　2012—2020 年密云桑科花粉浓度

年份	最早出现日	最晚结束日	最大值出现日	花粉季浓度平均值/(粒/1000 mm²)	浓度最大值/(粒/1000 mm²)
2012	4 月 9 日	10 月 6 日	8 月 28 日	44.7	324
2013	4 月 2 日	10 月 1 日	8 月 29 日	42.1	206
2014	4 月 29 日	9 月 26 日	8 月 27 日	22.6	118
2015	6 月 16 日	10 月 8 日	8 月 29 日	37.7	192
2016	7 月 17 日	10 月 14 日	9 月 4 日	56.8	264
2017	6 月 19 日	10 月 13 日	9 月 4 日	41.1	226
2018	6 月 10 日	10 月 14 日	9 月 3 日	35.6	172
2019	4 月 8 日	10 月 8 日	8 月 9 日	58.8	1296
2020	4 月 2 日	10 月 13 日	8 月 31 日	57.9	980
平均	5 月 12 日	10 月 8 日	8 月 28 日	44.1	420

2.1.1.9 平谷区

(1)2012—2020 年,平谷区柏科花粉浓度平均值为 85.3 粒/1000 mm^2,最大值为 3558 粒/1000 mm^2,最大值出现在 2020 年 3 月 21 日,见表 2-65。

表 2-65 2012—2020 年平谷柏科花粉浓度

年份	最早出现日	最晚结束日	最大值出现日	花粉季浓度平均值/(粒/1000 mm^2)	浓度最大值/(粒/1000 mm^2)
2012	3月28日	4月15日	4月4日	91.0	330
2013	3月11日	6月26日	4月13日	57.5	864
2014	3月24日	5月27日	3月25日	34.3	162
2015	3月7日	8月10日	3月21日	66.7	560
2016	3月3日	8月14日	3月29日	79.5	660
2017	3月6日	5月15日	3月29日	51.4	760
2018	3月8日	5月5日	3月26日	119.0	810
2019	3月1日	5月21日	3月20日	107.6	712
2020	3月2日	9月20日	3月21日	160.6	3558
平均	3月10日	6月20日	3月27日	85.3	935

(2)2012—2020 年,平谷区松科花粉浓度平均值为 47.7 粒/1000 mm^2,最大值为 1104 粒/1000 mm^2,最大值出现在 2016 年 5 月 2 日,见表 2-66。

表 2-66 2012—2020 年平谷松科花粉浓度

年份	最早出现日	最晚结束日	最大值出现日	花粉季浓度平均值/(粒/1000 mm^2)	浓度最大值/(粒/1000 mm^2)
2012	3月31日	7月30日	5月5日	55.4	930
2013	3月28日	8月7日	5月14日	59.1	554
2014	4月13日	8月28日	5月2日	56.1	396
2015	3月6日	7月27日	5月17日	35.6	278
2016	4月1日	9月27日	5月2日	58.6	1104
2017	4月4日	9月28日	4月29日	35.0	190
2018	4月8日	10月13日	5月1日	52.4	456
2019	4月4日	7月14日	4月30日	42.8	940
2020	3月17日	10月15日	5月18日	34.1	302
平均	3月29日	8月31日	5月6日	47.7	572

(3)2012—2020 年,平谷区杨柳科花粉浓度平均值为 49.8 粒/1000 mm^2,最大值为 1092 粒/1000 mm^2,最大值出现在 2014 年 3 月 25 日,见表 2-67。

表 2-67　2012—2020 年平谷杨柳科花粉浓度

年份	最早出现日	最晚结束日	最大值出现日	花粉季浓度平均值/(粒/1000 mm²)	浓度最大值/(粒/1000 mm²)
2012	3 月 23 日	4 月 15 日	4 月 5 日	101.8	684
2013	3 月 14 日	4 月 16 日	4 月 13 日	16.1	56
2014	3 月 24 日	4 月 24 日	3 月 25 日	132.9	1092
2015	3 月 18 日	5 月 1 日	3 月 28 日	42.1	480
2016	3 月 15 日	4 月 15 日	3 月 27 日	44.1	324
2017	3 月 3 日	5 月 3 日	3 月 18 日	12.7	54
2018	3 月 23 日	4 月 17 日	3 月 24 日	41.3	182
2019	3 月 9 日	5 月 7 日	3 月 30 日	23.7	170
2020	3 月 4 日	5 月 6 日	4 月 8 日	33.1	246
平均	3 月 14 日	4 月 24 日	3 月 30 日	49.8	365

(4)2012—2020 年，平谷区菊科(不含蒿属)花粉浓度平均值为 8.6 粒/1000 mm²，最大值为 224 粒/1000 mm²，最大值出现在 2019 年 4 月 30 日，见表 2-68。

表 2-68　2012—2020 年平谷菊科(不含蒿属)花粉浓度

年份	最早出现日	最晚结束日	最大值出现日	花粉季浓度平均值/(粒/1000 mm²)	浓度最大值/(粒/1000 mm²)
2012	3 月 31 日	8 月 21 日	5 月 21 日	2.9	8
2013	5 月 11 日	9 月 29 日	5 月 11 日	2.0	2
2014	5 月 2 日	9 月 21 日	5 月 29 日	2.7	4
2015	8 月 14 日	10 月 14 日	8 月 15 日	3.7	12
2016	5 月 23 日	10 月 4 日	9 月 27 日	6.6	16
2017	7 月 15 日	10 月 14 日	10 月 2 日	14.0	34
2018	4 月 9 日	9 月 21 日	6 月 13 日	13.2	108
2019	4 月 23 日	8 月 20 日	4 月 30 日	28.2	224
2020	5 月 10 日	10 月 11 日	8 月 16 日	3.9	16
平均	5 月 18 日	9 月 23 日	7 月 8 日	8.6	47

(5)2012—2020 年，平谷区菊科蒿属花粉浓度平均值为 23.5 粒/1000 mm²，最大值为 666 粒/1000 mm²，最大值出现在 2020 年 8 月 28 日，见表 2-69。

表 2-69　2012—2020 年平谷菊科蒿属花粉浓度

年份	最早出现日	最晚结束日	最大值出现日	花粉季浓度平均值/(粒/1000 mm²)	浓度最大值/(粒/1000 mm²)
2012	3 月 31 日	9 月 30 日	9 月 1 日	20.6	74
2013	7 月 16 日	9 月 30 日	8 月 18 日	35.5	208
2014	7 月 11 日	9 月 29 日	9 月 9 日	31.6	152

续表

年份	最早出现日	最晚结束日	最大值出现日	花粉季浓度平均值/(粒/1000 mm²)	浓度最大值/(粒/1000 mm²)
2015	7月13日	10月15日	8月26日	25.9	136
2016	6月25日	10月15日	8月31日	18.5	102
2017	7月1日	10月14日	8月31日	20.6	168
2018	5月17日	10月15日	8月21日	23.6	110
2019	5月22日	10月11日	8月22日	6.8	26
2020	6月5日	10月15日	8月28日	28.3	666
平均	6月11日	10月9日	8月27日	23.5	182

(6)2012—2020年，平谷区禾本科花粉浓度平均值为7.1粒/1000 mm²，最大值为188粒/1000 mm²，最大值出现在2014年5月25日，见表2-70。

表2-70　2012—2020年平谷禾本科花粉浓度

年份	最早出现日	最晚结束日	最大值出现日	花粉季浓度平均值/(粒/1000 mm²)	浓度最大值/(粒/1000 mm²)
2012	5月6日	9月28日	5月30日	6.7	50
2013	4月12日	9月30日	6月6日	6.8	38
2014	4月24日	9月29日	5月25日	7.0	188
2015	5月15日	10月11日	5月30日	9.7	110
2016	4月3日	10月6日	5月29日	6.8	38
2017	5月3日	10月2日	8月20日	9.7	122
2018	5月8日	10月10日	9月29日	5.2	26
2019	4月7日	10月11日	9月12日	5.9	32
2020	5月1日	10月15日	9月21日	6.1	52
平均	4月25日	10月5日	7月16日	7.1	73

(7)2012—2020年，平谷区藜科花粉浓度平均值为14.5粒/1000 mm²，最大值为224粒/1000 mm²，最大值出现在2013年8月29日，见表2-71。

表2-71　2012—2020年平谷藜科花粉浓度

年份	最早出现日	最晚结束日	最大值出现日	花粉季浓度平均值/(粒/1000 mm²)	浓度最大值/(粒/1000 mm²)
2012	3月27日	9月30日	7月23日	9.5	96
2013	5月10日	9月30日	8月29日	17.5	224
2014	5月1日	9月30日	8月22日	22.2	220
2015	3月15日	10月14日	9月9日	15.3	118
2016	4月3日	10月14日	8月25日	11.2	96
2017	6月25日	10月13日	8月24日	14.8	58

续表

年份	最早出现日	最晚结束日	最大值出现日	花粉季浓度平均值/(粒/1000 mm²)	浓度最大值/(粒/1000 mm²)
2018	5 月 4 日	10 月 13 日	8 月 21 日	14.9	92
2019	5 月 3 日	10 月 1 日	8 月 28 日	9.0	80
2020	3 月 30 日	10 月 13 日	8 月 18 日	16.0	196
平均	4 月 22 日	10 月 7 日	8 月 22 日	14.5	131

(8)2012—2020 年，平谷区桑科花粉浓度平均值为 63.8 粒/1000 mm^2，最大值为 1200 粒/1000 mm^2，最大值出现在 2018 年 9 月 3 日，见表 2-72。

表 2-72　2012—2020 年平谷桑科花粉浓度

年份	最早出现日	最晚结束日	最大值出现日	花粉季浓度平均值/(粒/1000 mm²)	浓度最大值/(粒/1000 mm²)
2012	5 月 6 日	9 月 30 日	9 月 2 日	42.0	356
2013	3 月 31 日	9 月 30 日	8 月 29 日	55.2	916
2014	4 月 19 日	9 月 30 日	8 月 28 日	32.6	318
2015	6 月 16 日	10 月 14 日	8 月 28 日	67.8	420
2016	7 月 6 日	10 月 15 日	9 月 1 日	118.0	1020
2017	3 月 24 日	10 月 14 日	8 月 28 日	99.4	1092
2018	6 月 20 日	10 月 15 日	9 月 3 日	136.0	1200
2019	5 月 13 日	9 月 18 日	5 月 16 日	5.1	22
2020	4 月 25 日	10 月 15 日	9 月 3 日	18.1	198
平均	5 月 11 日	10 月 6 日	8 月 18 日	63.8	616

2.1.1.10　石景山区

(1)2012—2020 年，石景山区柏科花粉浓度平均值为 268.6 粒/1000 mm^2，最大值为 28858 粒/1000 mm^2，最大值出现在 2020 年 3 月 18 日，见表 2-73。

表 2-73　2012—2020 年石景山柏科花粉浓度

年份	最早出现日	最晚结束日	最大值出现日	花粉季浓度平均值/(粒/1000 mm²)	浓度最大值/(粒/1000 mm²)
2012	3 月 28 日	7 月 12 日	4 月 5 日	86.2	1042
2013	3 月 10 日	8 月 11 日	3 月 28 日	234.8	3632
2014	3 月 24 日	9 月 18 日	3 月 25 日	46.3	516
2015	3 月 6 日	6 月 6 日	3 月 20 日	147.4	3280
2016	3 月 3 日	7 月 2 日	3 月 19 日	357.3	3080
2017	3 月 1 日	7 月 13 日	3 月 19 日	176.3	2220
2018	3 月 14 日	6 月 8 日	3 月 24 日	279.3	2310
2019	3 月 2 日	9 月 10 日	3 月 17 日	194.6	2700

续表

年份	最早出现日	最晚结束日	最大值出现日	花粉季浓度平均值/(粒/1000 mm²)	浓度最大值/(粒/1000 mm²)
2020	3月1日	6月7日	3月18日	895.2	28858
平均	3月9日	7月16日	3月22日	268.6	5293

(2)2012—2020年，石景山区松科花粉浓度平均值为51.1粒/1000 mm²，最大值为756粒/1000 mm²，最大值出现在2020年5月10日，见表2-74。

表2-74　2012—2020年石景山松科花粉浓度

年份	最早出现日	最晚结束日	最大值出现日	花粉季浓度平均值/(粒/1000 mm²)	浓度最大值/(粒/1000 mm²)
2012	4月19日	9月21日	5月13日	30.3	306
2013	3月24日	8月26日	5月10日	55.7	356
2014	4月4日	9月18日	5月2日	41.0	198
2015	3月29日	9月25日	5月17日	34.2	168
2016	4月13日	10月9日	4月22日	43.5	356
2017	3月6日	8月27日	4月18日	49.0	462
2018	3月15日	8月11日	5月3日	50.8	312
2019	4月4日	8月26日	5月5日	63.7	438
2020	3月3日	10月15日	5月10日	91.9	756
平均	3月26日	9月12日	5月4日	51.1	372

(3)2012—2020年，石景山区杨柳科花粉浓度平均值为91.2粒/1000 mm²，最大值为3474粒/1000 mm²，最大值出现在2012年4月4日，见表2-75。

表2-75　2012—2020年石景山杨柳科花粉浓度

年份	最早出现日	最晚结束日	最大值出现日	花粉季浓度平均值/(粒/1000 mm²)	浓度最大值/(粒/1000 mm²)
2012	3月26日	4月22日	4月4日	244.8	3474
2013	3月10日	4月21日	3月27日	57.4	208
2014	3月24日	4月23日	3月28日	155.9	1146
2015	3月7日	4月30日	4月12日	78.4	564
2016	3月14日	5月1日	3月23日	20.0	104
2017	3月3日	4月29日	3月11日	35.2	360
2018	3月3日	5月3日	4月11日	57.2	510
2019	3月3日	5月3日	3月20日	38.3	340
2020	3月1日	5月6日	3月16日	133.2	1728
平均	3月10日	4月28日	3月27日	91.2	937

(4)2012—2020 年，石景山区菊科(不含蒿属)花粉浓度平均值为 3.8 粒/1000 mm^2，最大值为 42 粒/1000 mm^2，最大值出现在 2013 年 9 月 26 日，见表 2-76。

表 2-76　2012—2020 年石景山菊科(不含蒿属)花粉浓度

年份	最早出现日	最晚结束日	最大值出现日	花粉季浓度平均值/(粒/1000 mm^2)	浓度最大值/(粒/1000 mm^2)
2012	4 月 25 日	8 月 25 日	8 月 25 日	4.3	10
2013	5 月 2 日	9 月 26 日	9 月 26 日	8.2	42
2014	4 月 14 日	9 月 30 日	9 月 30 日	2.8	8
2015	5 月 17 日	10 月 11 日	5 月 17 日	2.8	4
2016	4 月 17 日	10 月 12 日	6 月 10 日	5.6	26
2017	5 月 13 日	10 月 8 日	6 月 8 日	2.5	4
2018	6 月 4 日	9 月 25 日	8 月 26 日	2.5	4
2019	7 月 2 日	10 月 15 日	10 月 1 日	2.3	4
2020	4 月 5 日	10 月 14 日	5 月 1 日	2.8	8
平均	5 月 7 日	10 月 1 日	7 月 26 日	3.8	12

(5)2012—2020 年，石景山区菊科蒿属花粉浓度平均值为 59.3 粒/1000 mm^2，最大值为 1212 粒/1000 mm^2，最大值出现在 2020 年 9 月 1 日，见表 2-77。

表 2-77　2012—2020 年石景山菊科蒿属花粉浓度

年份	最早出现日	最晚结束日	最大值出现日	花粉季浓度平均值/(粒/1000 mm^2)	浓度最大值/(粒/1000 mm^2)
2012	7 月 4 日	9 月 30 日	9 月 12 日	18.3	76
2013	7 月 6 日	9 月 30 日	8 月 18 日	63.9	444
2014	6 月 27 日	9 月 30 日	9 月 4 日	62.5	456
2015	5 月 25 日	10 月 13 日	9 月 2 日	42.6	254
2016	6 月 24 日	10 月 14 日	9 月 6 日	40.9	300
2017	7 月 17 日	10 月 13 日	9 月 8 日	44.4	246
2018	3 月 5 日	10 月 13 日	9 月 3 日	46.1	390
2019	6 月 25 日	10 月 8 日	9 月 1 日	91.4	766
2020	7 月 7 日	10 月 15 日	9 月 1 日	124.0	1212
平均	6 月 15 日	10 月 8 日	9 月 2 日	59.3	460

(6)2012—2020 年，石景山区禾本科花粉浓度平均值为 8.6 粒/1000 mm^2，最大值为 118 粒/1000 mm^2，最大值出现在 2013 年 6 月 3 日，见表 2-78。

表 2-78　2012—2020 年石景山禾本科花粉浓度

年份	最早出现日	最晚结束日	最大值出现日	花粉季浓度平均值/(粒/1000 mm²)	浓度最大值/(粒/1000 mm²)
2012	5 月 6 日	9 月 30 日	5 月 27 日	6.9	32
2013	4 月 29 日	9 月 30 日	6 月 3 日	13.5	118
2014	4 月 10 日	9 月 30 日	5 月 25 日	8.8	52
2015	4 月 14 日	10 月 12 日	5 月 16 日	8.7	60
2016	4 月 25 日	10 月 14 日	5 月 29 日	5.4	20
2017	4 月 22 日	10 月 7 日	9 月 7 日	7.1	42
2018	4 月 29 日	10 月 9 日	5 月 25 日	9.7	88
2019	4 月 23 日	10 月 15 日	8 月 17 日	6.7	52
2020	4 月 7 日	10 月 15 日	4 月 7 日	10.4	56
平均	4 月 21 日	10 月 8 日	6 月 10 日	8.6	58

(7)2012—2020 年，石景山区藜科花粉浓度平均值为 26.1 粒/1000 mm²，最大值为 704 粒/1000 mm²，最大值出现在 2020 年 8 月 30 日，见表 2-79。

表 2-79　2012—2020 年石景山藜科花粉浓度

年份	最早出现日	最晚结束日	最大值出现日	花粉季浓度平均值/(粒/1000 mm²)	浓度最大值/(粒/1000 mm²)
2012	5 月 13 日	9 月 30 日	7 月 23 日	7.2	68
2013	4 月 26 日	9 月 30 日	9 月 3 日	22.3	136
2014	4 月 22 日	9 月 30 日	8 月 31 日	32.7	162
2015	3 月 1 日	10 月 13 日	8 月 29 日	25.5	224
2016	4 月 16 日	10 月 11 日	8 月 29 日	9.1	56
2017	5 月 3 日	10 月 15 日	9 月 3 日	32.9	324
2018	3 月 4 日	10 月 14 日	8 月 25 日	12.1	72
2019	4 月 24 日	10 月 13 日	9 月 1 日	42.3	364
2020	6 月 6 日	10 月 15 日	8 月 30 日	51.0	704
平均	4 月 19 日	10 月 9 日	8 月 26 日	26.1	234

(8)2012—2020 年，石景山区桑科花粉浓度平均值为 77.0 粒/1000 mm²，最大值为 3668 粒/1000 mm²，最大值出现在 2020 年 8 月 30 日，见表 2-80。

表 2-80　2012—2020 年石景山桑科花粉浓度

年份	最早出现日	最晚结束日	最大值出现日	花粉季浓度平均值/(粒/1000 mm²)	浓度最大值/(粒/1000 mm²)
2012	4 月 14 日	9 月 30 日	9 月 1 日	29.7	380
2013	3 月 11 日	9 月 30 日	8 月 29 日	157.8	1112
2014	4 月 2 日	9 月 30 日	8 月 26 日	59.9	336

续表

年份	最早出现日	最晚结束日	最大值出现日	花粉季浓度平均值/(粒/1000 mm^2)	浓度最大值/(粒/1000 mm^2)
2015	7 月 27 日	10 月 11 日	8 月 29 日	103.0	656
2016	7 月 8 日	10 月 15 日	8 月 30 日	37.3	210
2017	6 月 15 日	10 月 15 日	9 月 3 日	67.8	528
2018	7 月 2 日	10 月 15 日	9 月 1 日	55.8	320
2019	3 月 28 日	10 月 15 日	9 月 1 日	32.6	664
2020	3 月 29 日	10 月 15 日	8 月 30 日	149.1	3668
平均	5 月 11 日	10 月 9 日	8 月 30 日	77.0	875

2.1.1.11　顺义区

(1)2012—2020 年，顺义区柏科花粉浓度平均值为 69.6 粒/1000 mm^2，最大值为 2630 粒/1000 mm^2，最大值出现在 2020 年 3 月 18 日，见表 2-81。

表 2-81　2012—2020 年顺义柏科花粉浓度

年份	最早出现日	最晚结束日	最大值出现日	花粉季浓度平均值/(粒/1000 mm^2)	浓度最大值/(粒/1000 mm^2)
2012	3 月 27 日	4 月 30 日	4 月 4 日	21.2	164
2013	3 月 21 日	5 月 23 日	4 月 13 日	78.0	496
2014	3 月 24 日	9 月 28 日	3 月 25 日	20.1	174
2015	3 月 9 日	5 月 5 日	3 月 20 日	75.8	538
2016	3 月 3 日	6 月 26 日	3 月 27 日	71.3	714
2017	3 月 1 日	6 月 4 日	3 月 11 日	46.3	276
2018	3 月 12 日	6 月 20 日	3 月 25 日	91.1	856
2019	3 月 6 日	6 月 14 日	3 月 14 日	57.1	600
2020	3 月 1 日	8 月 16 日	3 月 18 日	165.9	2630
平均	3 月 11 日	6 月 21 日	3 月 24 日	69.6	716

(2)2012—2020 年，顺义区松科花粉浓度平均值为 30.4 粒/1000 mm^2，最大值为 482 粒/1000 mm^2，最大值出现在 2013 年 5 月 22 日，见表 2-82。

表 2-82　2012—2020 年顺义松科花粉浓度

年份	最早出现日	最晚结束日	最大值出现日	花粉季浓度平均值/(粒/1000 mm^2)	浓度最大值/(粒/1000 mm^2)
2012	4 月 18 日	8 月 14 日	5 月 9 日	16.5	162
2013	4 月 23 日	7 月 20 日	5 月 22 日	43.3	482
2014	4 月 8 日	7 月 28 日	4 月 27 日	28.5	228
2015	3 月 3 日	10 月 1 日	5 月 17 日	20.4	92
2016	4 月 13 日	7 月 17 日	5 月 12 日	19.6	104

续表

年份	最早出现日	最晚结束日	最大值出现日	花粉季浓度平均值/(粒/1000 mm^2)	浓度最大值/(粒/1000 mm^2)
2017	4月4日	10月5日	4月23日	20.3	124
2018	4月10日	10月15日	4月30日	38.5	468
2019	4月11日	8月15日	5月5日	31.5	336
2020	3月6日	8月27日	5月10日	55.2	468
平均	4月3日	8月25日	5月7日	30.4	274

(3)2012—2020年,顺义区杨柳科花粉浓度平均值为83.3粒/1000 mm^2,最大值为3968粒/1000 mm^2,最大值出现在2020年3月22日,见表2-83。

表2-83　2012—2020年顺义杨柳科花粉浓度

年份	最早出现日	最晚结束日	最大值出现日	花粉季浓度平均值/(粒/1000 mm^2)	浓度最大值/(粒/1000 mm^2)
2012	3月16日	4月22日	4月6日	28.4	98
2013	3月21日	4月24日	3月27日	68.1	370
2014	3月24日	4月26日	3月26日	95.5	598
2015	3月11日	4月22日	3月27日	58.0	272
2016	3月3日	5月14日	3月18日	61.4	792
2017	3月10日	4月9日	3月11日	123.7	614
2018	3月13日	4月28日	3月24日	51.2	384
2019	3月7日	5月8日	3月20日	36.8	494
2020	3月1日	5月6日	3月22日	227.0	3968
平均	3月11日	4月27日	3月23日	83.3	843

(4)2012—2020年,顺义区菊科(不含蒿属)花粉浓度平均值为8.3粒/1000 mm^2,最大值为126粒/1000 mm^2,最大值出现在2013年9月30日,见表2-84。

表2-84　2012—2020年顺义菊科(不含蒿属)花粉浓度

年份	最早出现日	最晚结束日	最大值出现日	花粉季浓度平均值/(粒/1000 mm^2)	浓度最大值/(粒/1000 mm^2)
2012	5月24日	9月2日	8月18日	24.0	110
2013	5月14日	9月30日	9月30日	15.5	126
2014	4月29日	9月28日	4月29日	4.0	10
2015	5月7日	10月13日	5月22日	6.7	24
2016	5月9日	9月13日	5月9日	2.0	2
2017	5月3日	10月14日	5月3日	3.5	8
2018	6月2日	9月22日	6月2日	2.0	2
2019	5月11日	10月13日	9月4日	10.2	50

续表

年份	最早出现日	最晚结束日	最大值出现日	花粉季浓度平均值/(粒/1000 mm²)	浓度最大值/(粒/1000 mm²)
2020	4 月 28 日	9 月 17 日	5 月 7 日	6.5	38
平均	5 月 10 日	9 月 26 日	6 月 20 日	8.3	41

(5)2012—2020 年，顺义区菊科蒿属花粉浓度平均值为 50.0 粒/1000 mm²，最大值为 926 粒/1000 mm²，最大值出现在 2019 年 8 月 28 日，见表 2-85。

表 2-85　2012—2020 年顺义菊科蒿属花粉浓度

年份	最早出现日	最晚结束日	最大值出现日	花粉季浓度平均值/(粒/1000 mm²)	浓度最大值/(粒/1000 mm²)
2012	7 月 22 日	9 月 30 日	8 月 28 日	20.8	148
2013	7 月 15 日	9 月 30 日	9 月 1 日	50.8	300
2014	7 月 12 日	9 月 30 日	9 月 3 日	32.2	216
2015	7 月 3 日	10 月 14 日	9 月 3 日	42.5	348
2016	7 月 14 日	10 月 15 日	9 月 7 日	31.1	140
2017	7 月 25 日	10 月 14 日	9 月 8 日	27.6	186
2018	5 月 3 日	10 月 15 日	9 月 4 日	33.4	186
2019	5 月 27 日	10 月 13 日	8 月 28 日	128.0	926
2020	6 月 27 日	10 月 15 日	9 月 1 日	83.8	882
平均	6 月 29 日	10 月 9 日	9 月 2 日	50.0	370

(6)2012—2020 年，顺义区禾本科花粉浓度平均值为 8.3 粒/1000 mm²，最大值为 158 粒/1000 mm²，最大值出现在 2020 年 5 月 6 日，见表 2-86。

表 2-86　2012—2020 年顺义禾本科花粉浓度

年份	最早出现日	最晚结束日	最大值出现日	花粉季浓度平均值/(粒/1000 mm²)	浓度最大值/(粒/1000 mm²)
2012	4 月 20 日	9 月 27 日	5 月 25 日	5.5	24
2013	4 月 7 日	9 月 30 日	5 月 31 日	10.2	130
2014	5 月 3 日	9 月 30 日	9 月 14 日	6.0	24
2015	4 月 21 日	10 月 7 日	5 月 22 日	6.5	28
2016	4 月 30 日	10 月 9 日	5 月 17 日	4.9	16
2017	5 月 12 日	10 月 7 日	9 月 16 日	5.6	26
2018	4 月 12 日	10 月 11 日	5 月 16 日	6.5	44
2019	4 月 30 日	10 月 13 日	9 月 4 日	14.0	110
2020	4 月 3 日	10 月 12 日	5 月 6 日	15.4	158
平均	4 月 22 日	10 月 6 日	6 月 26 日	8.3	62

(7)2012—2020 年,顺义区藜科花粉浓度平均值为 23.8 粒/1000 mm²,最大值为 240 粒/1000 mm²,最大值出现在 2019 年 9 月 9 日,见表 2-87。

表 2-87　2012—2020 年顺义藜科花粉浓度

年份	最早出现日	最晚结束日	最大值出现日	花粉季浓度平均值/(粒/1000 mm²)	浓度最大值/(粒/1000 mm²)
2012	5 月 18 日	9 月 28 日	7 月 23 日	9.6	144
2013	5 月 4 日	9 月 30 日	9 月 7 日	14.2	96
2014	4 月 29 日	9 月 29 日	9 月 4 日	26.6	132
2015	4 月 18 日	10 月 15 日	8 月 28 日	21.7	122
2016	3 月 21 日	10 月 10 日	8 月 25 日	22.0	122
2017	7 月 13 日	10 月 11 日	9 月 8 日	16.6	114
2018	5 月 16 日	10 月 14 日	8 月 24 日	21.3	140
2019	3 月 1 日	10 月 15 日	9 月 9 日	46.2	240
2020	6 月 4 日	10 月 15 日	9 月 6 日	36.4	230
平均	5 月 3 日	10 月 8 日	8 月 28 日	23.8	149

(8)2012—2020 年,顺义区桑科花粉浓度平均值为 55.2 粒/1000 mm²,最大值为 1392 粒/1000 mm²,最大值出现在 2020 年 9 月 1 日,见表 2-88。

表 2-88　2012—2020 年顺义桑科花粉浓度

年份	最早出现日	最晚结束日	最大值出现日	花粉季浓度平均值/(粒/1000 mm²)	浓度最大值/(粒/1000 mm²)
2012	4 月 16 日	9 月 30 日	8 月 31 日	55.1	696
2013	3 月 27 日	9 月 30 日	9 月 1 日	68.7	480
2014	4 月 20 日	9 月 29 日	8 月 27 日	32.7	270
2015	6 月 30 日	10 月 11 日	8 月 29 日	77.1	358
2016	7 月 6 日	10 月 16 日	8 月 25 日	47.8	294
2017	4 月 4 日	10 月 9 日	9 月 8 日	48.1	360
2018	3 月 16 日	10 月 6 日	9 月 5 日	35.8	244
2019	3 月 18 日	10 月 15 日	8 月 27 日	40.1	362
2020	3 月 31 日	10 月 15 日	9 月 1 日	91.0	1392
平均	4 月 21 日	10 月 7 日	8 月 30 日	55.2	495

2.1.1.12　延庆区

(1)2012—2020 年,延庆区柏科花粉浓度平均值为 50.9 粒/1000 mm²,最大值为 870 粒/1000 mm²,最大值出现在 2018 年 4 月 1 日,见表 2-89。

表 2-89　2012—2020 年延庆柏科花粉浓度

年份	最早出现日	最晚结束日	最大值出现日	花粉季浓度平均值 /(粒/1000 mm²)	浓度最大值 /(粒/1000 mm²)
2012	3 月 27 日	5 月 24 日	4 月 9 日	17.4	90
2013	3 月 12 日	8 月 9 日	4 月 3 日	32.7	430
2014	3 月 24 日	10 月 10 日	3 月 28 日	47.0	236
2015	3 月 1 日	9 月 28 日	3 月 18 日	44.0	196
2016	3 月 1 日	7 月 23 日	4 月 8 日	41.8	352
2017	3 月 1 日	6 月 11 日	4 月 6 日	51.7	420
2018	3 月 1 日	7 月 23 日	4 月 1 日	69.3	870
2019	3 月 2 日	6 月 8 日	4 月 5 日	74.4	640
2020	3 月 8 日	6 月 19 日	3 月 26 日	79.4	518
平均	3 月 8 日	7 月 21 日	4 月 1 日	50.9	417

(2)2012—2020 年，延庆区松科花粉浓度平均值为 26.4 粒/1000 mm^2，最大值为 276 粒/1000 mm^2，最大值出现在 2017 年 5 月 2 日，见表 2-90。

表 2-90　2012—2020 年延庆松科花粉浓度

年份	最早出现日	最晚结束日	最大值出现日	花粉季浓度平均值 /(粒/1000 mm²)	浓度最大值 /(粒/1000 mm²)
2012	4 月 21 日	7 月 13 日	5 月 7 日	19.2	142
2013	3 月 30 日	7 月 17 日	5 月 22 日	31.2	140
2014	4 月 10 日	8 月 25 日	5 月 25 日	19.7	72
2015	3 月 5 日	7 月 31 日	5 月 17 日	14.2	118
2016	3 月 27 日	7 月 26 日	5 月 12 日	21.5	112
2017	3 月 26 日	6 月 20 日	5 月 2 日	31.1	276
2018	4 月 9 日	9 月 29 日	5 月 7 日	37.5	258
2019	4 月 2 日	7 月 25 日	5 月 16 日	34.2	220
2020	3 月 23 日	8 月 15 日	5 月 3 日	29.1	162
平均	3 月 30 日	8 月 1 日	5 月 12 日	26.4	167

(3)2012—2020 年，延庆区杨柳科花粉浓度平均值为 87.7 粒/1000 mm^2，最大值为 1140 粒/1000 mm^2，最人值出现在 2014 年 4 月 3 日，见表 2-91。

表 2-91　2012—2020 年延庆杨柳科花粉浓度

年份	最早出现日	最晚结束日	最大值出现日	花粉季浓度平均值 /(粒/1000 mm²)	浓度最大值 /(粒/1000 mm²)
2012	3 月 19 日	4 月 29 日	4 月 14 日	95.9	798
2013	3 月 12 日	4 月 11 日	4 月 3 日	6.9	26
2014	3 月 24 日	5 月 3 日	4 月 3 日	329.3	1140

续表

年份	最早出现日	最晚结束日	最大值出现日	花粉季浓度平均值/(粒/1000 mm^2)	浓度最大值/(粒/1000 mm^2)
2015	3月1日	4月30日	4月5日	129.6	1116
2016	3月2日	5月2日	4月1日	58.9	908
2017	3月4日	5月6日	4月5日	50.6	378
2018	3月3日	4月25日	4月2日	41.3	384
2019	3月12日	5月2日	4月4日	43.8	232
2020	3月5日	5月3日	3月22日	33.1	150
平均	3月9日	4月29日	4月3日	87.7	570

(4)2012—2020年,延庆区菊科(不含蒿属)花粉浓度平均值为3.1粒/1000 mm^2,最大值为20粒/1000 mm^2,最大值出现在2019年9月9日,见表2-92。

表2-92 2012—2020年延庆菊科(不含蒿属)花粉浓度

年份	最早出现日	最晚结束日	最大值出现日	花粉季浓度平均值/(粒/1000 mm^2)	浓度最大值/(粒/1000 mm^2)
2012	5月11日	8月28日	8月21日	4.0	8
2013	5月8日	9月21日	5月8日	3.6	6
2014	5月31日	10月9日	9月30日	2.8	6
2015	5月18日	10月9日	10月9日	3.5	6
2016	5月13日	9月20日	8月25日	2.3	6
2017	8月25日	9月6日	9月6日	3.0	4
2018	5月24日	9月29日	5月24日	2.0	2
2019	5月19日	9月30日	9月9日	4.4	20
2020	7月28日	8月14日	7月28日	2.0	2
平均	6月5日	9月18日	8月11日	3.1	7

(5)2012—2020年,延庆区菊科蒿属花粉浓度平均值为70.0粒/1000 mm^2,最大值为2148粒/1000 mm^2,最大值出现在2019年8月28日,见表2-93。

表2-93 2012—2020年延庆菊科蒿属花粉浓度

年份	最早出现日	最晚结束日	最大值出现日	花粉季浓度平均值/(粒/1000 mm^2)	浓度最大值/(粒/1000 mm^2)
2012	3月29日	9月29日	8月27日	32.7	198
2013	7月2日	9月30日	8月29日	82.8	434
2014	7月8日	10月9日	9月3日	53.2	332
2015	4月27日	10月15日	8月28日	61.9	356
2016	6月24日	10月14日	8月31日	63.0	546
2017	6月16日	9月30日	8月30日	42.4	254

续表

年份	最早出现日	最晚结束日	最大值出现日	花粉季浓度平均值/(粒/1000 mm^2)	浓度最大值/(粒/1000 mm^2)
2018	6 月 6 日	10 月 15 日	9 月 10 日	47.8	332
2019	3 月 22 日	10 月 15 日	8 月 28 日	184.6	2148
2020	7 月 21 日	10 月 13 日	8 月 28 日	61.2	576
平均	5 月 31 日	10 月 8 日	8 月 30 日	70.0	575

(6)2012—2020 年，延庆区禾本科花粉浓度平均值为 7.8 粒/1000 mm^2，最大值为 284 粒/1000 mm^2，最大值出现在 2019 年 8 月 3 日，见表 2-94。

表 2-94 2012—2020 年延庆禾本科花粉浓度

年份	最早出现日	最晚结束日	最大值出现日	花粉季浓度平均值/(粒/1000 mm^2)	浓度最大值/(粒/1000 mm^2)
2012	4 月 30 日	9 月 26 日	6 月 3 日	5.0	16
2013	4 月 12 日	9 月 30 日	6 月 11 日	10.1	52
2014	4 月 19 日	10 月 12 日	5 月 27 日	5.3	32
2015	5 月 7 日	10 月 10 日	5 月 27 日	7.5	36
2016	5 月 11 日	10 月 10 日	5 月 30 日	13.6	80
2017	4 月 27 日	10 月 4 日	6 月 8 日	4.5	16
2018	4 月 22 日	10 月 15 日	8 月 4 日	4.8	28
2019	5 月 2 日	10 月 13 日	8 月 3 日	15.0	284
2020	4 月 24 日	10 月 9 日	9 月 8 日	4.2	20
平均	4 月 27 日	10 月 7 日	6 月 26 日	7.8	63

(7)2012—2020 年，延庆区藜科花粉浓度平均值为 14.5 粒/1000 mm^2，最大值为 326 粒/1000 mm^2，最大值出现在 2018 年 8 月 21 日，见表 2-95。

表 2-95 2012—2020 年延庆藜科花粉浓度

年份	最早出现日	最晚结束日	最大值出现日	花粉季浓度平均值/(粒/1000 mm^2)	浓度最大值/(粒/1000 mm^2)
2012	3 月 16 日	9 月 27 日	8 月 8 日	5.1	36
2013	5 月 20 日	10 月 12 日	8 月 24 日	12.0	110
2014	5 月 18 日	10 月 7 日	8 月 14 日	18.6	72
2015	5 月 3 日	10 月 11 日	8 月 28 日	12.5	42
2016	6 月 21 日	9 月 27 日	8 月 24 日	9.8	88
2017	7 月 1 日	10 月 12 日	8 月 21 日	11.6	118
2018	5 月 29 日	10 月 13 日	8 月 21 日	15.5	326
2019	3 月 15 日	9 月 27 日	8 月 8 日	34.1	36
2020	5 月 2 日	10 月 11 日	8 月 25 日	11.0	50
平均	5 月 10 日	10 月 6 日	8 月 19 日	14.5	98

(8)2012—2020年,延庆区桑科花粉浓度平均值为28.0粒/1000 mm²,最大值为390粒/1000 mm²,最大值出现在2017年8月23日,见表2-96。

表2-96　2012—2020年延庆桑科花粉浓度

年份	最早出现日	最晚结束日	最大值出现日	花粉季浓度平均值/(粒/1000 mm²)	浓度最大值/(粒/1000 mm²)
2012	4月17日	9月23日	8月26日	12.9	80
2013	3月26日	9月30日	8月29日	43.4	226
2014	4月20日	10月11日	9月6日	12.2	68
2015	6月12日	10月10日	8月29日	21.0	106
2016	7月7日	10月14日	9月7日	42.7	210
2017	6月14日	10月7日	8月23日	40.8	390
2018	5月27日	10月13日	8月29日	26.0	144
2019	3月26日	10月15日	8月21日	32.3	264
2020	3月25日	10月13日	5月10日	20.8	180
平均	5月6日	10月8日	8月16日	28.0	185

2.1.1.13　小结

柏科、松科、杨柳科、菊科(不含蒿属)、菊科蒿属、禾本科、藜科、桑科8类花粉具备各自的生物特性和规律,由于不同区域的植被分布、地形和气候条件的差异,致使8类花粉在北京各个区域的表现也存在着很大的差别。

(1)柏科花粉就浓度而言,在2012—2020年12区花粉浓度平均值为158.6粒/1000 mm²,最大值出现在石景山,为28858粒/1000 mm²。就日期而言,最早出现日的范围为3月1—4日(4 d),平均最早出现日期为3月1日;最晚结束日的范围相对于最早出现日更大,各个区在9月11日—10月14日(34 d)间波动,平均最晚结束日期为9月27日;最大值出现日的范围为3月17日—4月12日(27 d),平均最大值出现日为3月23日,平均浓度最大值为11881粒/1000 mm²,见表2-97。

表2-97　各区2012—2020年柏科花粉平均浓度

区域	最早出现日	最晚结束日	最大值出现日	花粉季平均浓度/(粒/1000 mm²)	浓度最大值/(粒/1000 mm²)
昌平	3月2日	9月30日	2013年4月12日	289.0	12680
朝阳	3月4日	10月14日	2012年4月4日	90.1	3824
房山	3月1日	9月29日	2020年3月18日	133.9	15220
丰台	3月1日	9月29日	2020年3月18日	153.6	10798
海淀	3月1日	9月22日	2020年3月17日	154.3	6676
怀柔	3月1日	10月11日	2020年3月21日	238.6	22592
门头沟	3月1日	9月11日	2020年3月18日	218.2	25770
密云	3月1日	9月20日	2020年3月21日	151.2	9100

续表

区域	最早出现日	最晚结束日	最大值出现日	花粉季平均浓度 /(粒/1000 mm²)	浓度最大值 /(粒/1000 mm²)
平谷	3 月 1 日	9 月 20 日	2020 年 3 月 21 日	85.3	3558
石景山	3 月 1 日	9 月 18 日	2020 年 3 月 18 日	268.6	28858
顺义	3 月 1 日	9 月 28 日	2020 年 3 月 18 日	69.6	2630
延庆	3 月 1 日	10 月 10 日	2018 年 4 月 1 日	50.9	870
平均	3 月 1 日	9 月 27 日	3 月 23 日	158.6	11881

(2)松科花粉就浓度而言，在 2012—2020 年 12 区花粉浓度平均值为 39.9 粒/1000 mm^2，最大值出现在平谷，为 1104 粒/1000 mm^2。就日期而言，最早出现日的范围为 3 月 3—21 日(19 d)，平均最早出现日期为 3 月 7 日；最晚结束日的范围相对于最早出现日更大，各个区在 9 月 24 日—10 月 16 日(23 d)间波动，平均最晚结束日期为 10 月 8 日；最大值出现日的范围为 4 月 15 日—5 月 25 日(41 d)，平均最大值出现日为 5 月 5 日，平均最大值为 660 粒/1000 mm^2，见表 2-98。

表 2-98　各区 2012—2020 年松科花粉平均浓度

区域	最早出现日	最晚结束日	最大值出现日	花粉季浓度平均值 /(粒/1000 mm²)	浓度最大值 /(粒/1000 mm²)
昌平	3 月 9 日	10 月 16 日	2013 年 5 月 7 日	37.1	522
朝阳	3 月 21 日	9 月 24 日	2013 年 5 月 25 日	33.7	700
房山	3 月 9 日	10 月 16 日	2017 年 5 月 19 日	22.8	234
丰台	3 月 12 日	9 月 22 日	2014 年 4 月 15 日	40.8	766
海淀	3 月 12 日	10 月 10 日	2020 年 4 月 20 日	40.1	722
怀柔	3 月 3 日	10 月 10 日	2019 年 5 月 5 日	63.5	1000
门头沟	3 月 3 日	10 月 14 日	2020 年 4 月 19 日	31.3	610
密云	3 月 4 日	10 月 11 日	2019 年 5 月 5 日	54.4	744
平谷	3 月 6 日	10 月 15 日	2016 年 5 月 2 日	47.7	1104
石景山	3 月 3 日	10 月 15 日	2020 年 5 月 10 日	51.1	756
顺义	3 月 3 日	10 月 15 日	2013 年 5 月 22 日	30.4	482
延庆	3 月 5 日	9 月 29 日	2017 年 5 月 2 日	26.4	276
平均	3 月 7 日	10 月 8 日	5 月 5 日	39.9	660

(3)杨柳科花粉就浓度而言，在 2012—2020 年 12 区花粉浓度平均值为 83.5 粒/1000 mm^2，最大值出现在房山，为 65250 粒/1000 mm^2。就日期而言，最早出现日的范围为 3 月 1—3 日(3 d)，平均最早出现日期为 3 月 1 日；最晚结束日的范围与最早出现日范围相近，各个区在 5 月 2—30 日(29 d)间波动，平均最晚结束日期为 5 月 11 日；最大值出现日的范围在 3 月 21 日—4 月 8 日(19 d)，平均最大值出现日为 3 月 28 日，平均最大值为 7219 粒/1000 mm^2，见表 2-99。

表 2-99 各区 2012—2020 年杨柳科花粉平均浓度

区域	最早出现日	最晚结束日	最大值出现日	花粉季浓度平均值/(粒/1000 mm²)	浓度最大值/(粒/1000 mm²)
昌平	3月3日	5月16日	2012年4月8日	27.1	294
朝阳	3月1日	5月13日	2020年3月23日	70.0	872
房山	3月1日	5月30日	2020年3月22日	238.2	65250
丰台	3月1日	5月13日	2020年4月6日	117.1	4092
海淀	3月1日	5月7日	2015年3月25日	93.4	2380
怀柔	3月1日	5月10日	2020年3月26日	52.4	828
门头沟	3月1日	5月10日	2020年3月27日	36.4	1442
密云	3月1日	5月2日	2020年3月21日	55.1	1790
平谷	3月3日	5月7日	2014年3月25日	49.8	1092
石景山	3月1日	5月6日	2012年4月4日	91.2	3474
顺义	3月1日	5月14日	2020年3月22日	83.3	3968
延庆	3月1日	5月6日	2014年4月3日	87.7	1140
平均	3月1日	5月11日	3月28日	83.5	7219

(4)菊科(不含蒿属)花粉就浓度而言,2012—2020 年 12 区花粉浓度平均值为 5.6 粒/1000 mm²,最大值出现在平谷,为 224 粒/1000 mm²。就日期而言,最早出现日的范围在 3 月 5 日—5 月 8 日(65 d),平均最早出现日期为 4 月 8 日;最晚结束日的范围与最早出现日相近,各个区在 10 月 9—28 日(20 d)间波动,平均最晚结束日为 10 月 14 日;最大值出现日的范围各区跨度较大,在 4 月 30 日—9 月 26 日(149 d),平均最大值出现日为 7 月 15 日,平均最大值为 104 粒/1000 mm²,见表 2-100。

表 2-100 各区 2012—2020 年菊科(不含蒿属)花粉平均浓度

区域	最早出现日	最晚结束日	最大值出现日	花粉季浓度平均值/(粒/1000 mm²)	浓度最大值/(粒/1000 mm²)
昌平	4月10日	10月13日	2020年9月21日	4.3	40
朝阳	3月15日	10月16日	2020年6月6日	9.9	188
房山	4月20日	10月16日	2018年5月12日	5.5	74
丰台	3月5日	10月15日	2013年6月30日	3.8	100
海淀	4月8日	10月15日	2019年7月22日	3.1	12
怀柔	4月16日	10月15日	2013年8月7日	5.4	166
门头沟	4月24日	10月28日	2020年5月9日	6.7	174
密云	3月25日	10月9日	2013年6月10日	4.8	80
平谷	3月31日	10月14日	2019年4月30日	8.6	224
石景山	4月5日	10月15日	2013年9月26日	3.8	42
顺义	4月28日	10月14日	2013年9月30日	8.3	126
延庆	5月8日	10月9日	2019年9月9日	3.1	20
平均	4月8日	10月14日	7月15日	5.6	104

(5)菊科蒿属花粉就浓度而言，2012—2020 年 12 区花粉浓度平均值为 54.1 粒/1000 mm^2，最大值出现在朝阳，为 2840 粒/1000 mm^2。就日期而言，最早出现日的范围为 3 月 1 日—5 月 3 日(64 d)，平均最早出现日为 3 月 20 日；最晚结束日的范围相对于最早出现日较小，各个区在 10 月 15—28 日(14 d)间波动，平均最晚结束日为 10 月 16 日；最大值出现日的范围为 8 月 23 日—9 月 8 日(17 d)，平均最大值出现日为 8 月 30 日，平均最大值为 1238 粒/1000 mm^2，见表 2-101。

表 2-101　各区 2012—2020 年菊科蒿属花粉平均浓度

区域	最早出现日	最晚结束日	最大值出现日	花粉季浓度平均值/(粒/1000 mm^2)	浓度最大值/(粒/1000 mm^2)
昌平	3 月 22 日	10 月 15 日	2014 年 9 月 3 日	45.6	528
朝阳	3 月 5 日	10 月 16 日	2013 年 8 月 29 日	77.8	2840
房山	3 月 10 日	10 月 16 日	2016 年 9 月 8 日	42.7	1160
丰台	3 月 29 日	10 月 15 日	2014 年 9 月 4 日	55.6	862
海淀	3 月 1 日	10 月 16 日	2019 年 8 月 28 日	54.0	1860
怀柔	3 月 1 日	10 月 15 日	2020 年 9 月 1 日	52.6	612
门头沟	4 月 12 日	10 月 28 日	2019 年 8 月 28 日	59.9	1184
密云	3 月 15 日	10 月 15 日	2019 年 8 月 23 日	58.0	854
平谷	3 月 31 日	10 月 15 日	2020 年 8 月 28 日	23.5	666
石景山	3 月 5 日	10 月 15 日	2020 年 9 月 1 日	59.3	1212
顺义	5 月 3 日	10 月 15 日	2019 年 8 月 28 日	50.0	926
延庆	3 月 22 日	10 月 15 日	2019 年 8 月 28 日	70.0	2148
平均	3 月 20 日	10 月 16 日	8 月 30 日	54.1	1238

(6)禾本科花粉就浓度而言，2012—2020 年 12 区花粉浓度平均值为 8.6 粒/1000 mm^2，最大值出现在怀柔，为 2172 粒/1000 mm^2。就日期而言，最早出现日的范围为 3 月 5 日—4 月 23 日(50 d)，平均最早出现日为 4 月 2 日；最晚结束日的范围相对于最早出现日较小，各个区在 10 月 13—21 日(9 d)波动，平均最晚结束日为 10 月 15 日；最大值出现日的范围为 5 月 6 日—9 月 17 日(134 d)，平均最大值出现日为 6 月 23 日，平均最大值为 436 粒/1000 mm^2，见表 2-102。

表 2-102　各区 2012—2020 年禾本科花粉平均浓度

区域	最早出现日	最晚结束日	最大值出现日	花粉季浓度平均值/(粒/1000 mm^2)	浓度最大值/(粒/1000 mm^2)
昌平	4 月 5 日	10 月 14 日	2014 年 5 月 13 日	5.6	58
朝阳	4 月 3 日	10 月 15 日	2018 年 7 月 30 日	8.6	144
房山	4 月 2 日	10 月 15 日	2018 年 5 月 14 日	10.3	1164
丰台	3 月 18 日	10 月 16 日	2016 年 5 月 23 日	15.3	604
海淀	4 月 23 日	10 月 15 日	2019 年 9 月 11 日	7.4	110
怀柔	3 月 31 日	10 月 15 日	2012 年 5 月 29 日	10.0	2172

续表

区域	最早出现日	最晚结束日	最大值出现日	花粉季浓度平均值/（粒/1000 mm²）	浓度最大值/（粒/1000 mm²）
门头沟	4月10日	10月21日	2019年9月17日	7.7	132
密云	3月5日	10月15日	2020年6月17日	6.2	98
平谷	4月3日	10月15日	2014年5月25日	7.1	188
石景山	4月7日	10月15日	2013年6月3日	8.6	118
顺义	4月3日	10月13日	2020年5月6日	8.3	158
延庆	4月12日	10月15日	2019年8月3日	7.8	284
平均	4月2日	10月15日	6月23日	8.6	436

(7)藜科花粉就浓度而言，2012—2020 年 12 区花粉浓度平均值为 20.5 粒/1000 mm²，最大值出现在房山，为 1020 粒/1000 mm²。就日期而言，最早出现日的范围为 3 月 1 日—4 月 4 日(35 d)，平均最早出现日为 3 月 11 日；最晚结束日的范围相对于最早出现日较小，各个区在 10 月 13—20 日(8 d)间波动，平均最晚结束日为 10 月 15 日；最大值出现日的范围为 8 月 24 日—9 月 20 日(28 d)，平均最大值出现日为 9 月 2 日，平均最大值为 399 粒/1000 mm²，见表 2-103。

表 2-103　各区 2012—2020 年藜科花粉平均浓度

区域	最早出现日	最晚结束日	最大值出现日	花粉季浓度平均值/（粒/1000 mm²）	浓度最大值/（粒/1000 mm²）
昌平	3月3日	10月16日	2014年8月24日	15.1	194
朝阳	3月10日	10月15日	2013年8月29日	24.5	520
房山	4月4日	10月16日	2019年9月10日	30.0	1020
丰台	3月2日	10月16日	2019年9月1日	22.6	316
海淀	3月5日	10月14日	2019年9月20日	19.0	284
怀柔	3月8日	10月15日	2020年9月2日	13.9	150
门头沟	3月16日	10月20日	2014年9月8日	28.8	572
密云	3月22日	10月15日	2020年9月1日	13.6	238
平谷	3月15日	10月14日	2013年8月29日	14.5	224
石景山	3月1日	10月15日	2020年8月30日	26.1	704
顺义	3月1日	10月15日	2019年9月9日	23.8	240
延庆	3月15日	10月13日	2018年8月21日	14.5	326
平均	3月11日	10月15日	9月2日	20.5	399

(8)桑科花粉就浓度而言，2012—2020 年 12 区花粉浓度平均值为 50.5 粒/1000 mm²，最大值出现在门头沟，为 3238 粒/1000 mm²。就日期而言，最早出现日的范围为 3 月 11 日—4 月 12 日(33 d)，平均最早出现日为 3 月 26 日；最晚结束日的范围相对于最早出现日较小，各个区在 10 月 14 日—10 月 21 日(8 d)间波动，平均最晚结束日为 10 月 15 日；最大值出现日的范围为 4 月 29 日—9 月 3 日(128 d)，平均最大值出现日为 8 月 18 日，平均最大值为 1337 粒/

1000 mm²，见表 2-104。

表 2-104 各区 2012—2020 年桑科花粉平均浓度

区域	最早出现日	最晚结束日	最大值出现日	花粉季浓度平均值/（粒/1000 mm²）	浓度最大值/（粒/1000 mm²）
昌平	3 月 20 日	10 月 15 日	2012 年 9 月 2 日	45.3	686
朝阳	3 月 26 日	10 月 16 日	2013 年 8 月 29 日	71.1	1680
房山	4 月 1 日	10 月 16 日	2013 年 8 月 26 日	55.8	812
丰台	3 月 20 日	10 月 16 日	2020 年 9 月 1 日	45.9	914
海淀	4 月 2 日	10 月 15 日	2017 年 9 月 8 日	29.0	330
怀柔	4 月 12 日	10 月 15 日	2020 年 8 月 28 日	43.0	434
门头沟	3 月 31 日	10 月 21 日	2020 年 4 月 29 日	47.3	3238
密云	4 月 2 日	10 月 14 日	2019 年 8 月 9 日	44.1	1296
平谷	3 月 24 日	10 月 15 日	2018 年 9 月 3 日	63.8	1200
石景山	3 月 11 日	10 月 15 日	2020 年 8 月 30 日	77.0	3668
顺义	3 月 16 日	10 月 16 日	2020 年 9 月 1 日	55.2	1392
延庆	3 月 25 日	10 月 15 日	2017 年 8 月 23 日	28.0	390
平均	3 月 26 日	10 月 15 日	8 月 18 日	50.5	1337

在研究时段的各个区域内：

（1）柏科花粉最早出现在 3 月 1 日，最晚结束于 10 月 14 日，平均最大值出现日为 3 月 23 日，平均最大值为 11881 粒/1000 mm²，整个花粉季跨越了 3—10 月，花粉峰值集中在 3 月中旬到 4 月上旬。

（2）松科花粉最早出现在 3 月 3 日，最晚结束于 10 月 16 日，平均最大值出现日为 5 月 5 日，平均最大值为 660 粒/1000 mm²，整个花粉季跨越了 3—10 月，花粉峰值集中在 4 月中旬到 5 月下旬。

（3）杨柳科花粉最早出现在 3 月 1 日，最晚结束于 5 月 30 日，平均最大值出现日为 3 月 28 日，平均最大值为 7219 粒/1000 mm²，整个花粉季跨越了 3—5 月，花粉峰值集中在 3 月下旬到 4 月上旬。

（4）菊科（不含蒿属）花粉最早出现在 3 月 5 日，最晚结束于 10 月 28 日，平均最大值出现日为 7 月 15 日，平均最大值为 104 粒/1000 mm²，整个花粉季跨越了 3—10 月，花粉峰值集中在 4 月下旬至 9 月下旬。

（5）菊科蒿属花粉最早出现在 3 月 1 日，最晚结束于 10 月 28 日，平均最大值出现日为 8 月 30 日，平均最大值为 1238 粒/1000 mm²，整个花粉季跨越了 3—10 月，花粉峰值集中在 8 月下旬到 9 月上旬。

（6）禾本科花粉最早出现在 3 月 5 日，最晚结束于 10 月 21 日，平均最大值出现日为 6 月 23 日，平均最大值为 436 粒/1000 mm²，整个花粉季跨越了 3—10 月，花粉峰值集中在 5 月上旬到 9 月中旬。

（7）藜科花粉最早出现在 3 月 1 日，最晚结束于 10 月 20 日，平均最大值出现日为 9 月 2 日，平均最大值为 399 粒/1000 mm²，整个花粉季跨越了 3—10 月，花粉峰值集中在 8 月下旬至9月中旬。

(8)桑科花粉最早出现在3月11日，最晚结束于10月21日，平均最大值出现日为8月18日，平均最大值为1337粒/1000 mm^2，整个花粉季跨越了3—10月，花粉峰值集中在4月下旬到9月上旬。

就北京地区而言，按照花粉平均最早出现日期排列，花粉的出现顺序大致为柏科、杨柳科、松科、藜科、禾本科、桑科、菊科(不含蒿属)和菊科蒿属；按照花粉峰值出现的日期排列，花粉峰值出现顺序为春季(3—5月)柏科、杨柳科和松科，夏秋季(6—9月)菊科(不含蒿属)、禾本科、藜科、菊科蒿属和桑科；按照花粉的浓度数值排列，春季浓度从高到低依次为柏科、杨柳科和松科，夏秋季浓度从高到低依次为菊科蒿属、桑科、藜科、禾本科和菊科(不含蒿属)。

2.1.2 主要气传致敏花粉的时空分布特征

北京地区花粉在每年的3—9月观测期内，每日均有可能出现。实际上，2月下旬、10月上旬也有浓度很低的花粉飘散。在7个月的花粉观测期内，各区日均花粉浓度为98～268粒/1000 mm^2，全市花粉浓度平均值为154粒/1000 mm^2。3—9月观测期内，2012—2020年全市每个月的日均花粉浓度分别为397粒/1000 mm^2、254粒/1000 mm^2、119粒/1000 mm^2、17粒/1000 mm^2、15粒/1000 mm^2、166粒/1000 mm^2 和180粒/1000 mm^2。结合北京地区花粉浓度在各月的分布特征，同时参考已有的定义方法(中国气传致敏花粉调查领导小组，1991)，定义北京地区春季花粉期为3—5月，夏秋季花粉期为8—9月，6—7月为花粉间歇期。

各区的日均花粉浓度呈现双峰式波动，但峰值存在差别，见表2-105和图2-2。就全市日均花粉浓度而言，3月18日达到第一次峰值(1593粒/1000 mm^2)，整个春季花粉期的日均值为257粒/1000 mm^2；第二次峰值出现在9月1日(482粒/1000 mm^2)，整个夏秋季花粉期的日均值为173粒/1000 mm^2。就区域而言，房山、怀柔、门头沟和石景山花粉浓度高于全市平均，昌平、丰台、海淀和密云与全市平均相当，延庆、朝阳、平谷和顺义低于全市平均(图2-2)。

表2-105 各区多年平均的春季花粉期和夏秋季花粉期花粉浓度峰值及出现日期

区域	春季花粉期峰值/(粒/1000 mm^2)	春季花粉期峰值日	夏秋季花粉期峰值/(粒/1000 mm^2)	夏秋季花粉期峰值日	春季花粉期与夏秋季花粉期峰值浓度的比值
延庆	430	4月3日	604	8月28日	0.7
昌平	1564	3月18日	430	9月3日	3.6
朝阳	665	3月28日	817	8月29日	0.8
房山	8584	3月22日	599	9月10日	14.3
丰台	1701	3月18日	569	9月1日	3.0
海淀	1380	3月17日	409	8月28日	3.4
怀柔	3193	3月21日	450	9月3日	7.1
门头沟	3661	3月18日	511	9月5日	7.2
密云	1673	3月21日	516	9月1日	3.2
平谷	613	3月21日	433	8月28日	1.4

续表

区域	春季花粉期峰值/(粒/1000 mm²)	春季花粉期峰值日	夏秋季花粉期峰值/(粒/1000 mm²)	夏秋季花粉期峰值日	春季花粉期与夏秋季花粉期峰值浓度的比值
石景山	5207	3 月 18 日	1002	9 月 1 日	5.2
顺义	783	3 月 18 日	617	9 月 1 日	1.3
全市平均	1593	3 月 18 日	482	9 月 1 日	3.3

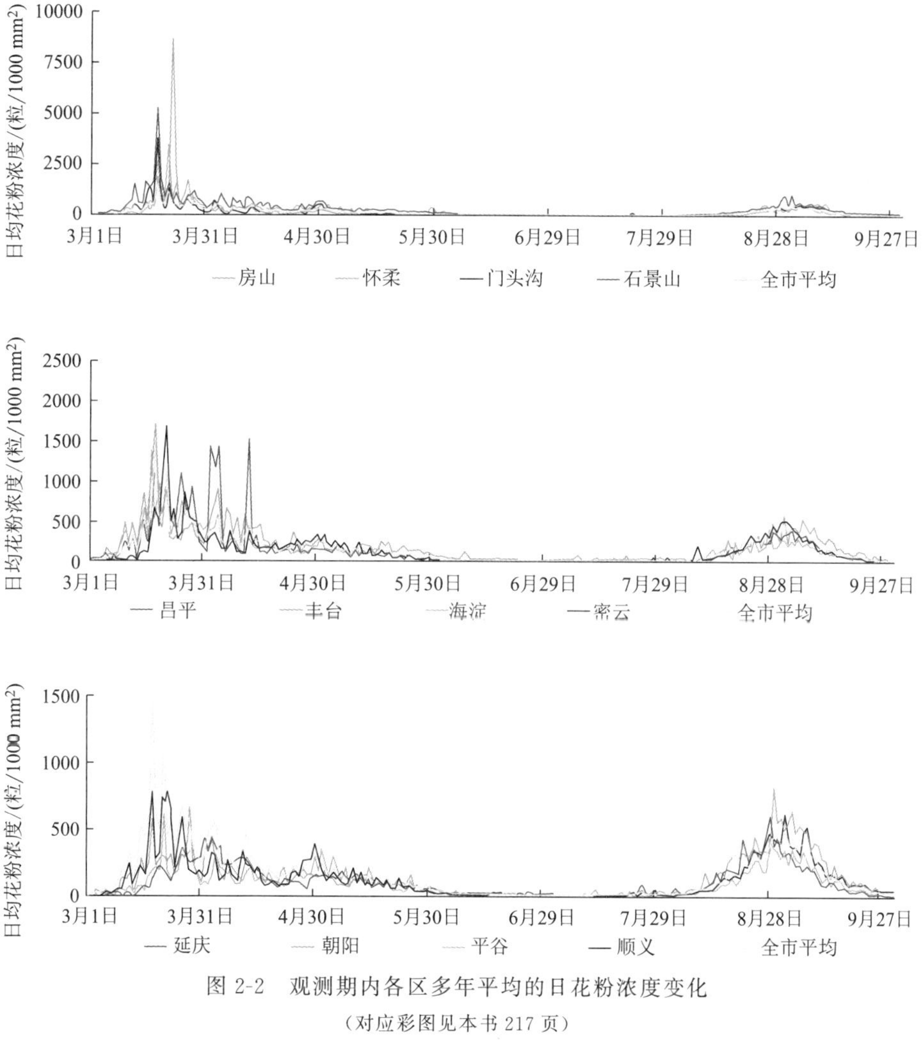

图 2-2　观测期内各区多年平均的日花粉浓度变化

(对应彩图见本书 217 页)

就全市平均而言，春季花粉期的花粉浓度峰值是夏秋季的 3.3 倍；春季花粉期的花粉浓度日均值是夏秋季的 1.5 倍。12 区中春季花粉期平均峰值最早出现在海淀区，为 3 月 17 日的 1380 粒/1000 mm²。春季花粉期平均峰值最晚出现在延庆区，为 4 月 3 日的 430 粒/1000 mm²。春季花粉期平均峰值集中在 3 月 17 日至 4 月 3 日，共 18 d。

夏秋季花粉期平均峰值最早出现在三个区域，分别为平谷、海淀和延庆，均为 8 月 28 日，相应的峰值浓度分别为 433 粒/1000 mm^2、409 粒/1000 mm^2 和 604 粒/1000 mm^2；夏秋季花粉期平均峰值最晚出现在房山区，为 9 月 10 日 599 粒/1000 mm^2，夏秋季花粉期峰值集中在 8 月 28 日至 9 月 10 日，共 14 d。基于北京的绿化特点，春季花粉期的气传花粉主要是柏科、松科、杨柳科，夏秋季花粉期的气传花粉主要是菊科蒿属、藜科、桑科。由于花粉具备各自的生物特性和规律，以及不同区域的植被分布、地形和气候条件的差异，致使花粉浓度的分布在北京的各个区域存在着较大的差别。

逐时的花粉浓度变化特征分析同样重要，但受限于逐时观测条件，仅单独挑选出了一次夏秋季花粉高峰期内昌平观测站（2020 年 8 月 22—25 日）的逐时变化过程（图 2-3）。此次受天气影响的典型花粉浓度变化过程的挑选原则为：(1)天气过程发生在夏秋季（8—9 月）花粉高峰期内；(2)日累计降雨量大于 25 mm，为大雨量级；(3)日最高气温高于 30 ℃。其间，逐时花粉浓度与逐时的风速、气温、相对湿度、气压、降雨量的相关系数分别为 0.23、0.19、－0.17、0.15 和－0.07，除降雨量和气压以外均通过了 0.01 的显著性水平检验。从图 2-3 可以看出，花粉浓度的日变化与气温、湿度、风速的变化更为紧密。当气温高、湿度低、风速大时，花粉浓度明显升高，反之亦然。花粉浓度的逐时变化与气压、降雨量的协同变化关系并不明显。研究中也曾指出（张姝丽等，2003），北京市的花粉浓度的确具有明显的日变化特点，但是却没有较为固定的日变化模式。

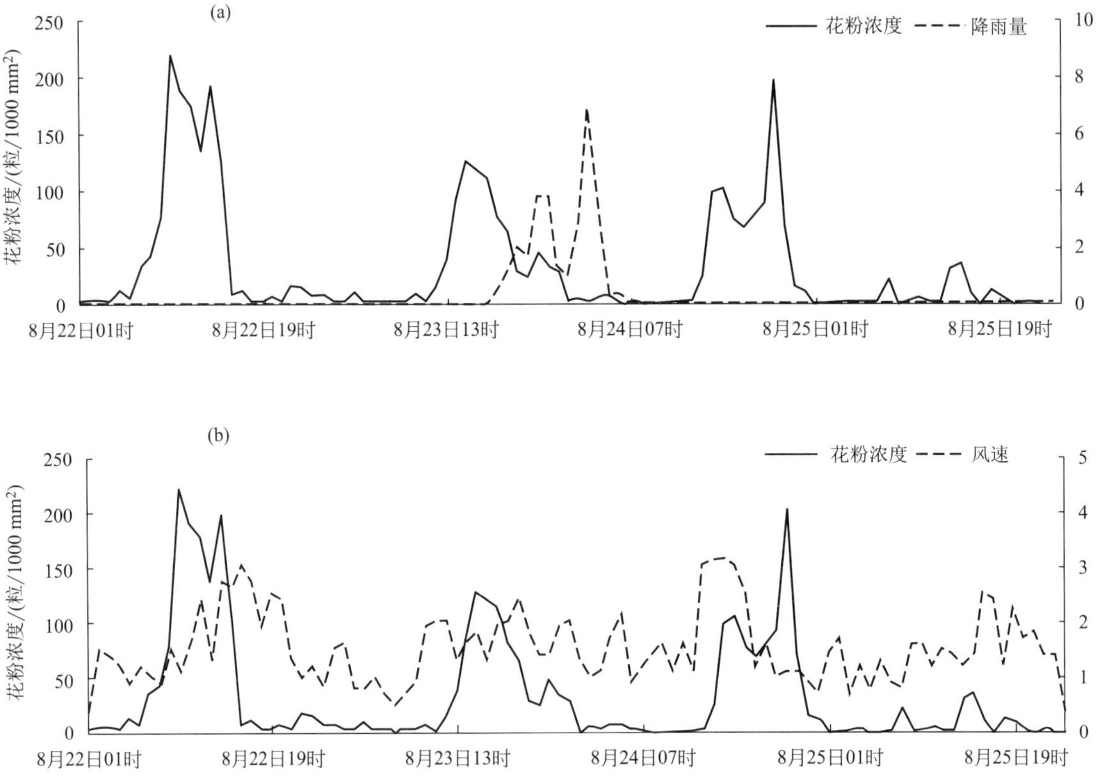

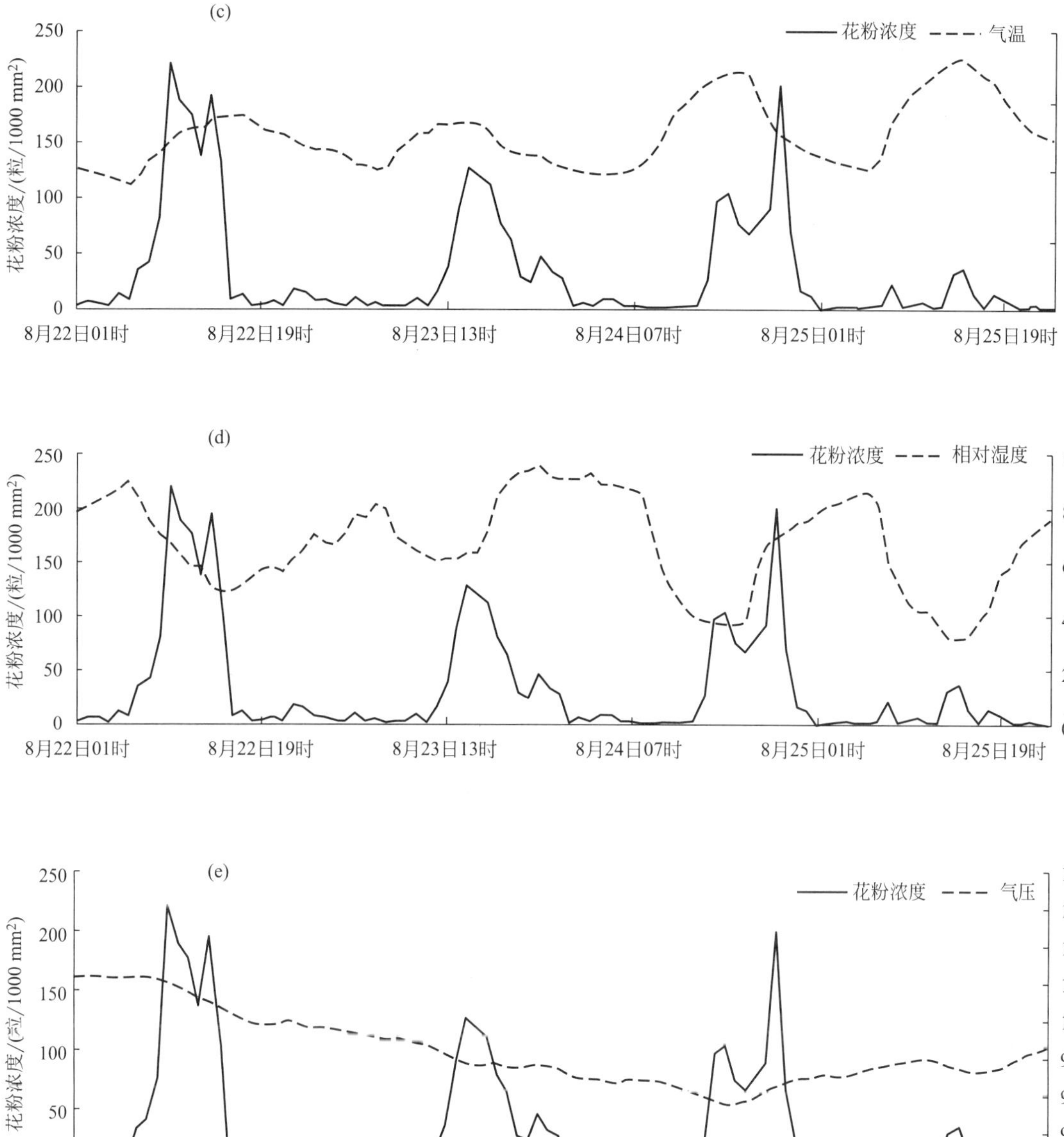

图 2-3 2020 年 8 月 22—25 日昌平站逐时花粉浓度与降雨量(a)、风速(b)、气温(c)、相对湿度(d)和气压(e)变化

2012—2020 年，春季花粉期花粉浓度全市平均变化趋势为 37.30 粒/(1000 mm^2 · a)；间歇期内花粉浓度全市平均变化趋势为 0.02 粒/(1000 mm^2 · a)；夏秋季花粉期花粉浓度全市平均变化趋势为 3.71 粒/(1000 mm^2 · a)。间歇期内花粉浓度较低，花粉的升高趋势也较小。春季花粉期和夏秋季花粉期花粉浓度较高，花粉的升高趋势也更为明显，尤其是春季花粉期。北京地区的花粉浓度在 2012—2020 年整体呈现升高趋势，但多数站点的花粉浓度变化趋势未能通过显著性检验，详见表 2-106。

表 2-106　2012—2020 年各区不同花粉期花粉浓度变化趋势

单位：粒/(1000 mm² · a)

区域	春季花粉期花粉浓度变化趋势	间歇期花粉浓度变化趋势	夏秋季花粉期花粉浓度变化趋势
延庆	−2.27	−0.05	13.38
朝阳	−8.22	−1.76	−43.19
丰台	52.26	3.81*	8.07
顺义	38.23	0.46	15.82
密云	33.53	−0.20	13.07
门头沟	61.38	2.08	0.40
房山	132.35	−0.79	9.38
海淀	13.31	1.06	18.12
怀柔	51.51	−1.74	5.70
石景山	90.71	−0.14	25.38
平谷	2.89	−1.15*	−3.56
昌平	−18.06	−1.33*	−18.00*

注：*代表趋势通过 0.001 的显著性水平检验

春季花粉期花粉浓度峰值(图 2-4a)显示，花粉浓度相对集中在北京中部、北部地区，而东部平原、西北部高海拔地区相对较低。在 0～15 ℃温度区间内，花粉浓度随温度的升高而升高(中国气传致敏花粉调查领导小组，1991)，但基于本研究的结果，春季花粉的峰值日期及峰值

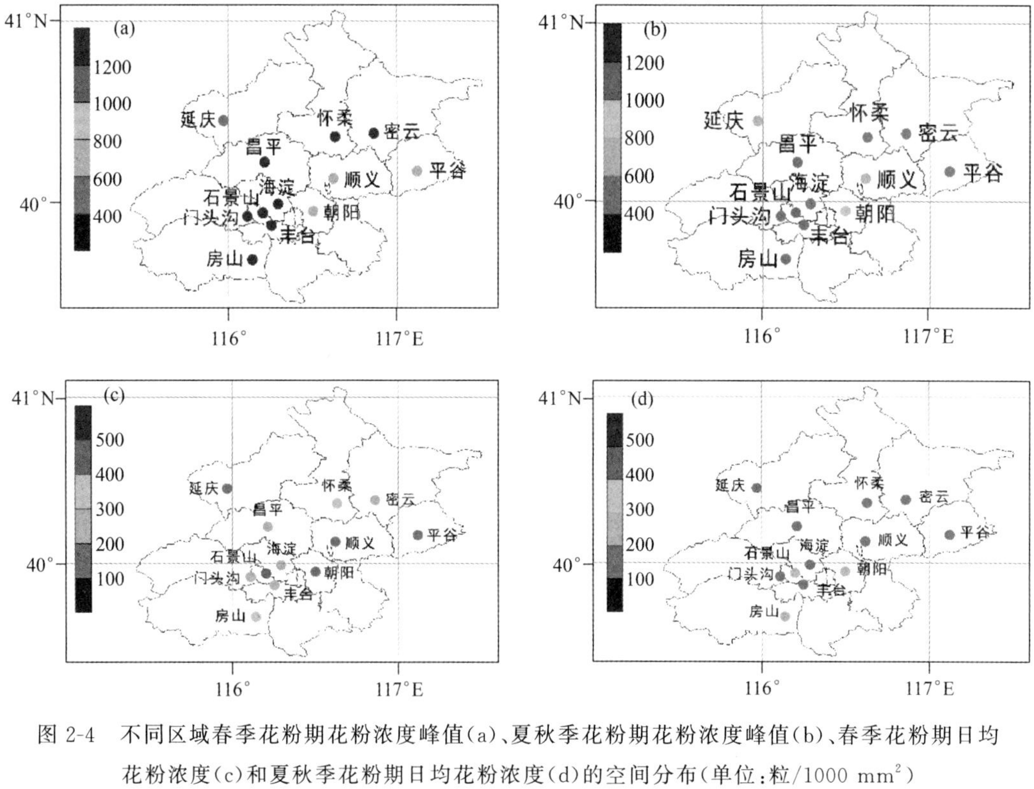

图 2-4　不同区域春季花粉期花粉浓度峰值(a)、夏秋季花粉期花粉浓度峰值(b)、春季花粉期日均花粉浓度(c)和夏秋季花粉期日均花粉浓度(d)的空间分布(单位：粒/1000 mm²)

(对应彩图见本书 218 页)

浓度并未表现出与北京地区的平均气温、海拔高度分布一致的结论。研究中指出，以海淀为代表的城区大部分区域是北京热岛的主要中心（张光智 等，2002），即图 2-4a 中春季花粉浓度峰值的集中区域。同时参考北京的植被分布特点（王嫣然 等，2016），认为北京春季花粉期峰值浓度除了与各区域的气传花粉植被数量有关外，还可能受到城市热岛效应的影响，即热岛效应明显的地区春季花粉浓度峰值出现得更早。

夏秋季花粉期峰值结果（图 2-4b）与春季花粉期恰好相反，北京东部、西北部高海拔地区高，北京中部、北部地区相对较低。同时，夏秋季花粉期各区域间的峰值差异要明显小于春季花粉期。研究指出，当温度在 18～30 ℃时，花粉浓度随温度的升高而降低（中国气传致敏花粉调查领导小组，1991）。由于夏秋季花粉种类与春季截然不同，且北京地区处于热岛效应一年中最弱的时期，因而夏秋季花粉浓度峰值的空间分布特征受到了气温、植被、地形等多重因素的综合影响。

相对而言，春季花粉期峰值持续时间（18 d）较夏秋季花粉期（14 d）更长。从图 2-4 中也可以看出，多数区域春季花粉期的峰值高于夏秋季花粉期，仅延庆、朝阳两站相较于夏秋季花粉期分别低 29%、19%。

另外，从各区的春季及夏秋季花粉期的浓度平均值来看（图 2-4c 和图 2-4d），春季花粉期内各区日均花粉浓度在 144（延庆）～489（石景山）粒/1000 mm^2。春季花粉期日均花粉浓度同春季花粉期峰值浓度的空间分布相似，均表现为北京中部、北部地区偏高，东部、西北部高海拔地区相对较低；花粉间歇期内各区平均花粉浓度为 11（平谷）～27 粒/1000 mm^2（丰台）。在花粉间歇期内，并无明显的空间分布特征；夏秋季花粉期内各区日均花粉浓度为 129（平谷）～246（石景山）粒/1000 mm^2。夏秋季花粉期日均花粉浓度同夏秋季花粉期峰值浓度的空间分布有所不同，北京东部、南部地区偏高，北部地区整体偏低。多数区域春季花粉期日均花粉浓度高于夏秋季花粉期，仅有延庆、朝阳、顺义的春季花粉期日均花粉浓度相较于夏秋季偏低 4%、33%和 7%。夏秋季各区域的日均花粉浓度差异同样小于春季花粉期。

此外，从花粉浓度的变化趋势上来看，2012—2020 年春季花粉期花粉浓度变化趋势相较于间歇期和夏秋季更为明显，尤其是北京西部的房山、石景山和门头沟地区，春季花粉期花粉浓度在 75%的地区均表现为升高趋势；间歇期内各个区域的花粉浓度变化幅度较小；夏秋季花粉期花粉浓度在 75%的地区均表现为升高趋势。朝阳、昌平在春季花粉期、花粉间歇期和夏秋季花粉期内均表现出下降趋势。

2.1.3　花粉浓度与气象要素的关系

为了探究花粉浓度与气象要素的关系，研究中多采用相关分析的方法进行探讨。但已有的结论中，不同地区、不同时期的花粉浓度与气象要素的相关关系都存在着差异（中国气传致敏花粉调查领导小组，1991；叶世泰 等，1988；刘艳 等，2014）。就北京地区而言，2012—2020 年的长时间序列相关分析结果显示（表 2-107），整个花粉期内日平均风速和日平均气压与花粉浓度呈正相关；日平均气温、日平均相对湿度以及日总降雨量与花粉浓度呈负相关。该结论在 12 个区域内表现一致，且多数通过了 0.001 的显著性水平检验，与已有的对北京地区的研究结论较为类似（中国气传致敏花粉调查领导小组，1991；叶世泰 等，1988；张姝丽 等，2003）。

表 2-107 各区花粉观测期(3—9 月)逐日花粉浓度与气象要素的相关系数

区域	风速	气温	相对湿度	气压	降雨量
顺义	0.07 *	−0.09 *	−0.16 *	0.10 *	−0.06 *
海淀	0.20 *	−0.22 *	−0.27 *	0.17 *	−0.07 *
延庆	0.12 *	−0.03	−0.18 *	0.03	−0.07 *
密云	0.11 *	−0.10 *	−0.18 *	0.06 *	−0.03
怀柔	0.14 *	−0.12 *	−0.17 *	0.08 *	−0.04
平谷	0.14 *	−0.11 *	−0.21 *	0.07 *	−0.07 *
朝阳	0.11 *	−0.05 *	−0.11 *	0.07 *	−0.06 *
昌平	0.06 *	−0.14 *	−0.18 *	0.10 *	−0.05 *
门头沟	0.09 *	−0.08 *	−0.10 *	0.04 *	−0.03
石景山	0.19 *	−0.17 *	−0.19 *	0.10 *	−0.04
丰台	0.15 *	−0.16 *	−0.22 *	0.11 *	−0.06 *
房山	0.06 *	−0.06 *	−0.09 *	0.04	−0.02

注：* 代表趋势通过 0.001 的显著性水平检验

考虑到北京春季和夏秋季的气候差异及对应季节的植被物种，将春季花粉期和夏秋季花粉期与气象因素的关系分别进行分析(表 2-108)，结果显示，春季花粉期内日平均风速和日平均气压与花粉浓度多呈正相关。日平均气温、日平均相对湿度以及日总降雨量与花粉浓度多呈负相关，与整个花粉期内的相关一致。但通过 0.001 显著性水平检验的相关系数主要是相对湿度。

表 2-108 各区春季花粉期(3—5 月)逐日花粉浓度与气象要素的相关系数

区域	风速	气温	相对湿度	气压	降雨量
顺义	0.02	0.00	−0.11 *	0.03	−0.05
海淀	0.08	−0.10	−0.17 *	0.12 *	−0.07
延庆	0.02	0.11 *	−0.09	−0.07	−0.04
密云	0.04	0.01	−0.13 *	−0.02	−0.04
怀柔	0.08	−0.01	−0.11 *	0.01	−0.03
平谷	0.10	0.07	−0.16 *	−0.06	−0.01
朝阳	0.10	−0.02	−0.16 *	0.00	−0.08
昌平	0.00	−0.06	−0.14 *	0.04	−0.04
门头沟	0.06	−0.04	−0.05	0.00	−0.03
石景山	0.16 *	−0.08	−0.14 *	0.04	−0.04
丰台	0.06	−0.03	−0.14 *	0.06	−0.04
房山	0.03	−0.03	−0.07	0.02	−0.02

注：* 代表趋势通过 0.001 的显著性水平检验

夏秋季花粉期与气象因素的相关关系结果显示(表 2-109)，夏秋季花粉期内日平均风速、日平均气温与花粉浓度呈正相关。日平均相对湿度、日平均气压和日总降雨量与花粉浓度呈负相关，与整个花粉期以及春季花粉期内的相关关系存在一定差异。同时，通过 0.001 显著性水平检验的相关系数仍以相对湿度为主，但风速和气温与花粉浓度的相关系数明显高于春季花粉期，也略高于整个花粉期。

表 2-109　各区夏秋季(8—9 月)逐日花粉期花粉浓度与气象要素的相关系数

区域	风速	气温	相对湿度	气压	降雨量
顺义	0.12 *	0.13 *	−0.17 *	−0.09	−0.09
海淀	0.16 *	0.12 *	−0.22 *	−0.11	−0.06
延庆	0.17 *	0.18 *	−0.25 *	−0.13 *	−0.06
密云	0.05	0.09	−0.12 *	−0.07	0.06
怀柔	0.03	0.09	−0.16 *	−0.04	−0.11
平谷	0.19 *	0.03	−0.22 *	−0.10	−0.07
朝阳	0.24	0.02	−0.12 *	−0.02	−0.08
昌平	0.18 *	0.12 *	−0.25 *	−0.09	−0.07
门头沟	0.16 *	0.13 *	−0.28 *	−0.04	−0.05
石景山	0.07	0.07	−0.10	−0.04	−0.05
丰台	0.18 *	0.08	−0.22 *	−0.02	−0.08
房山	0.21 *	0.09	−0.20 *	−0.08	−0.04

注：* 代表趋势通过 0.001 的显著性水平检验

不同时间尺度的花粉浓度与气象要素的相关关系结果表明(表 2-110)，日平均风速与花粉浓度的正相关关系，以及相对湿度、降雨量与花粉浓度的负相关关系较为稳定。但日平均气温、日平均气压在整个花粉期、春季花粉期和夏秋季花粉期的相关关系差异较大，甚至会完全相反。降雨量与花粉浓度的相关较弱，原因在于降雨过程更可能对某几个时刻的花粉浓度变化有明显的抑制作用，但长时间序列的相互作用更体现于相对湿度。

表 2-110　全市平均逐日花粉浓度与气象要素在不同花粉观测期的相关关系

	风速	气温	相对湿度	气压	降雨量
春季花粉期(3—5 月)	+	−	−	+	−
夏秋季花粉期(8—9 月)	+	−		|	
整个花粉期(3—9 月)	+	+	−	−	−
受天气影响的典型花粉浓度变化过程(2020 年 8 月 22—25 日)	+	+	−	+	−

2.1.4　花粉浓度分型

根据 2012—2020 年 3—9 月的多年平均结果，12 区中春季花粉期花粉浓度峰值平均最早出现在海淀区，为 3 月 17 日 1380 粒/1000 mm^2；春季花粉期花粉浓度峰值平均最晚出现在延庆区，为 4 月 3 日 430 粒/1000 mm^2，春季花粉期花粉浓度峰值平均集中在 3 月 17 日至 4 月 3 日，共 18 d；其中，春季花粉期花粉浓度平均最大峰值出现在房山，为 8584 粒/1000 mm^2。从峰值的出现日期来看，除延庆(4 月 3 日)、朝阳(3 月 28 日)外，大部分地区春季花粉期峰值均集中在 3 月 17—22 日，见表 2-111。

夏秋季花粉期峰值平均最早出现在三个区域，分别为平谷、海淀和延庆，均为 8 月 28 日，相应的峰值浓度分别为 433 粒/1000 mm^2、409 粒/1000 mm^2 和 604 粒/1000 mm^2；夏秋季花粉期峰值平均最晚出现在房山区，为 9 月 10 日 599 粒/1000 mm^2，夏秋季花粉期峰值集中在 8 月 28 日至 9 月 10 日，共 14 d；夏秋季花粉期平均最大峰值出现在石景山，为 1002 粒/1000 mm^2。

从夏秋季峰值浓度来看，石景山、朝阳远高于其他区域；其余区域差别并不明显。另外，从峰值的出现日期来看，除房山(9 月 10 日)、门头沟(9 月 5 日)外，大部分地区夏秋季花粉期峰值均集中在 8 月 28 日—9 月 1 日。

表 2-111 各区多年平均的春季花粉期和夏秋季花粉期花粉浓度峰值及出现日期

区域	春季花粉期峰值/(粒/1000 mm^2)	春季花粉期峰值日	夏秋季花粉期峰值/(粒/1000 mm^2)	夏秋季花粉期峰值日
延庆	430	4 月 3 日	604	8 月 28 日
昌平	1564	3 月 18 日	430	9 月 3 日
朝阳	665	3 月 28 日	817	8 月 29 日
房山	8584	3 月 22 日	599	9 月 10 日
丰台	1701	3 月 18 日	569	9 月 1 日
海淀	1380	3 月 17 日	409	8 月 28 日
怀柔	3193	3 月 21 日	450	9 月 3 日
门头沟	3661	3 月 18 日	511	9 月 5 日
密云	1673	3 月 21 日	516	9 月 1 日
平谷	613	3 月 21 日	433	8 月 28 日
石景山	5207	3 月 18 日	1002	9 月 1 日
顺义	783	3 月 18 日	617	9 月 1 日
全市平均	1593	3 月 18 日	482	9 月 1 日

基于北京的绿化特点，春季花粉期的气传花粉主要是柏科、松科、杨柳科，夏秋季花粉期的气传花粉主要是菊科蒿属、藜科、桑科。由于花粉具备各自的生物特性和规律，以及不同区域的植被分布、地形和气候条件的差异，致使花粉浓度的分布情况在北京的各个区域内存在着较大的差别。

箱线图能够将各个区域的花粉浓度值域区间直观地表现出来，图 2-5 为 12 个区花粉浓度

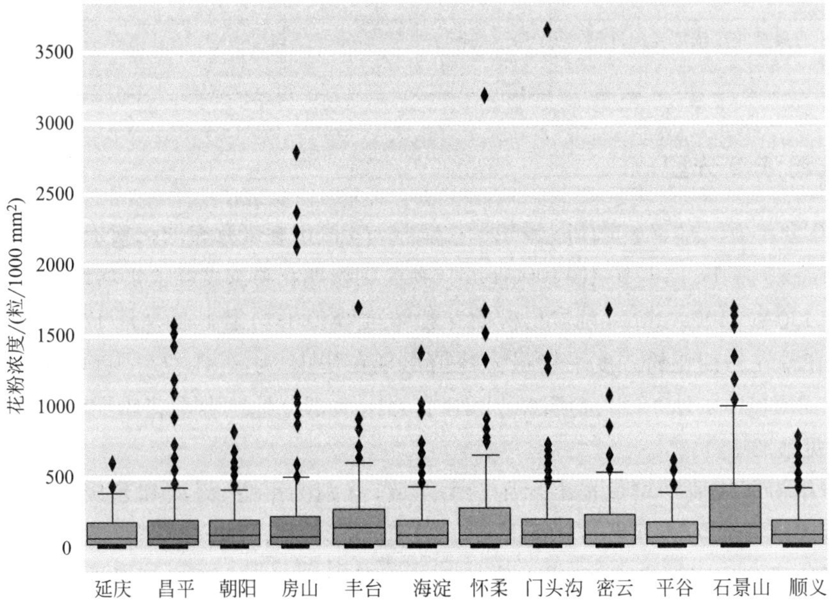

图 2-5 12 个区全花粉期花粉浓度的箱线图

的箱线图。上四分位数与下四分位数的差可以反映数据的离散程度，其数值越小，说明数据越集中。从上四分位数与下四分位数的数值及两者之差来看，石景山为 403 粒/1000 mm^2，远超过其他区域；怀柔为 250 粒/1000 mm^2，与丰台（232 粒/1000 mm^2）较为接近；房山为 191 粒/1000 mm^2，与密云（216 粒/1000 mm^2）较为接近；延庆、昌平、朝阳、海淀、平谷、门头沟、顺义分别为 159、169、163、163、159、178 和 164 粒/1000 mm^2，较为接近，见表 2-112。

表 2-112　各区整个花粉期的箱线图具体数值　　单位：粒/1000 mm^2

	延庆	昌平	朝阳	房山	丰台	海淀	怀柔	门头沟	密云	平谷	石景山	顺义
均值	113	163	139	198	188	142	194	170	150	106	276	133
中位数	68	70	91	81	137	86	87	87	82	63	140	84
上四分位数	178	185	184	214	266	183	270	199	233	174	427	181
下四分位数	19	15	21	24	34	20	20	21	17	15	25	17
上下四分位数差	159	169	163	191	232	163	250	178	216	159	403	164

聚类分析是一种将研究对象分为相对同质的群组的统计分析技术。聚类分析也叫分类分析或者数值分类。聚类的输入是一组未被标记的样本，聚类根据数据自身的距离或者相似度将其划分成若干个组，划分的原则是组内距离最小化而组间（外部）距离最大化。聚类和分类的不同在于：聚类要求划分的类是未知的。

基于聚类分析 K-Means 方法计算而得的结果（见表 2-113），昌平、平谷、门头沟和顺义地区花粉浓度较为类似，延庆、朝阳、房山、海淀和密云地区花粉浓度较为类似，丰台和怀柔地区花粉浓度较为类似，石景山地区花粉浓度与其他地区均不类似。基于聚类分析的分级结果，后续的花粉浓度等级划分均基于该分类。

表 2-113　按花粉浓度聚类分析的区间划分等级　　单位：粒/1000 mm^2

分级	等级描述	划分区间	区间分割点
1	极低	0～17	17
2	很低	18～99	99
3	低	100～218	218
4	一般	219～370	370
5	高	371～566	566
6	很高	567～824	824
7	极高	＞825	

结合站点的花粉浓度空间分布及对应的样条函数插值进行对比，春季花粉期花粉浓度峰值的结果显示（图 2-6a 和图 2-6c），花粉浓度相对集中在北京中部、西部、西南部地区，而东部、东北部、西北部高海拔地区相对偏低；夏秋季花粉期花粉浓度峰值结果（图 2-6b 和图 2-6d）与春季花粉浓度峰值恰好相反，高花粉浓度相对集中在北京东部、东南部、西北部高海拔地区，北京中部、北部、西南部地区相对较低。

从各区的春季花粉期、花粉间歇期以及夏秋季花粉期的平均值来看（图 2-7），并结合站点的花粉浓度空间分布及对应的样条函数插值进行对比，春季花粉期平均花粉浓度同春季花粉期峰值的空间分布类似，均表现为北京中部、北部、西南部地区偏高，而东部、西北部高海拔地

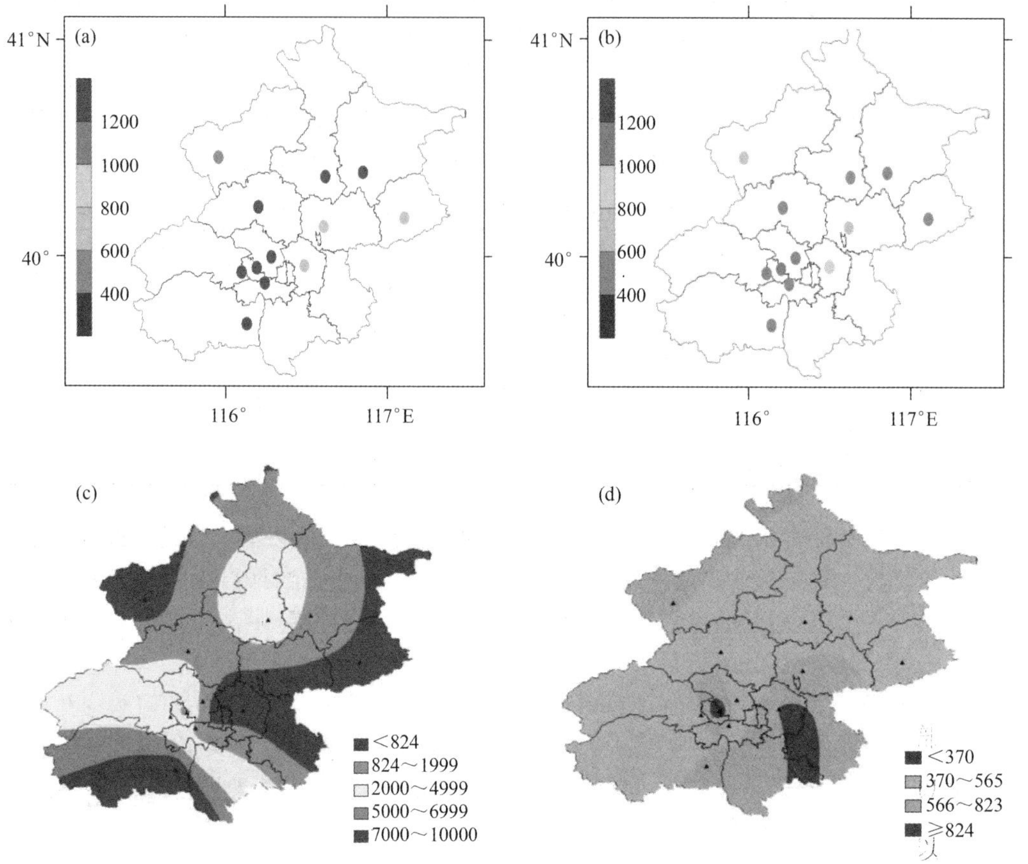

图 2-6　不同区域春季花粉期(a、c)和夏秋季花粉期(b、d)花粉浓度峰值空间分布(单位:粒/1000 mm^2)

(注:图 a 和图 b 为站点花粉浓度情况,图 c 和图 d 为样条函数插值后的花粉浓度情况)

(对应彩图见本书 218 页)

区相对较低(图 2-7a 和图 2-7d);在花粉间歇期内,全市各个地区的花粉浓度都很低(图 2-7b 和图 2-7e)。结合站点的花粉浓度空间分布及对应的样条函数插值进行对比,夏秋季花粉期内平均花粉浓度同夏秋季花粉期峰值的空间分布略有不同,高花粉浓度相对集中在北京东部、南部地区,而北京其他地区整体上相对偏低(图 2-7c 和图 2-7f)。

若将 3—9 月整个花粉期进行划分,结合北京地区花粉总浓度的聚类分析分析结果,怀柔、丰台可为一类,石景山为一类,剩余其他区域为一类。但将春季花粉期和夏秋季花粉期单独进行划分,则存在明显的差异。基于花粉浓度和样条函数空间插值分析结果,并按照聚类分析的花粉等级,春季花粉期可以将朝阳、平谷、顺义和延庆划为一类,其余区域划分为一类。夏秋季花粉期可以将朝阳和石景山划为一类,其余区域划分为一类(详见表 2-114)。

按照聚类分析的北京地区花粉总浓度分级,不仅可以将区间细化为 7 级。为过敏人群提供更精细的业务产品。同时还可以进行时空分型,利用相同等级的观测站点进行替代,适当减轻观测人员的花粉观测工作量。聚类分析得到的北京地区花粉总浓度等级不仅具有数学依据,同时也有更好的业务化优势。

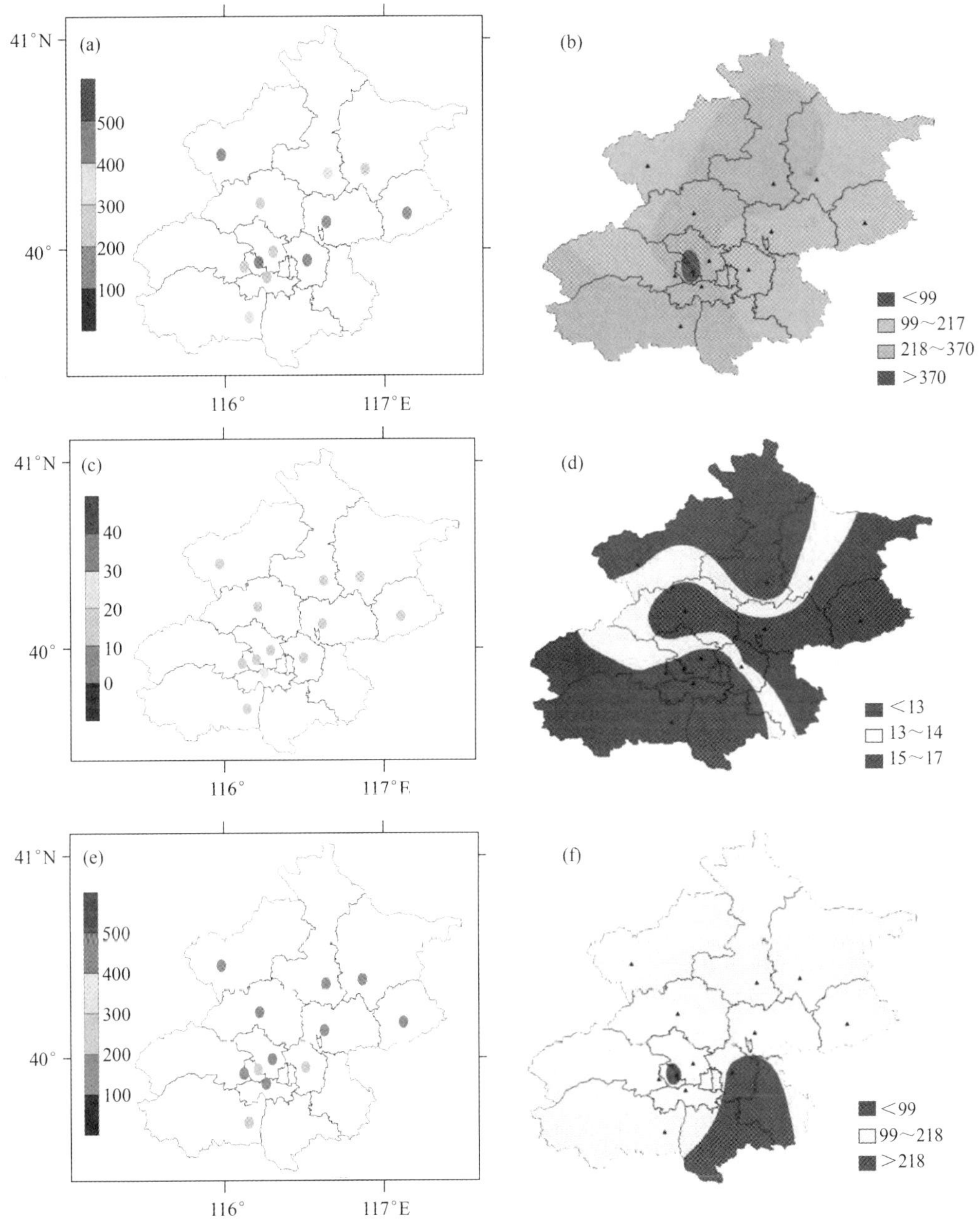

图 2-7　不同区域春季花粉期(a、b)、夏秋季花粉期(c、d)、夏秋季花粉峰值期(e、f)平均花粉浓度空间分布(单位:粒/1000 mm²)

(注:图 a、c 和 e 为站点花粉浓度情况,图 b、d 和 f 为样条函数插值后的花粉浓度情况)

(对应彩图见本书 219 页)

表 2-114　不同方法的花粉空间分型结论　　单位：粒/1000 m^2

划分方法	区域		
春季峰值浓度等级划分（>2000;824～2000;<824）	（>2000）：房山、石景山、怀柔、门头沟	（824～2000）：昌平、丰台、海淀、密云	（<824）：朝阳、平谷、顺义、延庆
春季日均值浓度等级划分（≥218;<218）	（≥218）：密云、怀柔、昌平、海淀、门头沟、房山、丰台、石景山	（<218）：朝阳、平谷、顺义、延庆	
春季整体可划分为两类	密云、怀柔、昌平、海淀、门头沟、房山、丰台、石景山	朝阳、平谷、顺义、延庆	
夏秋季峰值浓度等级划分（≥566;<566）	（≥566）：石景山、朝阳、延庆、顺义	（<566）：怀柔、密云、平谷、昌平、海淀、房山、丰台、门头沟	
夏秋季日均值浓度等级划分（≥218;<218）	（≥218）石景山、朝阳	（<218）延庆、怀柔、密云、平谷、昌平、顺义、海淀、房山、丰台、门头沟	
夏秋季整体可划分为两类	石景山、朝阳	延庆、怀柔、密云、平谷、昌平、顺义、海淀、房山、丰台、门头沟	

2.2 主要气传致敏花粉浓度等级预报研究

2.2.1 建立北京市气传致敏花粉类植物气象影响因子指标体系

空气中花粉浓度的变化受多种因素综合影响，其中气象要素最为多变（中国气传致敏花粉调查领导小组，1991），对研究花粉浓度的动态关系具有重要意义。已有研究表明，春季和夏秋季花粉高峰期的花粉浓度均受气象要素影响，但在不同季节影响花粉浓度的主导因子不同。其中，春季花粉浓度与气温和日照时数呈正相关（何海娟 等，2001；刘宜纲 等，2019），其原因为植物生长发育需要通过热量累积来实现，进而影响花粉浓度变化。夏季花粉浓度主要受相对湿度和水汽压的影响，而秋季草本花粉进入盛期并达到全年峰值。在诸多气象因子中，气温对空气中花粉浓度的影响最为显著，同时气温对花粉浓度的影响还具有一定的滞后性和持续性，气温变化通常与滞后 2～7 d 的花粉浓度相关较高。

综合考虑已有研究所得的气象因子对气传花粉浓度的影响以及其影响的滞后性和持续性，根据现有气象资料建立与花粉浓度预报相关的五大类共 57 个气象因子指标，包括气温类、风速类、气压类、相对湿度类、降雨量类，以及 5 个花粉浓度因子，分别整理计算相关气象因子数据和花粉浓度数据，便于下一步运用统计回归和机器学习等多种方法对花粉浓度进行建模和预报。

2.2.2 北京市主要气传致敏花粉浓度等级划分

花粉本身具有很强的过敏原性，一些特异体质人群在吸入气传花粉后会引发呼吸系统急症，即花粉过敏症，该病症具有明显的季节性和区域性（宋岚，2013）。飘散在空气中的致敏花粉常年影响过敏人群的身体健康。空气中花粉浓度直接影响花粉过敏症的发病状况（刘彬贤等，2007），对花粉浓度进行评价和分级可直观反映空气致敏花粉造成的危害。白玉荣等（2007）基于对全国 7 个区域共 29 个省（区、市）的花粉调查数据，考虑到木本和草本植物花粉的致敏性强弱不同，依据花粉数量建立花粉浓度分级标准，划分出 5 个花粉浓度等级（低、较低、中等、较高和高），等级的高低可基本表征花粉症的发病趋势，如表 2-115 所示。

表 2-115　花粉浓度等级标准（白玉荣 等，2007）

等级	等级描述	木本植物花粉/（粒/1000 mm^2）	草本植物花粉/（粒/1000 mm^2）	发病率/%
1 级	低	≤100	≤50	$P<1$
2 级	较低	101～250	51～100	$1\leq P<2$
3 级	中等	251～400	101～150	$2\leq P<3$
4 级	较高	401～800	151～300	$3\leq P<5$
5 级	高	>800	>300	$P>5$

上述花粉浓度等级划分标准的对象为木本和草本植物的总花粉浓度，目前尚无针对分类花粉浓度的等级划分标准体系，要对于分类花粉浓度等级预报需要重新制定每一种花粉的浓度等级划分标准。

首先，对于有花粉症病例数据对应的花粉种类（春季木本、蒿草、葎草、豚草），应结合花粉过敏者病例数据和花粉浓度数据制定花粉浓度等级划分标准，使得划分标准更加具有机理意义。下面以菊科蒿属为例说明花粉浓度等级划分方法（图 2-8）。

（1）样本筛选

首先，由于过敏原的影响具有持续性，且易受气象因子影响，单日的沉降量可能存在特征性不足的问题。故将其扩展为 2～5 d 滑动平均沉降量（当天及前 1 至 4 d 的均值沉降量），以增加所包含的前期花粉信息。然后，由于医院节假日和工作日的接诊能力存在差异，剔除了所有的节假日样本。最后，由于花粉季内必然存在花粉症患者，故剔除了花粉季内所有病例数为 0 的样本。整个研究时段内，符合要求的样本量共有 111 对。

（2）建模方法

首先将逐日病例数视作因变量，将花粉沉降量视作自变量，利用 Spearman 秩相关分析病例数与花粉沉降量的相关关系，选取高相关数据作为建模样本。然后，将自变量按数值大小由低至高排序，确定 25、50、75 百分位的沉降量值，作为原始的 4 级沉降量划分阈值。最后，构建自变量与因变量的拟合函数，并求一阶导数以分析因变量随自变量的变化。在原始的 4 级阈值周边寻找具有机理意义的节点，并以此作为新的等级划分标准。

（3）等级划分

综合上述分析计算可得，北京地区蒿草（菊科蒿属）浓度等级划分标准为：

$$\text{花粉浓度等级}\begin{cases}\text{等级 1} & \text{花粉浓度} \in (0,12] \\ \text{等级 2} & \text{花粉浓度} \in (12,33] \\ \text{等级 3} & \text{花粉浓度} \in (33,74] \\ \text{等级 4} & \text{花粉浓度} \in (74,+\infty]\end{cases} \tag{2-1}$$

依据病例数据重新确定了沉降量的阈值，具有较好的机理含义。一方面，拟合方程体现了较好的可靠性：拟合结果通过了 0.01 的显著性水平检验，基础就诊人数信息的计算也与实际

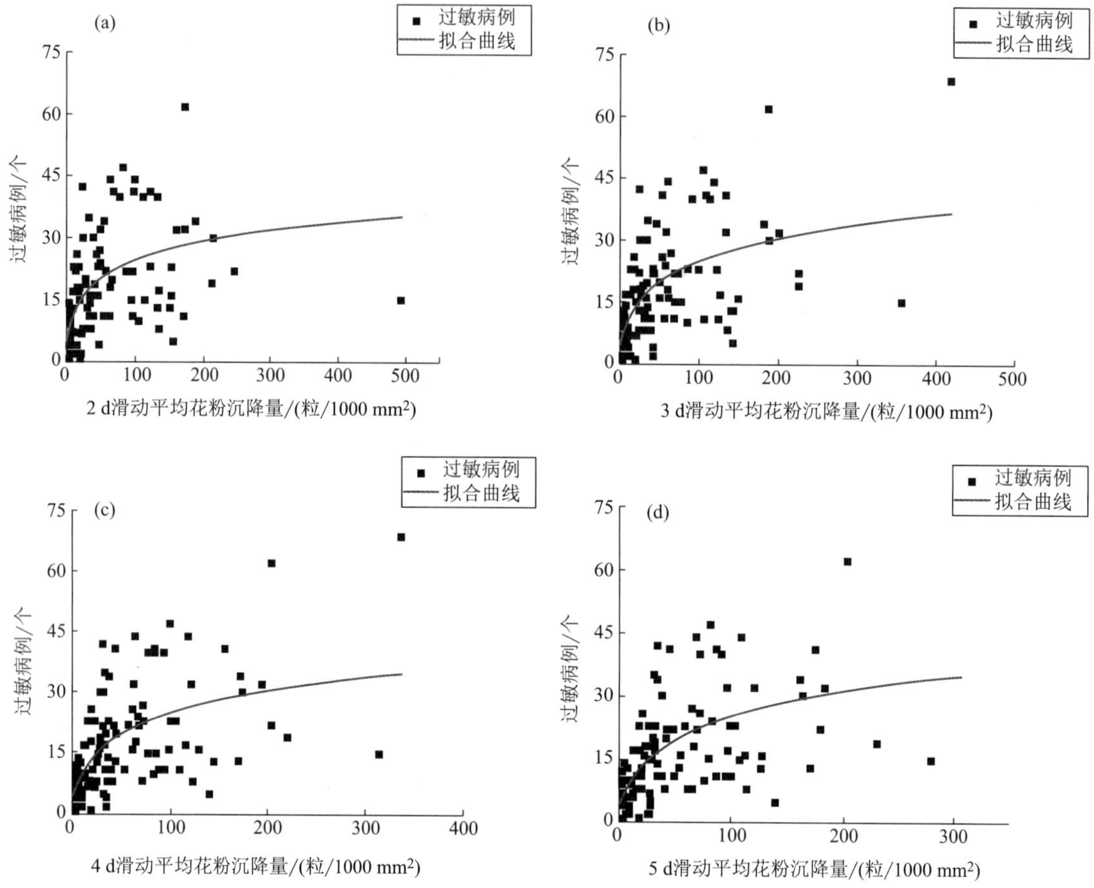

图 2-8　过敏就诊人数与菊科蒿属 2～5 d 滑动平均花粉沉降量的统计模型

情况较为吻合。而且，就诊人数随沉降量的变化情况也可得到较好解释：由于菊科蒿属植物花粉致敏性较强，即便花粉浓度只有少量变化，也会带来明显影响。

对于没有花粉症病例数据对应的花粉种类，可采用百分位法构建其花粉浓度等级划分指标。需要将该种花粉数据集中的所有样本升序排序，作图可知花粉浓度数据集具有自由度为 1 的卡方分布特征，确定其中第 85%、90%、95%分位数对应的花粉浓度，即可得到该种花粉的浓度等级划分指标。例如，按照此方法可得到北京地区禾本科花粉浓度等级划分标准为：

$$\text{花粉浓度等级}\begin{cases}\text{等级 1} & \text{花粉浓度} \in (0,6] \\ \text{等级 2} & \text{花粉浓度} \in (6,14] \\ \text{等级 3} & \text{花粉浓度} \in (14,31] \\ \text{等级 4} & \text{花粉浓度} \in (31,+\infty]\end{cases} \tag{2-2}$$

2.2.3　北京地区主要气传致敏花粉总浓度等级预报

2.2.3.1　致敏花粉浓度等级预报研究概述

北京作为国际化大都市，城市人口持续增长，人口结构持续变化，研究北京地区的花粉种类及浓度预报显得尤为重要，这也是预防过敏病的重要手段。

花粉预测预报工作直接关系到一个地区农业、环境、医疗卫生以及民众生活等多方面，当前空气花粉的预测、预报工作已经由原来的定性预测发展到当前通过统计学和数学方法建立数学模型进行定量化预测，不仅可以进行空气花粉种类和浓度的预测，还可以通过未来气候预估来评估花粉浓度的未来变化趋势，预测的精度也比以往有很大提高。

最初的花粉预报工作是综合以往多年同时段气象数据和空气花粉浓度的变化进行空气花粉的预测预报，根据前一天 24 h 的花粉浓度变化推测第二天空气花粉浓度的变化，还可以根据当年前半年的各气象数据与空气花粉浓度数据的相关关系，对当年下半年的花粉浓度和各气象数据进行预测。多年连续空气花粉浓度的调查研究工作也为进一步的空气花粉预测、预报提供了数据基础，国际上许多国家在主要城市设立观测站，长期进行连续的空气花粉观测，根据多年的观测数据，分析当地空气花粉的变化趋势，为当地空气花粉预测、预报工作奠定了基础。一些地区根据多年空气花粉观测数据，编制空气花粉日历，显示重要致敏花粉的变化情况，并通过媒体发布花粉浓度等级分布图和花粉过敏症报告，以及当天致敏花粉状况和气候因素对花粉分布的影响。

目前，空气致敏花粉的研究已取得了较大进展。在很多发达国家把防治花粉过敏症作为重要的课题来研究。如英国、加拿大、美国、丹麦等，在花粉方面的研究起步较早，在 20 世纪 30 年代就开始进行花粉调查与研究以及相关的服务工作，并取得了一定的研究成果。随着研究的不断深入，数学和统计学方法引入了空气花粉浓度的预测工作中，研究人员通过数学模型预测某些植物（橄榄树和禾本科等）花粉浓度的日变化情况；并根据植物开花季之前的气象数据资料，准确预测一年内某些植物（如橄榄树、栎属、松属和禾本科等）花粉在空气中开始出现的时间、高峰值出现的时间，以及在空气中持续的时间，这些预测工作与以往空气花粉的定性估测相比，准确度和实用性都有所提高。Lorenzoni 等（2000）对意大利帕多瓦市内的主要致敏花粉进行了 6 a（1991—1996 年）的调查，分析其年变化规律，认为通过长时间的空气花粉变化规律研究，可以建立空气花粉变化的预测模型。在瑞典一些城市和丹麦首都哥本哈根市已经应用数学模型对未来的空气花粉浓度进行了成功的预测，研究人员首先对当日各气象因子的观测值，以及当日草本植物花粉百分含量进行统计分析，各气象因子选择当日的气温、湿度、云量和降水量等，根据多年空气花粉浓度的变化与各气象因子关系的调查，进行回归分析，建立空气花粉浓度与各气象因子的回归方程，相关系数达 0.87～0.91。这种预测模型已经成功地运用到对哥本哈根市 1982 年空气中草本植物花粉的预报工作中，与当年的观测结果相比，虽然在个别时段与预测值不符，但全年变化趋势的预测与观测结果完全一致。Laaidi 等（2003）综合法国里昂市 13 a（1987—1999 年）空气花粉浓度数据和当地的气象数据，建立了多元回归数学分析模型，成功预测了 2000—2001 年度空气中蒿属植物花粉出现的时间和持续时间，根据实验结果验证，这个预测模型可以提前 3～5 周对空气中的花粉含量作出预测，最大误差不超过 4 d，对花粉症的预防有十分重要的意义。应用西班牙科尔多瓦地区 21 a（1982—2002 年）空气中橄榄树花粉浓度数据和相关气象数据，进行相关多元回归分析，经过回归分析方程验证空气中的花粉浓度与累积气象变量，特别是与热量相关的气象变量相关较强，这个模型可以用作空气中花粉浓度的日变化预测。Grandjouan 等（2000）通过收集 1995—2000 年西班牙比戈城空气花粉浓度数据和气象资料，建立了两个花粉浓度预测模型，一个是局部线性模型，获得花粉浓度的预测值；二是非显著性累积回归分析模型，以检验预测值是否超出阈值范围，并利用 2001 年空气花粉浓度数据进行模型预测结果的验证，预测准确率为 72%。此外，根据空气中花粉浓度的变化情况还可以预测当地各气象要素的变化，Grandjouan 等(2000)在法国境内由北向南选择 19 个地点，分别对每个地点进行 2～16 a 不同时段的空气花粉调查，选择 130 个花粉类型进行分析，通过每两个花粉类型含量比率分析，计算出 8385 个比率数据，与当地气象数据进行回归分析，预测当地未来的气候变化，在 8385 个比率中 1000 个比率具有 50%或以上的可靠性，只有 169 个比率具有 80%或以上的可靠性。波兰西部的研究结果发现气候变暖带来花粉浓度升高的现象(Bogawski et al.，2015)。此外，稳定的风速条件及干燥的大气条件也对花粉含量有正面作用。上述研究结果为预报花粉浓度变化奠定了基础：同气象因子相结合的统计学模型、物候模型、时空分布模式(Nowosad et al.，2016)被提出并被证明具有较好的预测效果。有关专家通过总结出花粉的观测、计算、分布规律、发病规律、等级预报等一系列研究结论，为在全球进一步开展花粉浓度预报和研究奠定了很好的基础。

鉴于空气质量监测的需求以及花粉过敏人群逐年增多的状况，北京和天津的气象部门较早就开展了花粉浓度预报服务，通过花粉浓度预报为花粉过敏疾病防治提供重要参考信息。张姝丽等(2003)依据北京 1985—1986 年和 1997—1998 年的旬花粉浓度与同期平均气温和平均湿度数据，分别建立春、秋两季的旬花粉浓度预报方程，实况检验预报准确率为 72%。在此基础上，将气象要素组合归于 6 种天气条件型，分别建立致敏花粉浓度未来 24 h 预报模型。此后，张德山等(2010)综合北京市城区及周边郊县共计 7 个站 1999—2005 年花粉实况及气象要素数据，应用正交筛选回归法建立不同站点 24～96 h 花粉浓度预报模式，经检验效果较好。刘彬贤等(2007)根据天津 1999—2004 年花粉数据，按花粉浓度高峰分春、夏和秋 3 个时段分别建立花粉浓度预报方程。同时，吴振玲等(2007)设计了全花粉季、分季节(春、夏和秋)和分阶段(按花粉量变化趋势分为 6 个阶段)3 种预测方案，利用多元线性和非线性回归分析方法分别建立未来 72 h 花粉预测模型。经过比较发现，分段预测方案优于全花粉季和分季节预测方案，多元非线性回归模型多数时间预测效果更好。

目前，中外花粉浓度预报模型主要采用机理模型和非机理模型。机理模型预报形式主要为数值预报，数值预报模型涉及复杂的物理、化学过程，要求建立相对完备的植物分布清单、准确的气象场以及花粉扩散过程等物理、化学过程的相关模型。非机理模型需要的数据量相对较少，不需要复杂的花粉浓度扩散边界场及气象边界场，通过历史的花粉浓度数据，捕捉数据特征，得到花粉浓度变化规律。其中，以统计模型和机器学习模型为代表的非机理模型，以给出相对准确的预报值为目标，不过多追究结果产生的复杂机理过程，预报模型相对简单。综合考虑不确定性因素的非机理模型的量化预测方式在中外有广泛的应用，其中应用较广的有统计预报线性回归、时间序列、随机森林、灰色理论、支持向量机、BP 神经网络等。

尽管北京市已经积累了大量的气传花粉研究资料，也取得了很多研究成果，但是目前仍存在一些亟待解决的问题。在气传花粉浓度对气象要素响应的研究中，多数只进行定性分析，并获得不同气象要素与花粉浓度的相关关系，目前尚缺乏定量分析，因此，无法对气传花粉浓度变化做进一步解释。此外，各个气象要素之间是否存在相互作用关系尚不明确，更缺少基于多气象要素建立的模型。

目前，中国的花粉浓度预报研究中存在观测点密度不够、观测时间序列较短、观测点环境背景不统一的问题。即便是花粉监测工作开展最好的北京，也无法获取类似欧洲花粉监测网数十年长度的观测结果，这为探讨气候变化带来的影响埋下了隐患。同时，受观测点密度限制，中国的研究通常很难通过比对不同地区的花粉浓度分布特征来讨论其背后的深层次影响。

另外，已有研究表明，花粉浓度预报中将花粉自身作为预报因子之一效果较好，但由于在花粉自动化观测尚未普及的情况下，实际业务中花粉观测的计数和识别工作还需要大量人力、物力，因此，尚无法快速获得实时花粉浓度数据，给花粉浓度预报模型的准确预报带来了较大影响。

2.2.3.2 四种建模方法介绍

(1)逐步回归方法

逐步回归分析方法的基本思路是自动从大量可供选择的变量中选取最重要的变量，建立回归分析的预测或者解释模型。其基本思想是：将自变量逐个引入，引入的条件是其偏回归平方和经检验后是显著的。同时，每引入一个新的自变量后，要对旧的自变量逐个检验，剔除偏回归平方和不显著的自变量。这样一直边引入边剔除，直到既无新变量引入也无旧变量删除为止。它的实质是建立"最优"的多元线性回归方程。

逐步回归法选择变量的过程包含两个基本步骤：一是从回归模型中剔除经检验不显著的变量；二是引入新变量到回归模型中，常用的逐步型选元法有向前法和向后法。本研究采用向后法，开始时先拟合包含所有自变量的回归方程，并预先指定留在回归方程中而不被剔除的自变量的假设检验标准。然后按自变量对因变量(Y)的贡献大小从小到大进行检验，对无统计学意义的自变量依次剔除。每剔除一个自变量，都要重新计算并检验尚未被剔除自变量对因变量(Y)的贡献并决定是否剔除对模型贡献最小的自变量。重复上述过程，直到回归方程中的自变量均符合留在方程中的给定标准，没有自变量可被剔除为止。在整个过程中只考虑剔除自变量，自变量一旦被剔除，则不再考虑再次引入回归方程。

优缺点：逐步回归方法是将花粉浓度与相关气象要素等建立统计关系，通过该关系进行未来花粉浓度预报。统计预报方法的优点是原理简单、实际应用较为方便，但在建立非线性预报模型时预报效果一般。并且，在应用这一方法时，试验数据需要满足正态分布等，但这一条件在实际工作中很难达到，所以预报准确度也受影响。

(2)随机森林方法

① 决策树算法

决策树是用于分类和回归的非参数机器学习方法。目标是创建一个模型，通过学习从数据特征推断出简单的决策规则来预测目标变量的值。一般树深越深，决策规则越复杂，模型越适合。决策树的图形用来描述以及做出该决定的每个潜在结果，用于确定行动过程或显示统计概率的树形图。决策树为人们提供了一种有效而简单的方法，用来理解决策的潜在选择及其可能的结果范围。将决策树看成是一种决策支持系统，在决策树中，每个分支代表可能的决定、发生或反应。决策树分类器以树的形式排列的特征组成，从根节点的子节点开始，查找根节点上的每个可能的特征测试结果。这个最大类标签删除规则以递归方式应用于子节点，直至到达叶节点。

② 随机森林算法

随机森林算法如图2-9所示，在随机森林中，决策树用来进行分类、回归等构成了学习方法，其通过在训练时构建多个决策树并输出作为模式(分类)或平均预测(回归)。随机森林对决策树过度拟合的现象进行了优化，为了克服决策树容易过度拟合的缺点，Breiman(2001)提出了一种新的组合算法——随机森林算法(RandomForests，RF)。他把决策树组合成随机森林，即在变量(列)的使用和数据(行)的使用上进行随机化，生成很多回归，再通过求均值，汇总回归树的结果。随机森林在运算量没有显著提高的前提下提高了预测精度,对多元共线性不敏感,可以很好地预测多达几千个解释变量的作用。随机森林法可以提高模型的性能,因为它可以减少模型的方差,又不会增加偏差。所以,虽然单个树的预测对其训练集中的噪声非常敏感,但只要每棵树不相关,许多树的平均值就各不相同。其样本数量是自由参数,通常使用几百到几千棵树,这取决于训练集的大小和性质。可以使用交叉验证或通过测试集外误差值找到最佳数量的树。通常,随机森林可以将缺失数据合并到预测变量中。当模型在构建期间有丢失数据时,通常对该情况做出的预测是基于相应树中的最后一个(非终端)节点。所以,如果在序列中的特定点处,在某些情况下没有有效数据的根(或其他非终端)节点处,需要选择预测变量,那么对这些情况的预测则为根(或其他非终端)节点的总体平均值。

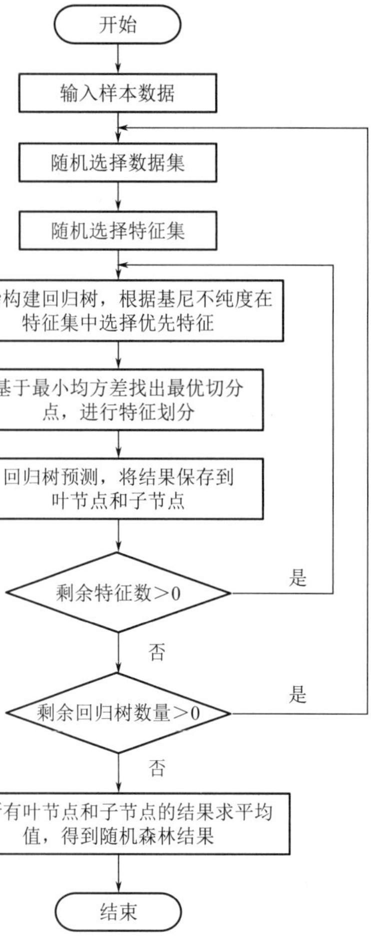

图 2-9 随机森林算法流程图

随机森林回归算法是基于回归树的集成算法。回归树采用的原则是最小均方差,即对于任意划分特征 A,对应的任意划分点 S 两边划分成的数据集 D_1 和 D_2,求出使 D_1 和 D_2 各自集合的均方差最小,满足此条件时,求出对应的特征和特征值划分点。表达式为:

$$\min\left[\min\sum_{x_1\in D_1(A,s)}(y_i-C_1)^2-\min\sum_{x_1\in D_2(A,s)}(y_i-C_2)^2\right] \tag{2-3}$$

式中:C_1 为 D_1 数据集的样本输出均值,C_2 为 D_2 数据集的样本输出均值。回归树的预测是根据叶节点和子节点的均值，因此，随机森林算法的预测是所有树的预测值的平均值。本研究构建的随机森林算法超参数选择使用网格搜索方法，主要对随机森林算法的以下几个参数进行搜索寻优：（ⅰ）基模型数量：本研究随机森林算法的基模型是回归树，将回归树数量的备选值定为[20，50，100，150]；（ⅱ）每棵决策树使用的最大特征比例限制：本研究的数据特征总计有 62 维，限制每棵决策树只使用不超过[0.6，0.7，0.8，0.9]比例的特征数量；其他随机森林的超参数还包括叶节点的最大样本数，最小分割样本数量等，根据本研究数据，使用默认的最小值。最终本身得到决策树数量为 100 棵，每棵决策树使用的最大特征比例为 0.8。算法步骤如下：

a. 从训练集 S 中随机取样（有放回抽样）；

b. 从 62 个特征中随机抽取 k 个特征；

c. 按照回归树算法训练得到模型 H_t；

d. 重复步骤 1、2、3，直到 100 棵树构建完毕；

e. 对未知样本 X 回归时，每个模型 H_t 都得出一个回归结果，通过计算平均值，最终得到随机森林预测结果。

优点：a. 随机森林算法对决策树过度拟合的现象进行了优化，在运算量没有显著提高的前提下提高了预测精度，对多元共线性不敏感，可以很好地预测多达几千个解释变量的作用。b. 随机森林算法可以提高模型的性能，因为它可以减小模型的方差，又不会增大偏差。c. 可以使用统计的方法测试验证模型，可以评估模型的可靠性。

缺点：a. 决策树可以创建过于复杂的树，但是这些树不能很好地适用于其他范围的数据，会出现过度拟合的现象。因此，设置叶节点所需的最小样本数或设置树的最大深度等是避免过度拟合所必需的。b. 决策树可能不稳定，因为数据中的很小变化可能导致生成完全不同的树。

（3）支持向量机方法（SVM）

支持向量机是统计学习理论中比较新的技术，该算法的核心思想为：基于核展开定理，通过非线性映射由内积函数来确定，将样本空间映射到一个高维乃至无穷维的特征空间，又在特征空间中引入不敏感损失函数，定义出最优回归泛化界，将寻找最优线性回归超平面的问题转化为求解一个凸约束条件下的一个凸规划问题，并可以求得全局最优解。经过对模型进行参数寻优，本研究中惩罚系数 C 设定为 2、核参数 G 设定为 0.5，如图 2-10 所示。

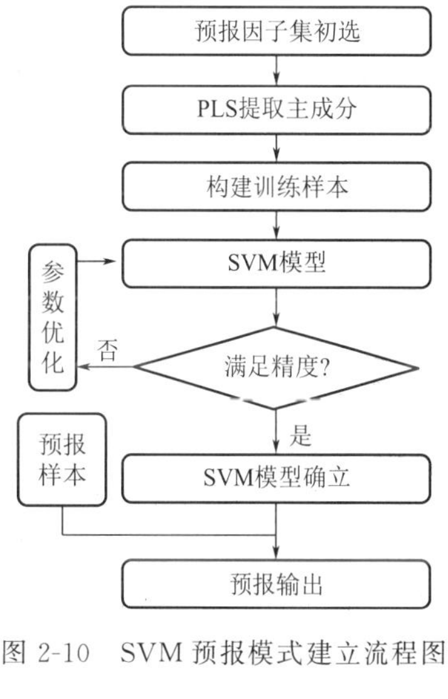

图 2-10　SVM 预报模式建立流程图

优缺点：与传统机器学习理论的主要差别为：它是以结构风险最小化而非经验风险最小化为准则，其泛化能力要明显优于神经网络等传统学习方法，它可以按任意精度逼近非线性函数，具有全局极小值点、收敛速度快等优点。

（4）BP 神经网络方法

人工神经网络是通过对大脑的结构和工作原理的研究，提出的一种新的信息加工方法，该方法体现了人脑的特点。人工神经网络建立主要考虑 3 个因素，第一是人工神经元模型，该因素是神经网络的基本组成，负责信息的传递和转换；第二是网络的拓扑结构，即网络的层数和各层神经元的个数，是决定网络训练结果的重要因素；第三是训练算法，负责神经网络权值的更新工作，是决定网络权值最优解的重要方法。

层状的人工神经网络主要有3个层次：输入层、隐含层、输出层。各层之间按照顺序连接，信号单向传递。各层的作用及分工如下：

a. 输入层：输入层的单元负责接收信号，并将信号传送给中间层，也就是隐含层。

b. 隐含层：该层介于输入层和输出层的中间位置，有时是一个，有时是多个，该类层是神经网络的信号加工处理部分，主要负责将信号通过激活函数进行转换并且传递给输出层。

c. 输出层：输出层的各个神经元负责将人工神经网络的信息处理结果输出展示。BP算法的基本思想是：信号先从输入至输出正向传播，隐含层处理，若期望值和实际输出结果误差不满足要求，那么将误差反向传回来，根据一定的规则对权值进行调整，这个过程反复进行，直到误差满足要求为止。如图2-11所示，为一个单隐含层的人工神经网络模型，包括输入层、隐含层和输出层三层，也称之为三层感知器。

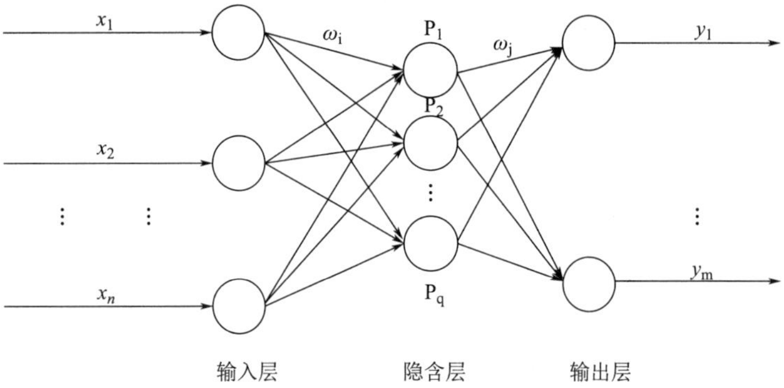

图2-11　BP神经网络结构

BP神经网络训练过程：首先给定一个特定的权值和阈值矩阵，结合确定的网络结构和训练参数，将输入信号通过转化，传输给网络中间层，网络中间层同样根据确定的网络结构和训练参数将结果传输到网络的输出层，并且由输出层和既定的输出进行误差分析，如果误差分析满足要求，则训练结束；如果误差不满足要求，则按照一定的规则进行权值和阈值的调整，调整后再次进行信号传输，并分析误差，反复重复这个过程，直到误差满足要求为止，如图2-12所示。

本研究需要确定网络的层数和各层的节点个数。本研究采用一个隐含层的BP神经网络，即层数为3。采用试凑的方法来求得最佳的隐含层节点个数。设置学习率为0.01。采用标准化法进行数据的归一化。各层之间的激活函数选择为S型函数中的双曲正切函数，其表达式为：

$$y=\frac{2}{1+\exp(-2n)}-1 \tag{2-4}$$

优点：a. 信息存储的分布性人工神经网络的信号关系主要通过神经元之间的连接来存储信息，是一个在过程中存储信息的方式。b. 信息处理的并行神经网络每个神经元独立对信息进行处理，可以同时进行，不受某个神经元制约，所以可以进行并行计算。神经元之间的连接方式与其并行的特性，使模型可以处理非线性关系。c. 信息处理的容错性、鲁棒性好，信息储存独立，不制约于整体环境，某一个环节出现错误，不会影响到整个网络。d. 信息处理的自适应性神经网络可以自己学习，自己定义规则，泛化性好。其学习过程就是自动调整权重的过程，可以自己按照一定的算法进行学习，适应各种不同的映射关系。

缺点：a. 网络的训练易陷入局部极小值：使用误差对权值、阈值的一阶导数来调整这两个参数，容易找到一个局部极小值后，就不再进行训练。实际上，一个误差曲线有多个极小值，所以，一旦选中的值是一个局部的极小值而非曲线的最小值，那么误差就不是最小的，选取的结果就不是最优了。b. 网络的学习收敛速度缓慢：影响 BP 算法收敛速度的关键因素之一是学习速率，如上所述，学习速率小的话，神经网络就得经过多次训练才能找到最小值，但是如果学习速率太大，反而会使得训练过程中找不到要求的最小值，模型不能收敛，所以就无法获得最小误差，导致网络训练失败。c. 无法避免出现“过拟合”的现象：BP 算法在训练网络的过程中，随着训练误差的减小，预测的误差也会减小，但是训练误差减小到一定值，预测的误差反而会增大，存在这种现象决定了 BP 神经网络的泛化能力无法保障。

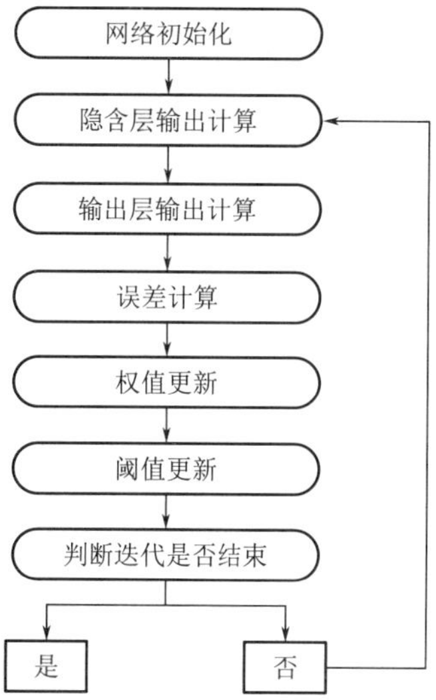

图 2-12　BP 神经网络算法流程图

2.2.3.3　模型预报效果评估

① 预报准确率

P 为花粉浓度等级预报准确率，其中 n 为花粉浓度等级试报数据个数，y_i 为花粉浓度实际观测值，$\hat{y}_i$ 为花粉浓度预报值。计算公式如下：

$$P=\left(1-\frac{\frac{1}{n}\sum_{i=1}^{n}|y_i-\hat{y}_i|}{\frac{1}{n}\sum_{i=1}^{n}y_i}\right)\times 100\% \tag{2-5}$$

② 均方根误差

RMSE 为均方根误差，其中 n 为花粉浓度等级试报数据个数，y_i 为花粉浓度实际观测值，RMSE 用来衡量观测值与预报值的偏差，计算公式如下：

$$\mathrm{RMSE}=\sqrt{\frac{1}{n}\sum_{i=1}^{n}(y_i-\hat{y}_i)^2} \tag{2-6}$$

③ 混淆矩阵

混淆矩阵也称误差矩阵，是表示精度评价的一种标准格式，用 n 行 n 列的矩阵形式来表示，混淆矩阵的每一列代表了预测类别，每一列的总数表示预测为该类别的数据数目，每一行代表了数据的真实归属类别，每一行的数据总数表示该类别的数据实例的数目。每一列中的数值表示真实数据被预测为该类的数目。

2.2.4　北京市花粉总浓度等级预报

2.2.4.1　十二区未来 3 d 逐日的花粉总浓度等级预报

表 2-116 和表 2-117 为 4 种方法对北京 12 个区花粉总浓度等级预报准确率和均方根误差的对比，结果显示对花粉总浓度等级的预测各类算法的准确率在 71%～92%，其中逐步回归

方法预报准确率为 72%～89%，均方根误差为 1.22～4.19；随机森林方法预报准确率为 78%～92%，均方根误差为 0.96～3.35；支持向量机方法预报准确率为 73%～81%，均方根误差为 2.92～3.66；BP 神经网络方法预报准确率为 71%～89%，均方根误差为 2.02～4.11。

说明统计算法和机器学习算法在花粉总浓度的预测中均有较好的表现，以随机森林方法预报效果最优，逐步回归方法和 BP 神经网络方法预报效果也较好，支持向量机方法预报效果略逊色。

表 2-116 四种方法对北京 12 个区花粉总浓度等级预报准确率

区域	逐步回归/%	随机森林/%	支持向量机/%	BP 神经网络/%
昌平	85.96	91.28	80.00	82.73
朝阳	80.60	85.07	79.10	88.57
房山	72.60	78.08	80.82	86.36
丰台	79.10	86.57	74.67	75.78
海淀	76.56	81.25	72.62	78.72
怀柔	80.88	86.76	75.00	80.33
门头沟	75.36	86.57	77.92	80.73
密云	75.00	89.29	78.21	75.83
平谷	89.09	89.09	75.71	71.05
石景山	82.86	87.14	74.49	71.21
顺义	72.31	83.08	80.00	81.08
延庆	83.78	91.89	79.10	82.69

表 2-117 四种方法对北京 12 个区花粉总浓度等级预报均方根误差

区域	逐步回归	随机森林	支持向量机	BP 神经网络
昌平	2.30	0.96	3.11	2.02
朝阳	2.27	2.04	3.06	2.98
房山	4.19	3.35	2.95	2.89
丰台	2.28	1.71	3.12	3.14
海淀	3.09	2.32	3.09	3.00
怀柔	2.12	1.56	2.92	3.10
门头沟	4.16	1.64	3.15	3.05
密云	3.63	2.12	3.12	3.08
平谷	1.22	1.77	3.66	2.96
石景山	2.38	2.04	3.04	3.10
顺义	3.44	2.20	3.20	4.11
延庆	2.23	1.19	2.92	3.82

通过模型结果对比发现，这 4 种模型在预报准确率等各项指标上存在差异，不能一概而论孰优孰劣，可针对不同目标需求选取相应的模型。

通过综合比较不同建模方法的优缺点并对比各模型的预报准确率、均方根误差及模型运行时间、模型复杂性以及后续业务应用难易程度等诸多因素，最终确定了随机森林方法为最优的预报方法，经过进一步调参优化后，利用随机森林方法对北京 12 个区花粉总浓度的预测准确率为 80%～91%，如表 2-118 所示。

表 2-118　随机森林方法对北京 12 个区花粉总浓度等级预报准确率和均方根误差

区域	预报准确率/%	均方根误差
昌平	91.48	0.96
朝阳	86.37	1.54
房山	79.78	2.15
丰台	88.97	1.61
海淀	83.85	2.22
怀柔	88.76	1.27
门头沟	88.91	1.34
密云	90.54	2.92
平谷	89.49	1.67
石景山	88.24	1.64
顺义	85.67	1.70
延庆	91.07	0.99

2.2.4.2　六个区未来 24 h 逐 12 h 的花粉总浓度等级预报

2012 年以来北京市气象局开始开展花粉浓度监测业务，北京地区的花粉浓度观测站点布设在北京 14 个区气象局观测场内(2020 年新增大兴、通州两个站点)，花粉观测采用重力沉降法，观测员每日 19 时更换一片涂抹有凡士林的载玻片于观测架上，自然重力沉降 24 h，次日 19 时更换取回，并整理保存载玻片，观测的时间精度为 24 h。并且目前北京地区能够进行实时人工读数的站点只有 6 个区，即朝阳、海淀、丰台、石景山、昌平、顺义，能够于次日读取前一日的花粉浓度数据，并通过 LDAD 系统上传并实时展示，其余站点数据需要待收集完整一年的载玻片后统一送至指定专家处读数，获取花粉浓度数据比较滞后。

由于能够获取到的花粉浓度观测数据时间精度为逐日，因此，前文研究中对未来 3 d 花粉浓度预报的时间精度也采用逐日，但现有的时间精度较粗，不能满足花粉浓度精细化预报的服务需求，基于此现状，项目组于 2019 年开始，以 6 个区(朝阳、海淀、丰台、石景山、昌平、顺义)作为试点，开展花粉总浓度加密观测业务，即以原有花粉浓度观测业务为基础，新增加每日 07　19 时的　张载玻片，为白天时段 12 h 的花粉总浓度数值，将全天 24 h 的花粉总浓度数据减去白天时段花粉总浓度数据，即可得到夜间时段的花粉总浓度数据。

本研究收集整理了 2019—2021 年 6 个区全天花粉总浓度和白天时段花粉总浓度数据，其样本量统计如表 2-119 所示，由于计算夜间时段花粉总浓度数据需要用到全天时段和白天时段花粉总浓度数据，因此，实际有效样本量以各区白天时段花粉总浓度样本量为准。

表 2-119　2019—2021 年北京 6 个区各时段花粉总浓度样本量统计

区域	全天时段花粉总浓度样本量	白天时段花粉总浓度样本量
海淀	538	524
顺义	472	456
朝阳	521	492
昌平	520	482
石景山	490	475
丰台	484	464

通过分析发现,就花粉总浓度平均值而言,2019—2021 年 6 个区中最高浓度出现在石景山区,为 247 粒/1000 mm^2;最低浓度出现在顺义区,为 69 粒/1000 mm^2,白天时段和夜间时段的花粉总浓度平均值也有此特点,最高与最低对应的区与全天时段相同;且白天时段的花粉总浓度平均值明显高于夜间时段,数值大约高 1 倍。

就花粉总浓度最大值及其出现日期来看,2019—2021 年 6 个区中最大值差异较大,如表 2-120 所示。其中全天时段花粉总浓度最大值的最大出现在石景山区为 5260 粒/1000 mm^2,最大值的最小出现在昌平区为 1456 粒/1000 mm^2,6 个区花粉总浓度最大值出现的时间均为春季,集中在 3 月中下旬到 4 月上旬;此外,白天时段的花粉总浓度最大值也有明显大于夜间时段的特征。

表 2-120　2019—2021 年北京 6 个区各时段花粉总浓度情况　单位:粒/1000 mm^2

区域	全天时段花粉总浓度平均值	白天时段花粉总浓度平均值	夜间时段花粉总浓度平均值	全天时段花粉总浓度最大值及出现日期	白天时段花粉总浓度最大值及出现日期	夜间时段花粉总浓度最大值及出现日期
海淀	169	129	43	2100(2020-03-17)	2000(2020-03-17)	870(2020-03-18)
顺义	69	50	21	1700(2021-03-24)	1584(2021-03-24)	327(2021-03-25)
朝阳	197	135	69	2378(2020-03-16)	2136(2020-03-16)	1117(2020-03-17)
昌平	77	54	27	1456(2021-03-24)	1124(2021-03-24)	629(2021-03-25)
石景山	247	131	120	5260(2020-03-19)	2170(2020-03-19)	3090(2020-03-20)
丰台	162	105	61	2348(2020-04-08)	1447(2020-04-08)	1176(2020-04-09)

线性回归是利用数理统计中回归分析来确定两种或两种以上变量间相互依赖的定量关系的一种统计分析方法。通过分析北京 6 个区不同时段的花粉总浓度观测数据可以发现,白天时段的花粉总浓度数据与全天时段的花粉总浓度数据在变化趋势上具有较好的一致性,因此,下文中采用线性回归方法对二者进行拟合。选取全天时段的花粉总浓度作为自变量(X),白天时段的花粉总浓度作为因变量(Y),拟合曲线和拟合方程如图 2-13～图 2-18 和表 2-121 所示。

对于 $P=0.05$ 的显著水平,查检验相关系数的临界值表可得,该回归方程具有显著性,有实际应用价值。在得到有意义的回归方程后,可以根据北京 6 个区作明日逐 24 h 花粉总浓度的预报,利用回归方程求得各区明日白天时段逐 12 h 的花粉总浓度的预报,二者相减即可得到各区明日夜间时段逐 12 h 的花粉总浓度预报。在实际业务应用中,目前北京 6 个区明日花粉总浓度产品已经上线并顺利运行 2 a,上述研究可作为对该产品的进一步改进,通过简单的计算即可得到更为精细化的预报产品。

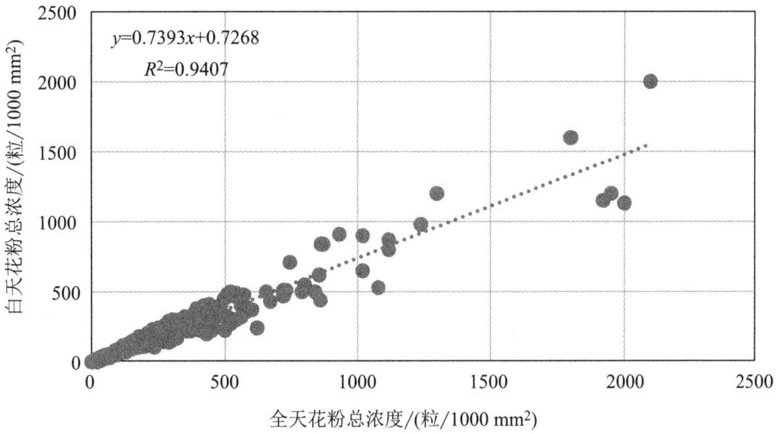

图 2-13 海淀区全天时段和白天时段花粉总浓度拟合关系图

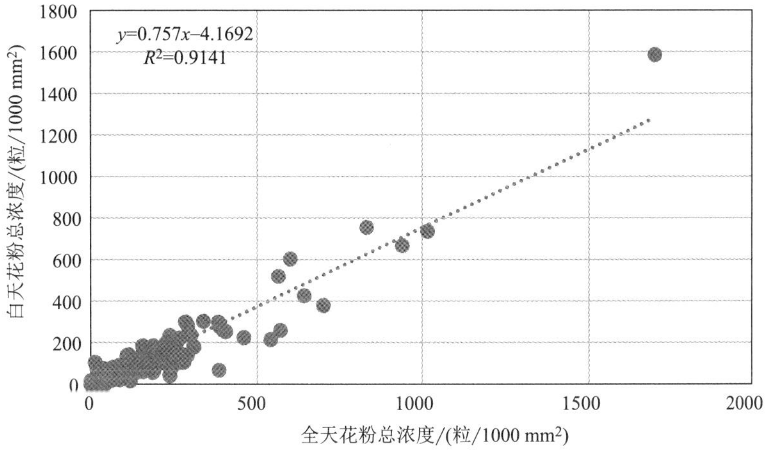

图 2-14 顺义区全天时段和白天时段花粉总浓度拟合关系图

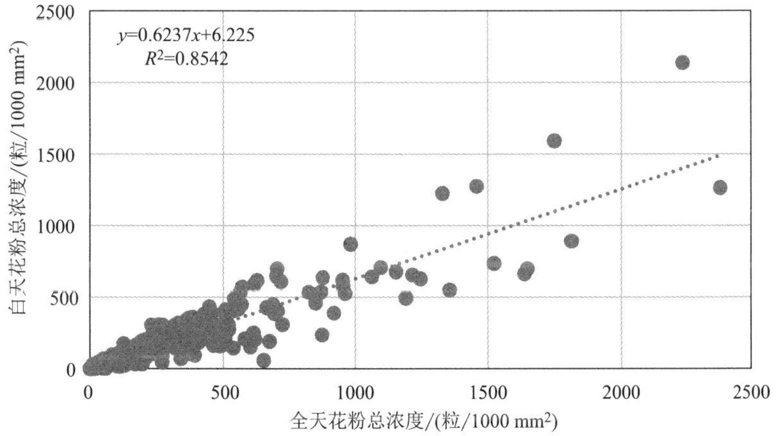

图 2-15 朝阳区全天时段和白天时段花粉总浓度拟合关系图

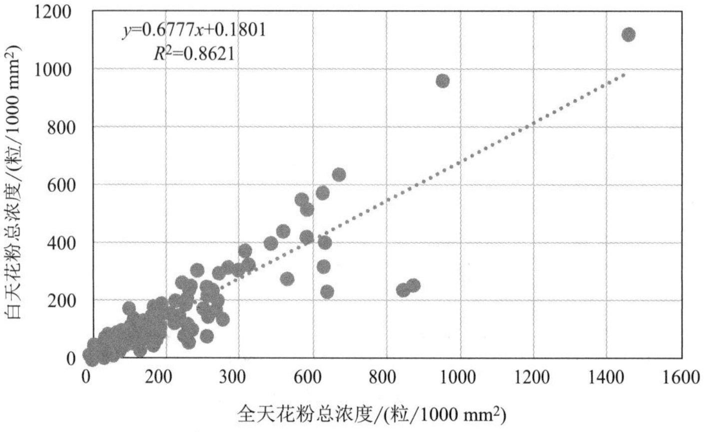

图 2-16　昌平区全天时段和白天时段花粉总浓度拟合关系图

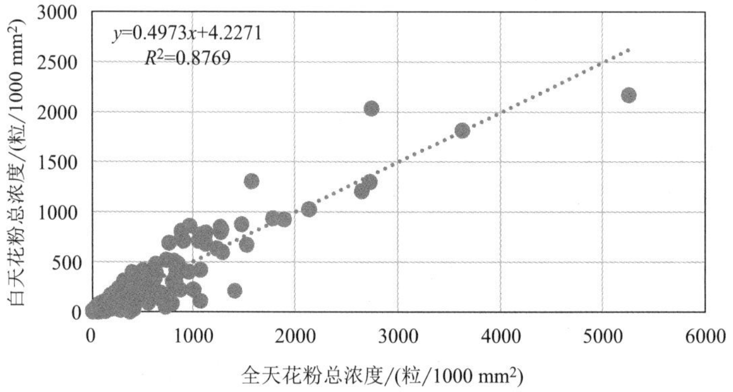

图 2-17　石景山区全天时段和白天时段花粉总浓度拟合关系图

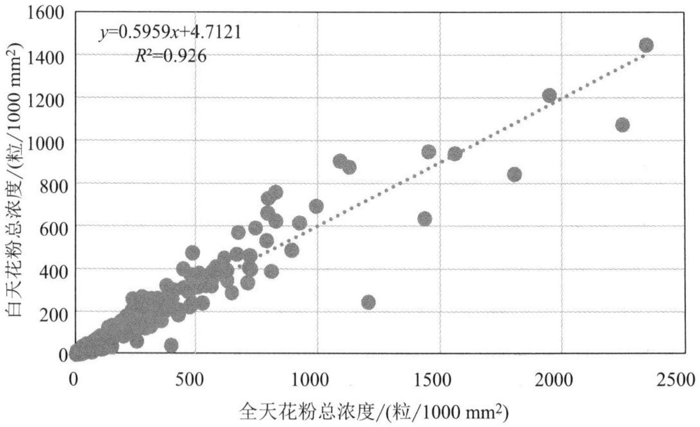

图 2-18　丰台区全天时段和白天时段花粉总浓度拟合关系图

表2-121 北京6个区全天时段和白天时段花粉总浓度拟合方程

区名	线性回归方程	决定系数 R^2
海淀	$y=0.7393x+0.7268$	0.9407
顺义	$y=0.757x-4.1692$	0.9141
朝阳	$y=0.6237x+6.225$	0.8542
昌平	$y=0.6777x+0.1801$	0.8621
石景山	$y=0.4973x+4.2271$	0.8769
丰台	$y=0.5959x+4.7121$	0.926

参考文献

白玉荣，刘艳，庞立，2007. 天津市花粉过敏性疾病分析[J]. 中华临床免疫和变态反应杂志，1(2)：193-196.

白玉荣，段丽瑶，吴振玲，等，2008. Distributive Rule of the Pollen and Grade Compartmentalization of the Pollen Concentration[C]//中国颗粒学会，华东理工大学．中国颗粒学会第六届学术年会暨海峡两岸颗粒技术研讨会论文集(下).

杜睿，2007. 北京及周边地区大气边界层中花粉气溶胶的观测[J]. 中国环境科学，27(4)：477-481.

何海娟，张德山，乔秉善，2001. 北京城区空气中花粉含量与气象要素的关系初探[J]. 中华微生物学和免疫学杂志(S2)：36-38.

刘彬贤，白玉荣，2007. 花粉浓度预报方法的初步探究[J]. 气象科学，27(S1)：95-98.

刘艳，孙磊，路永红，等，2014. 成都市城区气传花粉飘散与气象要素的相关性研究[J]. 实用医院临床杂志，11(4)：235-238.

刘宜纲，吕世华，刘建忠，等，2019. 2012—2016年海淀区气传花粉物候特征及其与气象要素的关系[J]. 应用生态学报，30(10)：3563-3571.

孟龄，王效科，欧阳志云，等，2016. 北京城区气传花粉季节特征及与气象条件关系[J]. 环境科学，37(2)：452-458.

宋岚，2013. 花粉调查在花粉症防治中的必要性[J]. 现代预防医学，40(2)：370-371，375.

王嫣然，张学霞，赵静瑶，等，2016. 2013—2014年北京地区 $PM_{2.5}$ 时空分布规律及其与植被覆盖度关系的研究[J]. 生态环境学报，25(1)：103-111.

谢水祥，马廉兰，刘志刚，等，2006. 气传致敏花粉飘散与气象七要素的相关性[J]. 中国临床康复，(12)：56-58.

叶世泰，张金谈，乔秉善，等，1988. 中国气传和致敏花粉[M]. 北京：科学出版社．

张德山，徐景先，张姝丽，等，2010. 北京地区花粉通量演变曲线的预报模式初探[J]. 气象科学，30(6)：822-826.

张光智，徐祥德，王继志，等，2002. 北京及周边地区城市尺度热岛特征及其演变[J]. 应用气象学报，(S1)：43-50.

张姝丽，张德山，何海娟，2003. 北京城区花粉数量天气条件分析[J]. 气象科技，(6)：406-408.

中国气传致敏花粉调查领导小组，1991. 中国气传致敏花粉调查[M]. 北京：北京出版社．

BOGAWSKI P，GREWLING L，NOWAK M，et al，2014. Trends in atmospheric concentrations of weed pollen in the context of recent climate warming in Poznan (Western Poland)[J]. International Journal of Biometeorology：Journal of the International Society of Biometeorology，58(8)：1759-1768.

BOGAWSKI P，BEDNORZ E，2016. Atmospheric conditions controlling extreme summertime evapotranspiration in Poland (central Europe)[J]. Natural Hazards，81(1)：55-69.

BREIMAN L，2001. Random forests. [J]. Machine Learning，45(1)：5-32.

GALÁN C,CARINANOS P,GARCIA-MOZO H. et al,2001. Model for forecasting Olea europaea L. airborne pollen in South-West Andalusia,Spain[J]. International Journal of Biometeorology,45(2):59-63.

GRANDJOUAN G,COUR P,GROS R,2000. A probabilist model of the relations between pollen and climate and its application to 80 european annual spectra[J]. Plant Ecology,147(2):147-163.

IGLESIAS-OTERO M A,CARIDE D R,ASTRAY G,et al,2013. Bioinformatic method to predict allergenic Plantago pollen concentration in the city of Ourense (Spain)[C]//Centeris/Projman/HCIST 2013.

LAAIDI M,THIBAUDON M,BESANCENOT J P,2003. Two statistical approaches to forecasting the start and duration of the pollen season of Ambrosia in the area of Lyon (France)[J]. International Journal of Biometeorology,48(2):65-73.

LORENZONI-CHIESURA F,GIORATO M,MARCER G,2000. Allergy to pollen of urban cultivated plants [J]. Aerobiologia,16(2):313-316.

MOHAMED L,MICHEL T,JEAN-PIERRE B,2003. Two statistical approaches to forecasting the start and duration of the pollen season of Ambrosia in the area of Lyon (France). [J]. International Journal of Biometeorology,48(2):65-73.

MÖLLER C,DREBORG S,FERDOUSI A H,et al,2002. Pollen immunotherapy reduces the development of asthma in children with seasonal rhinoconjunctivitis (the PAT-study)[J]. The Journal of Allergy and Clinical Immunology,109(2):251-256.

NOWOSAD J,STACH A,KASPRZYK I,et al,2016. Forecasting model of corylus,alnus,and betula pollen concentration levels using spatiotemporal correlation properties of pollen count[J]. Aerobiologia,32(3):453-468. DOI:10. 1007/s10453-015-9418-y.

PAWEŁ B,EWA B,2016. Atmospheric conditions controlling extreme summertime evapotranspiration in Poland (central Europe)[J]. Natural Hazards,81(1):55-69.

第 3 章　北京市主要气传致敏植物花粉期预报

3.1　研究意义及中外研究进展

预测植物花期是生态学和气候学研究的重要内容。植物的开花结果受多种因素共同影响，气候因素尤为关键。1735 年，法国昆虫学家 Réaumur 提出“积温”的概念，认为植物的生长发育与能量积累存在一定的对应关系。1928 年，苏联植物学家李森科通过研究发现，植物在一定低温条件下，可以提高抗寒性，有利于下一生育周期的开始，这就是著名的低温促进假说。20 世纪 50 年代，积温方法在苏联农业气象研究中广泛应用，并被引入中国农业气象工作中。

20 世纪 80 年代开始，欧美学者开始进一步拓展各类基于积温理论的植物开花物候模型。Cannell 等（1983）通过研究提出只考虑当年春季积温的 Spring Warming 模型。Murray 等（1989）构建了同时考虑前一年低温促进作用的 Alternating 模型。Hänninen（1987）又提出 Sequential 模型。除此之外，Landsberg（1974）提出了 Parallel 模型。Chuine 等（1998）对以上模型进行对比研究，发现不同类型植物对应的最佳模型并不相同。

中国在这一领域起步较晚，进入 21 世纪以来研究逐渐增多。仲舒颖等（2017）利用中国 42 个站点 1962—2013 年 4 种观赏植物的花期数据，建立积温模型，结果表明模型能有效再现历史花期。陆佩玲（2006）以北京地区 1950—2001 年 4 种木本植物物候数据为基础，建立温度驱动的非线性植物开花期模型。欧阳志云等（2017）对北京城区植被花粉种类分布及物候进行调查。孟龄等（2013）则重点分析了北京城区气传花粉的季节分布。总的来看，目前中国在城市花粉模拟预测方面研究还较少，研究水平仍须进一步提高。

3.2　花粉期不同阶段的定义及计算方法

花粉期指植物从花粉开始形成到花粉完成释放的整个过程。理论上可划分为雄蕊形成、微孢子形成、花粉释放和花粉传播 4 个阶段。其中，花粉传播阶段是花粉进入人体呼吸道，引发各类花粉过敏等呼吸系统疾病的最主要阶段，可以进一步划分为起始期、高峰期、结束期 3 个时段。

花粉传播起始期定义为花粉浓度开始上升的时段。Goldberg 等（1988）比较发现，采用积分法计算最为准确，即当日花粉浓度累计值占该年总花粉量的 2.5%时判定为花粉期开始。这一标准考虑了花粉日变化的连续性。Smith 等（2014）的研究也证实了其适用性。

高峰期是花粉颗粒传播最盛、过敏发病率最高的时段。可利用洛伦兹曲线峰值法准确判定。即函数拟合后，波峰点为高峰期。这种计算结合了花粉浓度的平滑变化趋势，准确率高。

花粉浓度下降到一定程度即可判定为结束期。依据积分法思路，当日花粉浓度累计值占全年总量的 97.5%时，定义为花粉期终止。这与高峰期计算方法相对应，强调数据的连续性及周期性。

3.3 北京市主要气传致敏植物花粉期特征分析

根据欧阳志云等(2007)研究，北京市区内共有气传致敏花粉植物 32 属 99 种，其中木本植物有杨属、榆属、枫属等 18 属 51 种。北京市花粉总量呈双峰型分布，第一峰期在 3—5 月，第二峰期在 8—10 月。木本花粉主要集中在 3—4 月，占全年木本花粉的 53%。

3.3.1 春季木本植物花粉期特征分析

根据欧阳志云等(2007)研究，北京市木本致敏花粉植物花期主要集中在 3—5 月，是北京市春季的主要气传致敏花粉木本植物。具体而言，主要包括榆科(榆树、鹅耳枥、无花果榆等)、杨柳科(垂柳、白毛垂柳、赤柳等)、柏科(侧柏、华山松、日本扁柏等)、松科(云杉、马尾松、落叶松等)。北京市主要气传致敏木本花粉植物中，白杨、垂柏、白蜡、圆柏木花粉致敏性最强。为了直观展示北京春季木本植物花粉出现和持续时间，将 2012 年至 2023 年每年 1 月 1 日至 12 月 31 日观测到的各科花粉浓度进行逐日对齐累加(例如把 2012—2023 年所有 5 月 6 日的浓度值累加、所有 5 月 7 日的浓度值累加……)，得到了各科花粉的浓度年内变化(图 3-1)。

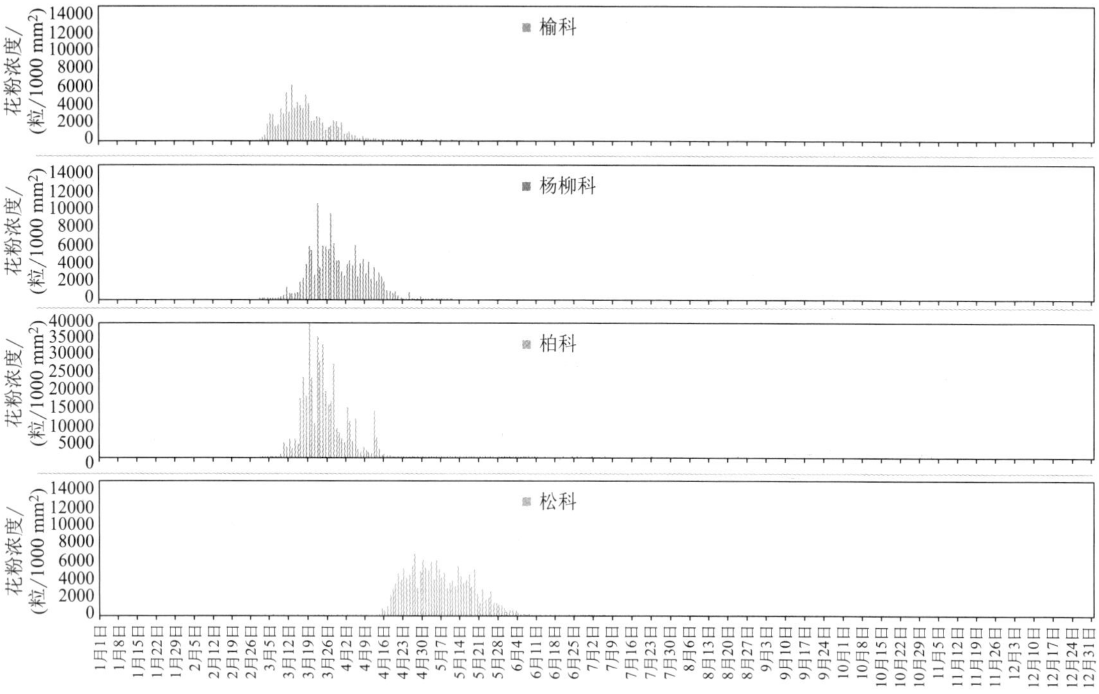

图 3-1 北京市春季榆科、杨柳科、柏科、松科花粉浓度年内变化(多年累加值)

3. 3. 2　秋季草本植物花粉期特征分析

北京秋季花粉期主要在 8—9 月，这期间的花粉主要来源于草本植物，包括菊科蒿属植物（艾蒿、青蒿等）、藜科植物（灰灰菜等）、桑科植物（葎草等），草本植物的花粉产量极大。像豚草、葎草等可以产生大量花粉，这些花粉颗粒小，直径一般在 15～50 μm，可以在空气中长时间悬浮和运动，并且草本植物花粉中含有大量蛋白质致敏原，如促花生成素、脂肪酶等。这些蛋白质一旦接触黏膜，很容易被免疫系统识别为外来抗原引起过敏反应。相比于木本植物，草本植物开花季长，可以长时间维持空气中的花粉浓度，这为重复接触和致敏创造了条件。草本植物包括多种科属，花粉成分复杂，一人可以对多种花粉同时过敏，这增加了致敏和症状表现的复杂性。所以草本植物花粉是导致过敏性鼻炎、结膜炎等疾病的主要原因。其致敏性普遍高于树木花粉。根据叶世泰（1988）研究，北京市 95％花粉过敏症状出现在这一时期，北京秋季草本植物花粉的浓度年内变化见图 3-2。

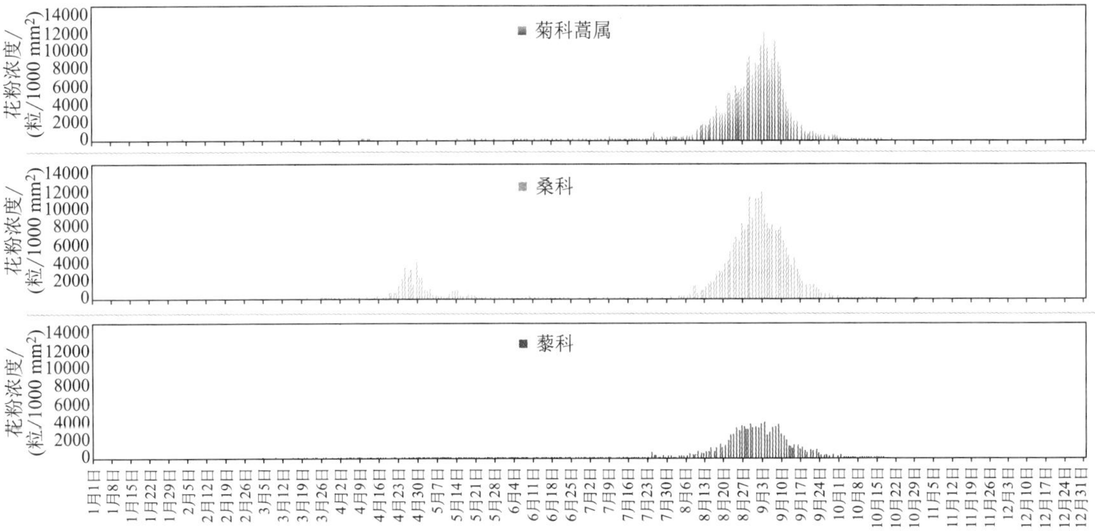

图 3-2　北京市秋季菊科蒿属、桑科、藜科花粉浓度年内变化（多年累加值）

3. 4　气候、环境对植物花粉期的影响分析

3. 4. 1　温度的影响

温度是决定植物花粉期的最重要因素。不同植物对温度的要求不同，但基本符合一定范围的热量积温曲线模式。当积温达到一定值后，植物才开始开花。高温常使开花期提前，低温则延迟开花期。

温度影响开花的内在机制主要包括两个方面：一是温度信号作为环境因子，可以通过植物体内复杂的分子调控网络激活或抑制开花所必需的一系列基因表达；二是温度决定了植物体内蛋白质、酶的构象转换，进而影响花期调控蛋白的活性。

3.4.2 光照的影响

光照通过影响光周期、光照强度等参数，也是调节植物开花的重要环境信号。植物对光照的感受主要依赖两类光受体，即红外线光受体和蓝紫外线光受体。这两类受体感受光信号，激活下游信号转导通路，最终激活或抑制控制花期的转录因子，从而影响开花进程。

植物对光照的响应机制可划分为三类：长日照植物、短日照植物和日照中性植物。不同类型的植物对光周期变化的敏感性不同，从而导致开花响应策略的差异。

3.4.3 水分的影响

水分通过影响植株的生长发育状态和营养物质积累量，从而间接影响花期进程。当植株处于适度水分胁迫下时，可促进生殖器官分化形成；而严重水分缺乏常导致植株停止生长，推迟或终止花芽分化，延迟开花期。

水分条件变好导致蛋白质水解增加，某些酶活性增强，促进生长素、脱落酸、赤霉素等激素水平变化，最终影响整个开花调控网络，改变花期。

3.4.4 营养条件的影响

肥料中的氮、磷、钾元素，以及钙、镁、硼等微量元素，可以促进花芽分化，使开花期提前。过多或过少的营养条件均会抑制开花。

氮肥过量会导致植株持续生长，抑制生殖生长；而低磷和缺硼会减少花芽的形成。适宜的营养条件能促进蛋白质、核酸等物质合成，提供充足的花形成所需的能量物质。

3.4.5 大气污染的影响

近年来研究发现，大气污染也会干扰植物的开花调控机制。污染源中的有毒有害气体可通过影响植物体内激素水平和信号传导过程，抑制开花相关基因的表达，最终延迟开花期。

此外，污染还会影响柱头表面结构、花粉活力等，降低授粉成功率，减少种子产量。这是大气污染影响植物繁殖的重要方式之一。

3.5 北京市主要气传致敏植物花粉起止日期预测模型

3.5.1 建模数据

本研究所使用的分类花粉浓度数据来源于北京市气象局与北京同仁医院于2012年联合开展的花粉监测项目，在全市总共设立了12个花粉观测点。花粉观测数据采用重力沉降法，即利用空气中花粉颗粒本身的重力自然沉降到载玻片上进行观测采样，载玻片每24 h更换一次，经碱性复红液染色后在显微镜下由专业人员根据花粉颗粒的形态特征进行人工分类和计数，计数结果换算成单位截面积（1000 mm^2）下的花粉数量。在开展花粉读数时，由于需要通过人工开展花粉分类和读数，受限于观测人员的经验和精力等原因，只能将花粉种类精确到科。

3.5.2　积温模型

1735 年，法国学者德列奥米尔最早发现积温对于植物生命周期的影响。积温反映了植物生命活动过程中的热量输入，是植物生长发育的温度条件基础。积温主要考虑气温高于植物生长的下限温度的部分，这是植物能有效利用的温度范围。积温是植物开花结果等生命历期(物候期)到来的重要条件之一。许多植物积温达到一定值后才开始开花或结果，这种积温效应可以用物候模型很好地描述。积温的大小能较好地反映一个地区或生境对特定植物生长的适宜性。积温水平越高，表示热量资源越丰富，越有利于植物生长。根据积温水平的变化，可以预测植物开花时间的变化，为引种驯化、栽培管理提供依据。全球变暖地区积温增加，会导致植物开花期整体提前。

积温模型是以气温为主要参数，结合植物生长发育过程的温度需求规律建立的数学模型。它可以定量描述气温条件对植物生长发育过程的影响，精确预测不同物候期的到来时间。积温模型的基本思路是：在超过某一下限温度后的有效积温达到植物开花所需要的某一临界积温值时，植物即达到开花期。积温模型能很好地模拟温度的积累效应。积温模型除了预测植物物候期外，还可以评估和预测气候变化对植物生长发育的影响，指导农业生产和资源可持续利用。

3.5.2.1　Spring Warming 模型

Spring Warming 模型认为植物的生长发育与能量累积(积温)呈线性关系，当积温达到一定的量，植物即进入某一发育期(Cannell et al.，1983)，模型的计算公式如下：

$$\sum_{t_0}^{y} F(x_t) = \mathrm{GDD_{forc}} \tag{3-1}$$

$$F(x_t) = \begin{cases} 0 & x_t < T_b \\ x_t - T_b & x_t \geqslant T_b \end{cases} \tag{3-2}$$

式中：y 为开花期(以日序表示)，t_0 为积温计算开始日期(以日序表示)，$\mathrm{GDD_{forc}}$ 为到达开花期需要的积温阈值(℃·d)，x_t 为日平均气温(℃)，T_b 为植物发育临界温度(℃)。

3.5.2.2　Alternating 模型

Alternating 模型通过累积日数计算植物经历的低温刺激量，当低温刺激日数达到一定阈值后植物才能进入下一发育周期(Murray et al.，1989)，模型的计算公式如下：

$$\sum_{t_1}^{t_2} R(x_t) = \mathrm{GDD_{chill}} \tag{3-3}$$

$$\sum_{t_2}^{y} F(x_t) = a \cdot e^{b \cdot \mathrm{Sc}} \tag{3-4}$$

$$\mathrm{S_c} = \sum_{t_1}^{y} R(x_t) \tag{3-5}$$

$$R(x_t) = \begin{cases} 0 & x_t > T_b \\ 1 & x_t \leqslant T_b \end{cases} \tag{3-6}$$

$$F(x_t) = \begin{cases} 0 & x_t \leqslant T_b \\ x_t - T_b & x_t > T_b \end{cases} \tag{3-7}$$

式中：t_1 为低温刺激起始日期（以日序表示），t_2 为低温刺激完成日期（以日序表示），GDD_{chill} 为低温刺激完成的阈值，a、b 为模型参数，其余参数意义与前文相同。

3.5.2.3 Sequential 模型

Sequential 模型认为，植物只有经过一定量的低温刺激后才能进入下一发育周期（Hänninen et al.，1987），模型的计算公式如下：

$$\sum_{t_1}^{t_2} R(x_t) = GDD_{chill} \tag{3-8}$$

$$\sum_{t_2}^{y} F(x_t) = GDD_{forc} \tag{3-9}$$

$$R(x_t) = \begin{cases} 0 & x_t \leqslant -3.4 \text{ 或 } x_t \geqslant 10.4 \\ \dfrac{x_t + 3.4}{T_o + 3.4} & -3.4 < x_t \leqslant T_o \\ \dfrac{x_t - 10.4}{T_o - 10.4} & T_o < x_t \leqslant 10.4 \end{cases} \tag{3-10}$$

$$F(x_t) = \begin{cases} 0 & x_t \leqslant T_b \\ \dfrac{28.4}{1 + e^{-0.185(x_t - 18.4)}} & x_t > T_b \end{cases} \tag{3-11}$$

式中：T_o 为最优低温刺激阈值，值介于−3.4～20.4℃，其余参数与前文相同。

3.5.2.4 Parallel 模型

Parallel 模型假定植物的低温刺激和积温促进可以独立运行，当低温刺激阈值没有达到时，积温对植物发育的促进效率受到负面的影响（Landsberg，1974），模型的计算公式如下：

$$\sum_{t_1}^{y} F(x_t) = GDD_{forc} \tag{3-12}$$

$$R(x_t) = \begin{cases} 0 & x_t \leqslant -3.4 \text{ 或 } x_t \geqslant 10.4 \\ \dfrac{x_t + 3.4}{T_o + 3.4} & -3.4 < x_t \leqslant T_o \\ \dfrac{x_t - 10.4}{T_o - 10.4} & T_o < x_t \leqslant 10.4 \end{cases} \tag{3-13}$$

$$F(x_t) = \begin{cases} 0 & x_t \leqslant T_b \text{ 且 } S_c < GDD_{chill} \\ \left(K_m + \dfrac{1 - K_m}{GDD_{chill}} S_c\right) \dfrac{28.4}{1 + e^{-0.185(x_t - 18.4)}} & x_t > 0 \text{ 且 } S_c < GDD_{chill} \\ \dfrac{28.4}{1 + e^{-0.185(x_t - 18.4)}} & x_t > 0 \text{ 且 } S_c \geqslant GDD_{chill} \end{cases} \tag{3-14}$$

$$S_c = \sum_{t_1}^{y} R(x_t) \tag{3-15}$$

式中：K_m 为模型调节参数，其值介于 0.1～0.001，其余参数意义与前文相同。

3.5.3 机器学习模型

机器学习模型是一种基于数据驱动的预测建模方法。它通过识别数据之间的相关模式，建立输入和输出之间的数学映射，实现对未知样本的预测。机器学习模型包括监督学习模型、无监督学习模型等许多种。监督学习模型需要丰富的输入、输出配对样本来训练模型。典型方法有线性回归、决策树、随机森林、神经网络等。机器学习方法具有很强的适应性和泛化能力，是寻找隐含模式和预测未知情况的有力工具。在植物物候预测、气候影响评估等领域，已经得到越来越广泛的应用，展示了巨大的应用潜力。

3.5.4　模糊模型

Zadeh 等(1965)使用一种基于模糊集和模糊逻辑的方法来处理语言学中的模糊信息，此后这一方法不断发展并逐步形成了模糊逻辑系统理论，广泛应用于气象学、医学、计算机科学等多个领域。基于隶属度函数的概念，使用模糊逻辑可以模仿人的不确定性判断和推理方式，描述并区分模糊集合，处理模糊关系，从而对经典逻辑难以处理的非线性、不确定问题进行定量化描述。因此，可应用模糊逻辑理论将界限不清晰的定性知识和经验转化为确定性定量关系。

3.5.5　模型检验评价

3.5.5.1　评价指标

采用偶数年资料进行模型内部检验，采用奇数年的资料对模型进行外部检验，模型检验选择均方根误差(RMSE)和决定系数(R^2)表示模型模拟效果的好坏，计算方法见式(3-16)和式(3-17)。

$$\mathrm{RMSE}=\sqrt{\frac{1}{n}\sum_{i=1}^{n}(x_i-y_i)^2} \tag{3-16}$$

式中：n 为样本量，x_i 为模拟值，y_i 为实测值，均方根误差值越小，表示模拟结果越优。

$$R^2=1-\frac{\sum_{i=1}^{n}(x_i-y_i)^2}{\sum_{i=1}^{n}(y_i-\overline{y})^2} \tag{3-17}$$

式中：n 为样本量，x_i 为模拟值，y_i 为实测值，$\overline{y}$ 为实测值的平均值，R^2 值介于 0～1，值越大表示模拟结果越优。

3.5.5.2　评价结果

采用偶数年资料率定模型参数并进行内部验证，采用奇数年资料对模型进行外部验证(表 3-1)。从表 3-1 模拟结果可以看到，对于榆科植物，在内部检验阶段，4 个模型的模拟结果相差不大，RMSE 均在 1.7～1.9 d，R^2 为 89%～93%，不存在明显的差别，但是在外部检验阶段，Alternating 模型表现出明显的优势，其 RMSE 只有 1.6 d，R^2 为 83.1%，而其他模型 RMSE 均大于 3 d，R^2 小于 60%；对于柏科植物，在内部验证阶段，Spring Warming 模型结果较差，RMSE 为 2.8 d，R^2 为 69.7%，其他 3 个模型 RMSE 相差不大，为 2.2 ～ 2.3 d，但是 Alternating 模型 R^2 明显较优，为 84.2%；对于杨柳科植物，在内部验证阶段，4 个模型表现相差不大，RMSE 为 1.8～1.9 d，R^2 为 85%～87%，在外部验证阶段，Sequential 模型明显优于其他 3 个模型，RMSE 只有 1.7 d，R^2 为 83.7%；对于松科植物，在内部检验阶段，Alternating 模型表现较好，RMSE 为 1.3 d，R^2 为 90.6%，在外部验证阶段，Alternating、Sequential、Parallel 模型表现相差不大，RMSE 为 1.3 ～ 1.4 d，R^2 为 95.6% ～96.1%。

表 3-1 模型结果检验 RMSE 单位：d；R^2 单位：%

模型	内部检验（偶数年）								外部检验（奇数年）							
	榆科（样本：12）		柏科（样本：13）		杨柳科（样本：15）		松科（样本：20）		榆科（样本：20）		柏科（样本：20）		杨柳科（样本：20）		松科（样本：20）	
	RMSE	R^2	RMSE	R^2	RMSE	R^2	RMSE	R^2	RMSE	R^2	RMSE	R^2	RMSE	R^2	RMSE	R^2
Spring Warming	1.7	92.8	2.8	69.7	1.9	85.0	2.0	82.9	3.2	56.7	3.4	72.1	2.7	71.4	2	90.8
Alternating	1.8	90.5	2.3	84.2	1.9	86.1	1.3	90.6	1.6	83.1	2.4	89.4	2.1	72.0	1.3	96.1
Sequential	1.9	89.6	2.3	76.0	1.9	85.3	1.5	87.8	3.5	30.2	2.6	89.4	1.7	83.7	1.4	95.6
Parallel	1.7	92.8	2.2	76.5	1.8	86.8	1.5	89.2	4.7	49.6	2.9	86.3	3.1	76.6	1.4	95.9

图 3-3～图 3-6 分别是榆科、柏科、杨柳科和松科植物所有年份的花粉起始期观测值与模拟值散点图，从拟合结果并结合表 3-1 的检验结果，可以认为榆科、柏科、松科植物拟合最优模型为 Alternating 模型。

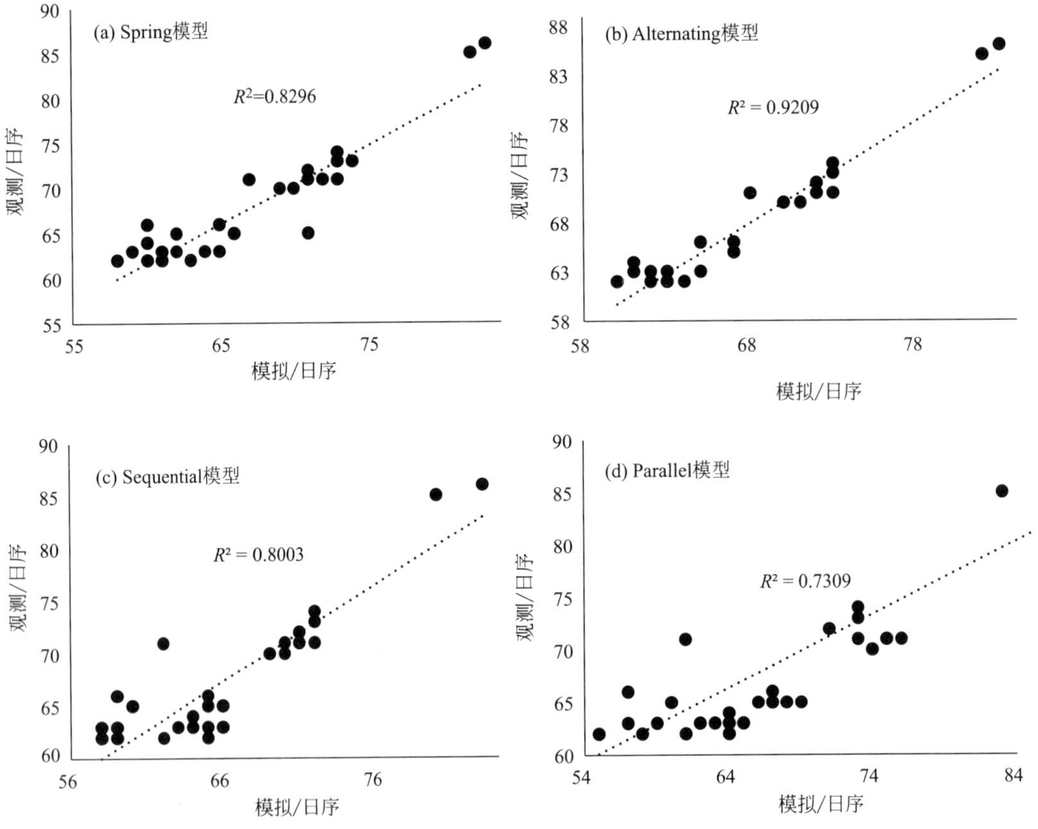

图 3-3 榆科植物花粉起始期模拟值与实测值散点图（2012—2019 年）

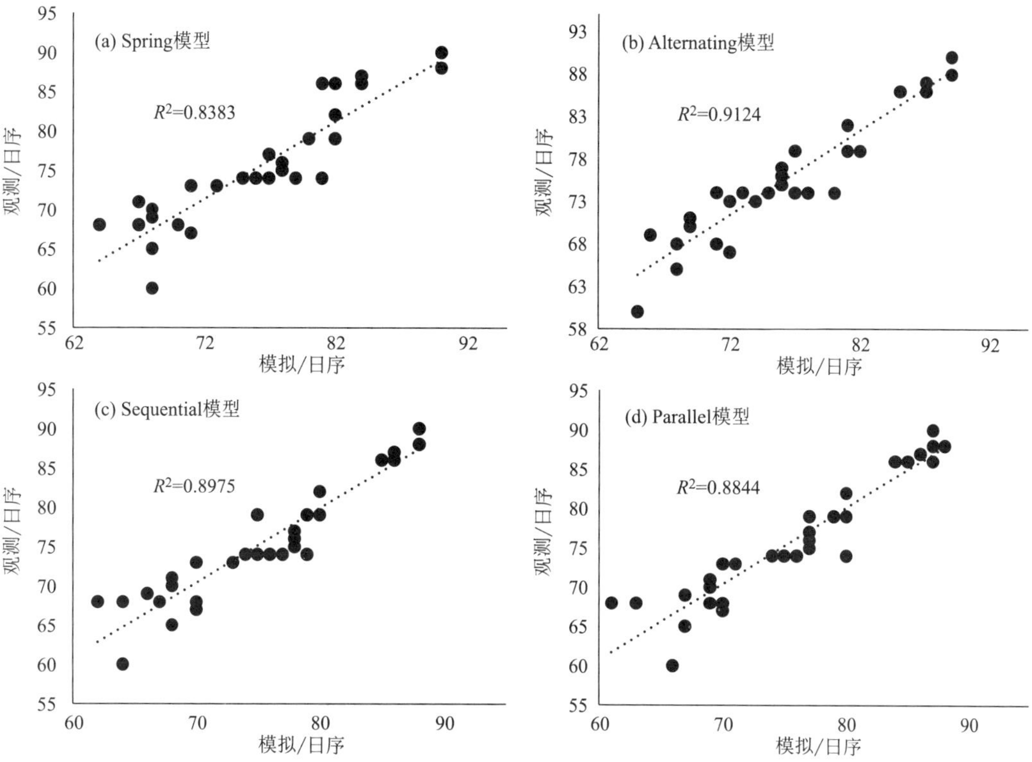

图 3-4　柏科植物花粉起始期模拟值与实测值散点图(2012—2019 年)

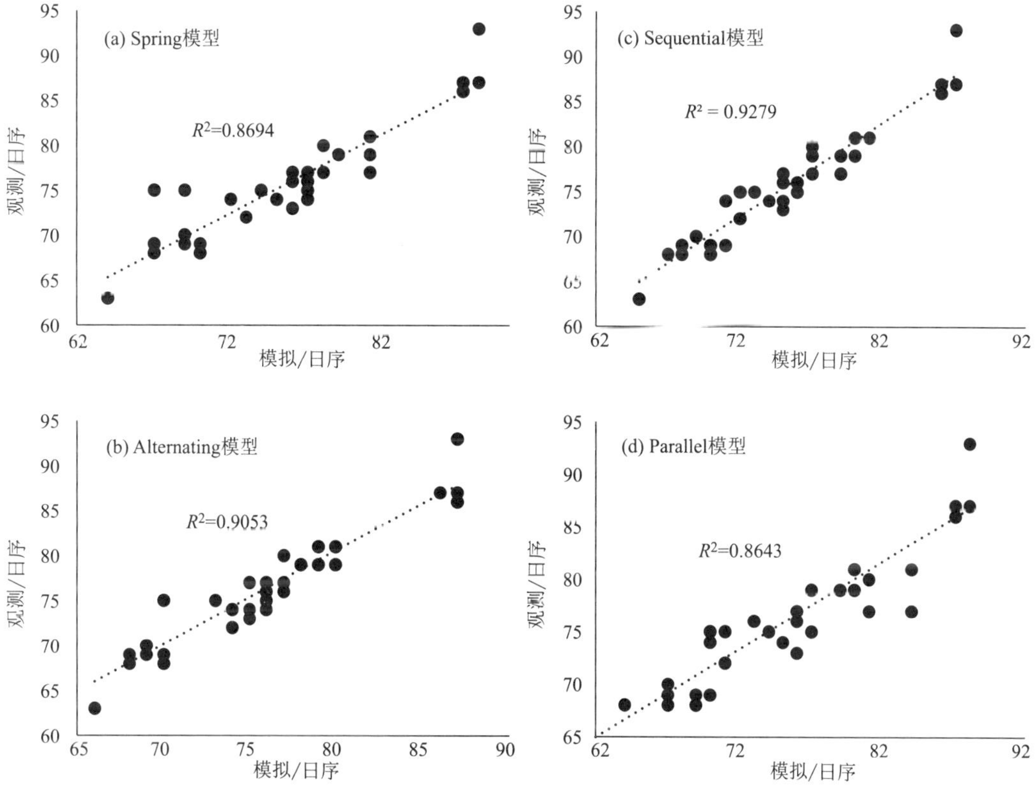

图 3-5　杨柳科植物花粉起始期模拟值与实测值散点图(2012—2019 年)

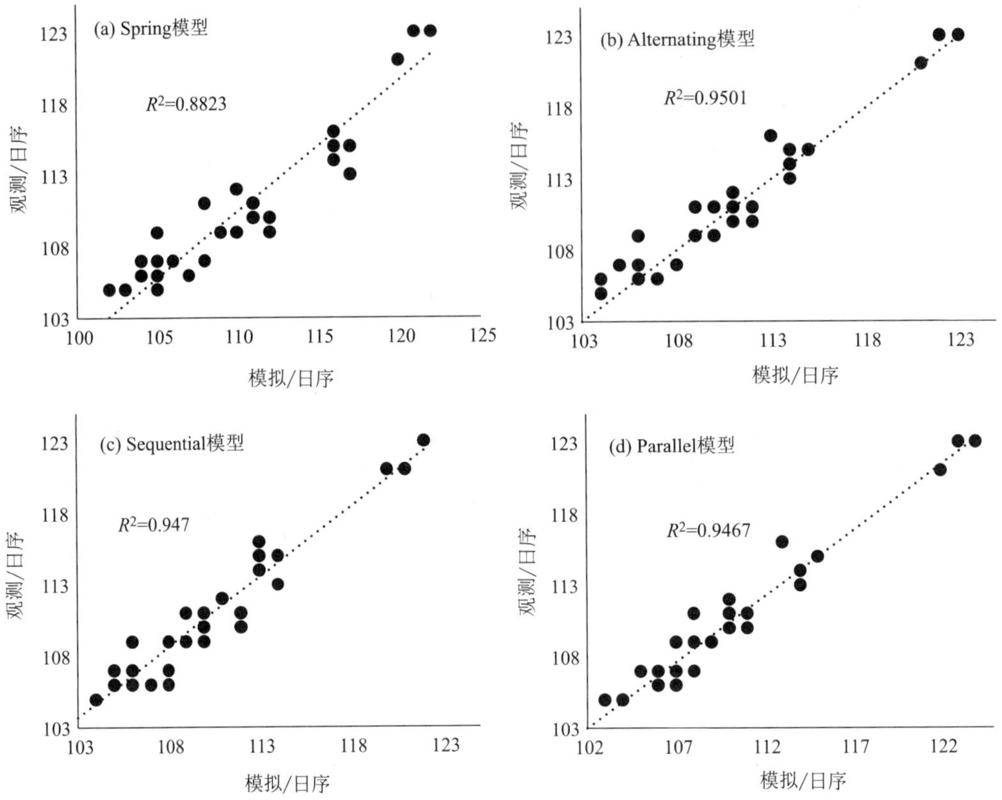

图 3-6　松科植物花粉起始期模拟值与实测值散点图(2012—2019 年)

3.6　北京市主要气传致敏植物花粉年浓度峰值日期预测模型

大量研究表明,花粉症发病季与气传花粉浓度高峰期吻合,且患者就诊人次与致敏花粉浓度呈高度相关(张静虹 等,2016)。相较于不同时间尺度的花粉浓度预测工作,鲜有关于花粉浓度高峰期出现时间的预测研究。

3.6.1　花粉年浓度峰值对应日期确定方法

某类花粉年浓度峰值为该年花粉季内其逐日浓度观测值的最大值(Khwarahm et al.,2017),浓度最大值出现日期即为该种类花粉年浓度峰值日期。为避免年花粉总量过少或同一花粉季存在多个浓度峰值等少数情况对建模的影响,当出现以下三种情况中的任意一种,则认为某年度某类花粉浓度峰值存在明显不确定性,对该年数据进行剔除处理:(1)年采样期内某种花粉浓度最大值小于 100 粒/(1000 mm^2);(2)年采样期内某种花粉存在多个数值接近的花粉浓度峰值,并且出现日期相差超过 1 周;(3)某年花粉浓度峰值对应日期明显偏离 2012—2020 年花粉季平均日期,相差日数大于 30 d。

3.6.2　花粉年浓度高峰期内优势花粉种类

基于北京地区花粉年浓度变化规律研究，分别对 3 月 1 日至 4 月 15 日、4 月 15 日至 5 月 15 日、8 月 15 日至 9 月 15 日北京地区各类花粉总浓度花粉季平均值进行统计排序，结果如图 3-7 所示：北京地区 3 月上旬至 4 月中旬花粉浓度高峰期内柏科和杨柳科花粉浓度占比为 57.4%，4 月中旬至 5 月中旬花粉浓度高峰期内优势花粉种类为豆科和松科植物花粉，8 月中旬至 9 月中旬花粉浓度高峰期内桑科、菊科蒿属和藜科植物花粉浓度占比总和为 77.7%。同时可以看到，北京地区 3 月上旬至 5 月中旬花粉浓度高峰期以木本植物为主，8 月中旬至 9 月中旬高峰期则以草本植物为主。

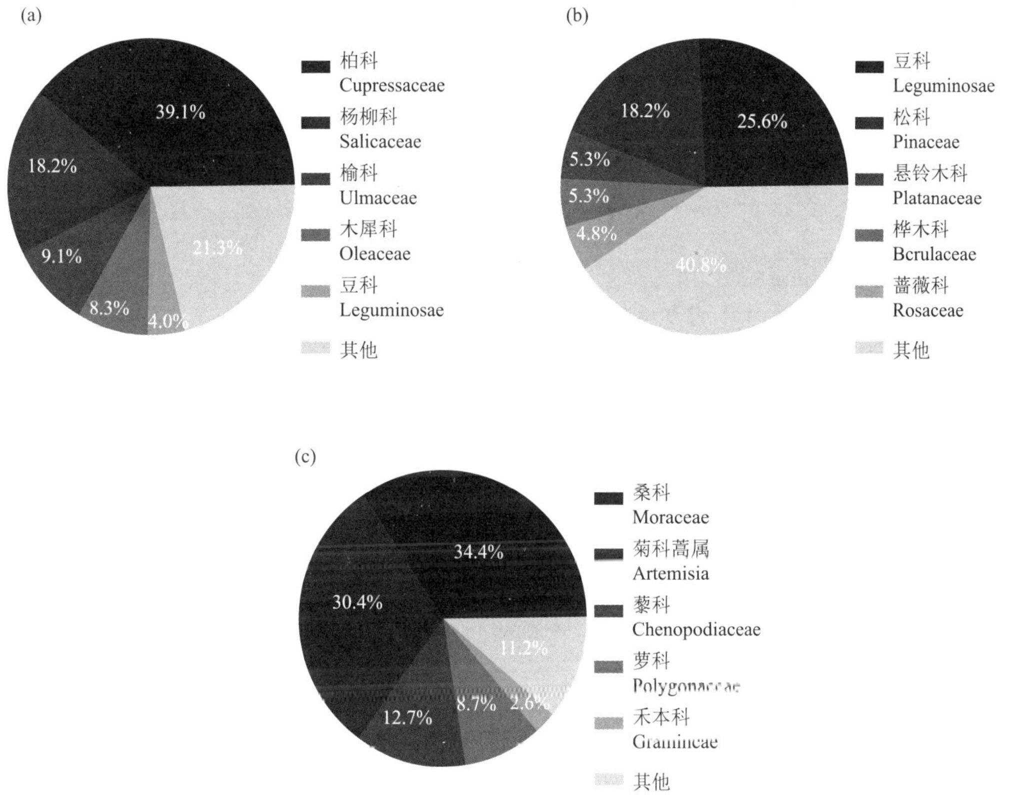

图 3-7　北京地区 3 月 1 日至 4 月 15 日(a)、4 月 15 日至 5 月 15 日(b)和 8 月 15 日至 9 月 15 日(c)不同种类花粉浓度比例

3.6.3　主要气传致敏花粉年浓度峰值及其对应日期年际、站间差异

对 2012—2020 年北京地区花粉年浓度高峰期内 6 种优势花粉种类（柏科、杨柳科、松科、桑科、菊科蒿属、藜科植物花粉）年浓度峰值存在不确定性的数据进行剔除后，分别对 6 种花粉在不同采样站点、不同年份下花粉年浓度峰值及其对应日期差异进行统计，结果如图 3-8 所示。

柏科和杨柳科花粉年浓度峰值主要出现在 3 月中旬到 4 月中旬，平均出现时间为 3 月底，松科花粉年浓度峰值对应日期波动范围较大，为 4 月中旬到 5 月下旬，平均出现时间为 5 月上

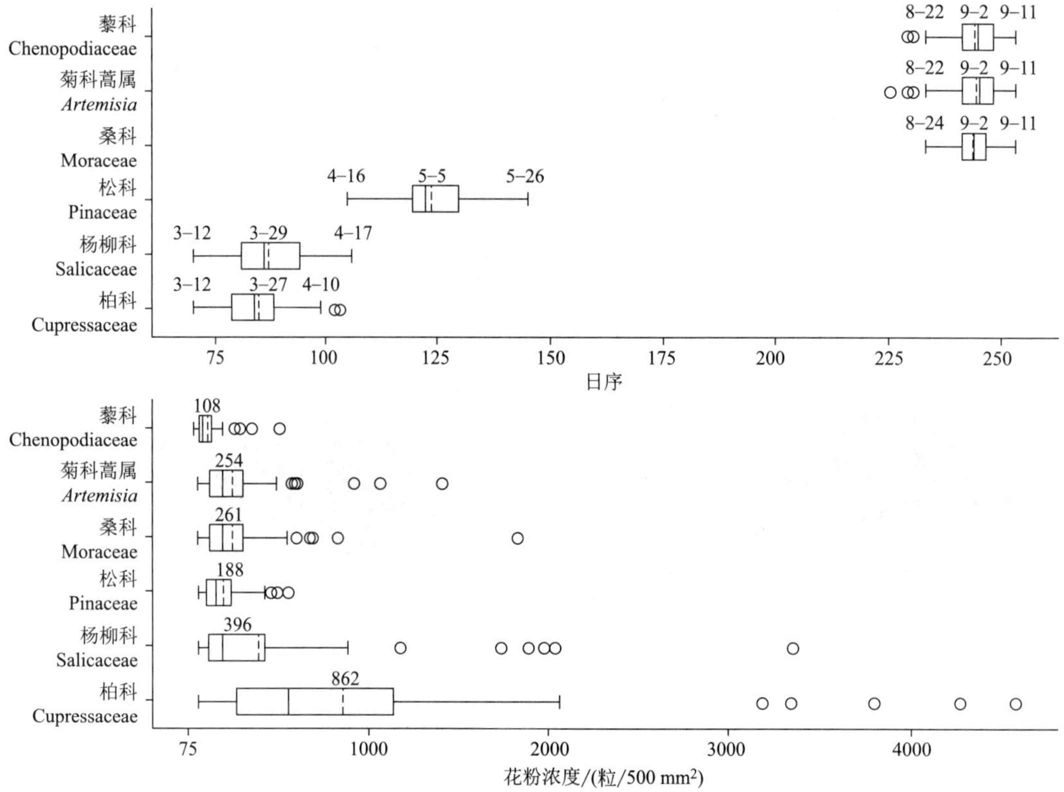

图 3-8 北京地区主要气传致敏花粉年浓度峰值(下)及其对应日期(上)差异情况

旬。相较于 3 月上旬至 5 月中旬花粉浓度高峰期内优势花粉种类,8 月中旬至 9 月中旬 3 种主要致敏花粉年浓度峰值日期波动范围较小,集中在 8 月下旬到 9 月上旬,平均出现时间为 9 月初。

对于同一种类花粉,其年浓度峰值存在采样站点间和年际间显著差异,年浓度峰值显著偏离平均值的情况普遍存在。而年浓度峰值对应日期的观测站点间和年际间差异较小,即花粉年浓度峰值出现时间的可预测性高于年浓度最大值的可预测性,因此,花粉年浓度峰值对应日期的预测研究对于花粉症防治更具指导意义。

3.6.4 北京地区主要气传致敏植物花粉年浓度峰值日期预测模型

花粉浓度变化与致敏植物生育期,尤其是花期关系密切,而气象条件是直接影响植物生长发育的主要环境因素。作物模型以光、温、水、土壤等条件作为环境驱动变量,再现植物生长发育过程(刘布春 等,2002)。基于作物模型概念,采用模糊逻辑原理,可建立以气象要素为驱动的数值模型对致敏植物生长发育的生物学过程进行动态模拟(杨靖民 等,2012),从而实现气传致敏花粉浓度峰值出现日期的预测。针对北京地区花粉年浓度高峰期内优势花粉种类,选择可表征光、温、水等环境因素变化的气象要素累积值来描述气象条件对致敏植物生长发育的非线性、动态影响,基于多年各类花粉年浓度峰值日期对应当年多种气象要素累积值统计分析结果,建立北京地区主要气传致敏花粉年浓度峰值日期预报模型。

3.6.4.1　气象要素累积值计算方法

使用花粉采样站点对应的国家级地面观测站 2012—2020 年气象要素日值观测资料(包含日平均气温、日平均地表温度、日降雨量和日照时数),基于气象要素日值观测资料,统计逐年、各站不同种类花粉年浓度峰值日期对应气象要素累积值,包含有效积温(本研究所有种类花粉对应生物学下限温度均使用 0℃)、累积地表温度(大于 0℃日平均地表温度累积值)、累积降雨量(日降雨量累积值)和累积日照时数。

其中对于在 6 月 1 日之前其浓度达到峰值的花粉种类,其气象要素累积值计算起始日期为同年 1 月 1 日;在 6 月 1 日之后浓度达到峰值的花粉种类,其气象要素累积值计算起始日期为同年 6 月 1 日。花粉年浓度峰值日期对应有效积温、累积地表温度、累积降雨量和累积日照时数为年浓度峰值日期当天、前三天以及后三天(共计 7 d)气象要素累积值的平均值。

3.6.4.2　花粉年浓度峰值日期模型的建立方法和检验方法

使用多种气象要素的模糊逻辑隶属度函数的组合,描述气象条件对不同种类花粉年浓度峰值出现时间的非线性影响,其中不同种类花粉对应有效积温、累积地表温度、累积降雨量和累积日照时数的隶属度函数通过花粉年浓度峰值日期对应气象要素日值数据累积值的统计结果拟合得出。

基于逐日气象要素累积值,使用公式 $P=A\times B+(1-A\times B)\times(C\times D)$预测花粉年浓度峰值出现日期。其中 P 为某一日当年某种花粉浓度达到峰值的概率,A、B、C、D 分别表示 4 种气象要素隶属度函数,A、B 为影响某种花粉浓度峰值日期的主要隶属度函数。使用训练集通过排列组合方式筛选出年浓度峰值日期计算值与观测值绝对误差天数最小的组合形式,最终针对北京地区花粉年浓度高峰期内优势花粉种类建立相应的花粉年浓度峰值日期预测模型,并使用测试集数据验证模型预测准确率。

模型预测准确率定义为测试集中年浓度峰值日期计算值与观测值误差小于或等于±7 d 的样本量占测试集样本总量的比例(仲舒颖 等,2017)。并选择模型预测日期与观测日期的平均绝对误差和均方根误差等统计指标反映模型模拟误差大小和整体模拟效果。

3.6.4.3　隶属度函数的建立

对北京地区主要的 6 种气传致敏花粉分别随机选取原始数据集中 80%的样本作为模型训练集,用于确定气象要素隶属度函数及其组合方式;剩余 20%样本作为测试集,用于判断模型预测准确率。基于模型训练集,分别统计 6 种北京地区主要气传致敏花粉年浓度峰值日期对应有效积温、累积地表温度、累积降雨量和累积日照时数的分布特征,具体方法如下。

以柏科花粉的有效积温隶属度函数建立为例,经统计,2012—2020 年北京地区 12 个花粉采样站柏科花粉年浓度峰值日期对应有效积温范围为 110～320 ℃・d,各区间对应个例数量如图 3-9 所示。将个例数最大值对应区间的隶属度设为 1,其余区间对应隶属度为本区间个例数与最大个例数的比值。最终基于划分区间与隶属度值计算结果,使用分段函数拟合气象要素分布规律,建立柏科花粉有效积温隶属度函数(图 3-9 中虚线所示),其中分段函数拐点为个例数最大值对应区间左侧区间左端点及右侧区间右端点(如图 3-9 中个例数为 14 对应的有效积温 170～189℃・d 区间)。

基于训练集数据统计得出北京地区 6 种主要气传致敏花粉年浓度峰值日期对应 4 种气象要素累积值分布规律(图 3-10 和图 3-11)。依照上述隶属度函数拟合方式,分别建立柏科、杨柳科、松科、桑科、菊科蒿属和藜科花粉对应有效积温、累积地表温度、累积日照时数以及累积

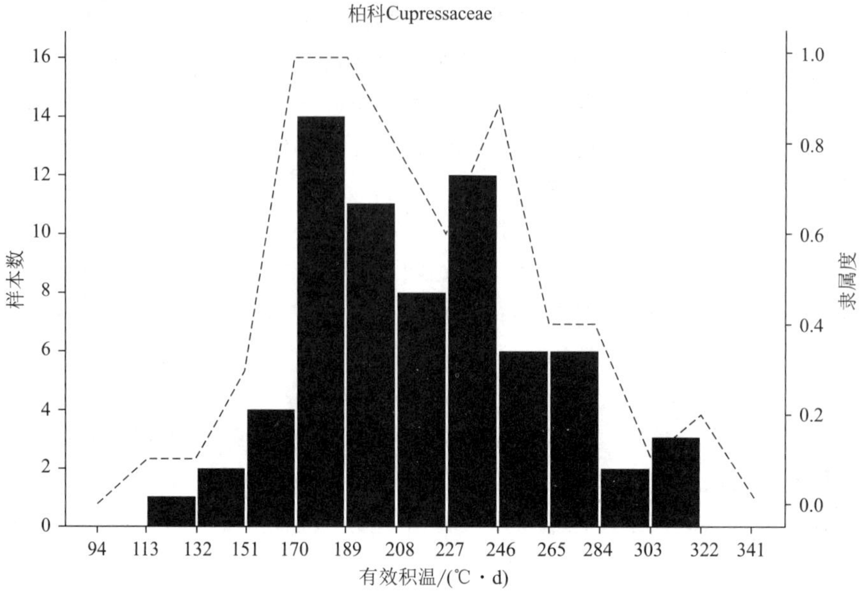

图 3-9　柏科植物花粉有效积温隶属度函数建立方式

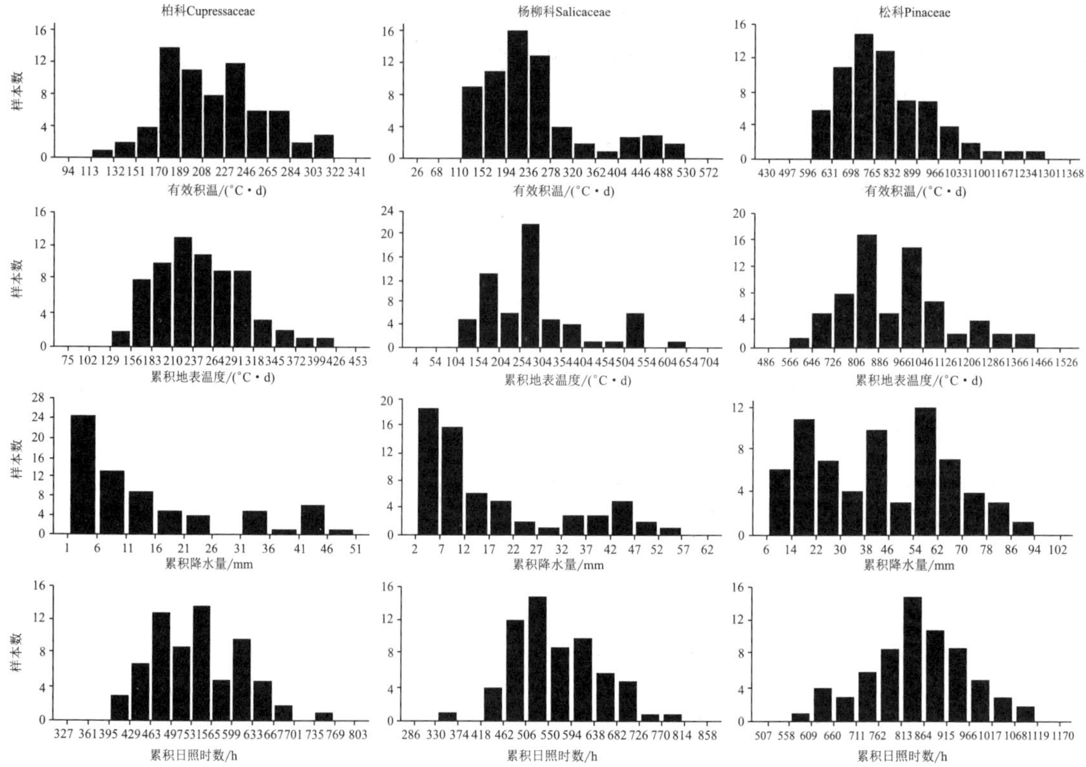

图 3-10　柏科、杨柳科和松科花粉年浓度峰值对应 4 种气象要素累积值分布

降水量的隶属度函数。

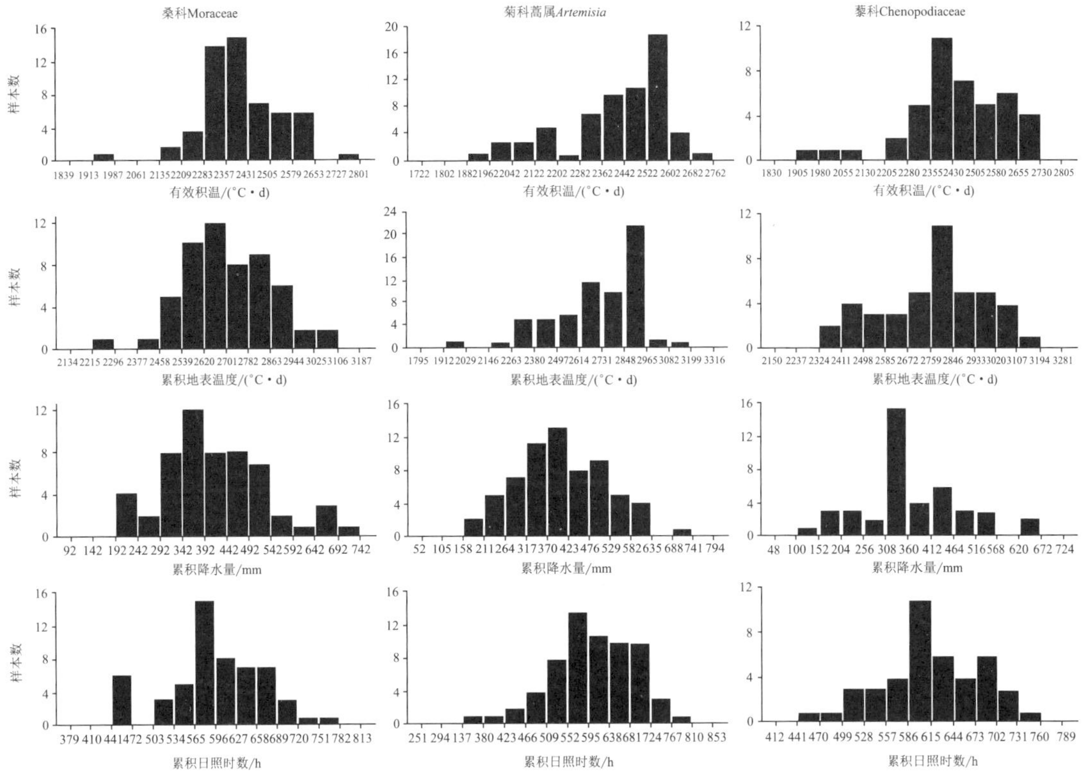

图 3-11 桑科、菊科蒿属和藜科花粉年浓度峰值对应 4 种气象要素累积值分布

基于上述北京地区 6 种主要气传致敏花粉隶属度函数拟合结果，使用模型训练集数据，通过排列组合方式，确定最优隶属度函数组合方式，具体筛选方法如下：

根据公式 $P=A\times B+(1-A\times B)\times(C\times D)$，设置 A、B、C、D 对应不同隶属度函数的全部组合方式，分别计算 6 种花粉在其每年花粉季中逐日花粉浓度为该年浓度峰值的概率 P，选择其中最大值对应日期作为当年该种类花粉浓度达到峰值的日期。使用模型训练集计算每种花粉对应所有隶属度函数组合结果，筛选出年浓度峰值日期计算值与观测值绝对误差天数最小的组合形式，结果如表 3-2 所示。

表 3-2 主要气传致敏花粉对应气象要素隶属度函数组合形式

花粉种类	A	B	C	D
柏科	有效积温	累积日照时数	累积降雨量	累积地表温度
杨柳科	有效积温	累积日照时数	累积降雨量	累积地表温度
松科	有效积温	累积地表温度	累积日照时数	累积降雨量
桑科	有效积温	累积日照时数	累积降雨量	累积地表温度
菊科蒿属	有效积温	累积降雨量	累积日照时数	累积地表温度

由隶属度函数组合方式筛选结果可以看到，3 月上旬至 5 月中旬花粉浓度高峰期内主要气传致敏花粉对应的木本植物生长对气温和日照时数条件敏感，而 8 月中旬至 9 月中旬花粉

浓度高峰期内优势花粉种类对应的草本植物生长对气温和降水条件更敏感。

3.6.4.4 模型效果检验

对柏科、杨柳科、松科、桑科、菊科蒿属以及藜科花粉年浓度峰值日期预测模型，分别使用对应测试集验证模型预测准确率。检验结果为5次随机分组检验结果的平均值，不同种类花粉对应模型检验结果如表3-3所示。

表3-3 模型检验结果

花粉种类	测试集样本量	准确率/%	平均绝对偏差/d	RMSE/d
柏科	18	87.8	4.07	4.86
杨柳科	16	80.0	4.98	6.79
松科	18	64.4	7.30	9.21
桑科	15	86.7	4.03	5.50
菊科蒿属	17	78.8	5.31	6.93
藜科	11	81.8	4.53	6.01

柏科和桑科花粉对应模型预测准确率较高，预测平均绝对误差约4 d，杨柳科、菊科蒿属和藜科花粉对应模型预测准确率在80%左右，平均绝对误差在5 d左右，松科花粉对应模型预测准确率较其他花粉对应模型较差，预测平均误差以及预测结果波动较大。整体上看，基于模糊逻辑隶属度函数建立的北京地区主要气传致敏花粉年浓度峰值日期预测模型，可以较为准确地预测出不同种类花粉年浓度峰值出现时间，从而为北京地区花粉症防治工作开展提供理论依据。

参考文献

李俊，王洪源，张志刚，等，2008. 空气花粉浓度与人群呼吸系统疾病的关联研究[J]. 环境与健康杂志(6)：510-513.

刘布春，王石立，马玉平，2002. 国外作物模型区域应用研究进展[J]. 气象科技(4)：193-203.

陆佩玲，2006. 中国木本植物物候对气候变化的响应研究[D]. 北京：北京林业大学.

孟龄，王效科，欧阳志云，等，2013. 北京城区气传花粉季节分布特征[J]. 生态学报，33(8)：2381-2387.

欧阳志云，嘉楠，郑华，等，2007. 北京城区花粉致敏植物种类、分布及物候特征[J]. 应用生态学报(9)：1953-1958.

杨靖民，杨靖一，姜旭，等，2012. 作物模型研究进展[J]. 吉林农业大学学报，34(5)：553-561.

叶世泰，1988. 中国气传和致敏花粉[M]. 北京：科学出版社.

张静虹，石君，高月玲，等，2016. 气传花粉与花粉症患者就诊人次关系分析[J]. 宁夏医学杂志，38(7)：604-605.

仲舒颖，葛全胜，戴君虎，等，2017. 中国典型观赏植物花期模型建立及过去花期变化模拟[J]. 资源科学，39(11)：2116-2129.

CANNELL M G R，SMITH R I，1983. Thermal Time，Chill Days and Prediction of Budburst in Picea sitchensis [J]. Journal of Applied Ecology，20(3)：951-963.

CHUINE I，COUR P，ROUSSEAU D D，1998. Fitting models predicting dates of flowering of temperate-zone trees using simulated annealing[J]. Plant，Cell & Environment.

GOLDBERG C，BUCH H，MOSEHOLM L，et al，1988. Airborne pollen records in Denmark，1977—1986[J].

Grana,27(3):209-217.

HANNINEN H,1987. Effects of temperature on dormancy release in woody plants: Implications of prevailing models[J]. Silva Fennica,21:279-299.

HÄNNINEN H,1987. Effects of temperature on dormancy release in woody plants. [J]. Silva Fennica,21(3):387-389.

KHWARAHM R N,DASH J,SKJØTH C,et al,2017. Mapping the birch and grass pollen seasons in the UK using satellite sensor time-series[J]. Science of the Total Environment,578586-600.

LANDSBERG J J,1974. Apple fruit bud development and growth; Analysis and an empirical model[J]. Annals of Botany,38(5):1013-1023.

MA Z,2006. Fuzzy sets and possibility distributions[J]. Studies in Fuzziness & Soft Computing,195:47-58.

MURRAY M B ,CANNELL M G R ,SMITH R I,1989. Date of budburst of fifteen tree species in Britain following climatic warming[J]. Journal of Applied Ecology,26(2):693-700.

SMITH M,J€AGER S,BERGER U,et al,2014. Geographic and temporal variations in pollen exposure across Europe[J]. Allergy,69(7):913-923.

第4章 北京市花粉过敏风险分析及花粉监测在过敏性疾病防护和治疗中的应用

4.1 花粉过敏风险等级预报研究

4.1.1 花粉过敏的概况

过敏性鼻炎(Allergic Rhintis,AR)是一种由特异性免疫球蛋白E(sIgE)介导的鼻黏膜慢性炎症反应性疾病,主要症状表现为反复打喷嚏、流清涕、鼻痒和鼻塞。近几十年来,AR的患病率呈持续上升趋势,影响全世界10%~30%的人口,已成为全球关注的重要公共健康问题(de Marco et al.,2012;Ellis et al.,2015)。中国18个主要城市的电话问卷调查发现,2005—2011年AR自报患病率从11.1%增长到17.6%(Zhang et al.,2019)。

由花粉过敏原引发的季节性过敏性鼻炎(Seasonal allergic rhinitis,sAR)又称花粉症,在全世界范围均有较高的发病率,欧洲10%~35%的成人对花粉过敏(Leth-Møller et al.,2020)。中国北方地区花粉过敏患者比例显著高于南方,蒿属花粉过敏患者占AR人群的33.6%~58.2%(Oliveira et al.,2020)。中国北方草原地区的调查显示,花粉过敏的患病率为18.5%(Siddiqui et al.,2022)。对中国13个城市AR患者临床特征的分析显示,中国AR发病的高峰期在夏季和初秋,与秋季杂草花粉过敏密切相关(Wang et al.,2016)。大气花粉浓度对花粉症患者症状有显著的影响,多项研究证明花粉浓度与医院过敏性疾病就诊人数密切相关(Lou et al.,2017;Wang et al.,2018;Lou et al.,2020);不同花粉类型的阈值浓度暴露与AR和哮喘症状之间的剂量-反应存在关联(Zhang et al.,2012;Luo et al.,2016)。

花粉症除了鼻部症状之外,常伴随眼痒、流泪等结膜炎症状和咳嗽、胸闷等支气管哮喘的症状发生。与其他过敏原引发的AR相比,花粉过敏的临床症状更严重且合并哮喘的发生率更高,并且常规的药物治疗症状控制程度更差(庄严 等,2010;Singh et al.,2017)。由此可见,大气花粉严重影响花粉过敏患者的生活、工作和学习质量以及心理健康,并持续占用大量公共卫生资源,带来了沉重的医疗和社会负担(Dierick et al.,2020;Siddiqui et al.,2022)。

致敏花粉的研究是变态反应学科的一个重要分支,一个地区的花粉负荷、致敏性及季节性,已经不仅仅是植物生物学范畴,对过敏性疾病的发生和防治也存在重要的意义。监测大气花粉种属和浓度,了解大气花粉过敏原水平,实现过敏原防护,减少花粉过敏原的暴露,花粉数据被当作预防过敏症状发生的重要工具,为过敏个体和医生提供信息(Beggs,2004)。

4.1.2　花粉过敏性疾病指数等级预报标准的建立

利用既往的花粉浓度数据以及同时期的日过敏原检测花粉阳性的患者数据，开发基于患者发病时间的花粉沉降量分级模型，为花粉过敏人群防护、防御提供有效信息。

4.1.2.1　花粉过敏性疾病指数等级预报标准的构建方法及原理

花粉过敏预报模型的构建首先需要收集花粉数据。本模型使用的花粉数据来自于北京市气象局的市区 4 个监测站，包括朝阳站、海淀站、丰台站、石景山站，采样时间为 2013—2016 年，每年采样从 3 月 1 日开始到 10 月 15 日。采样片每 24 h 更换一次，经碱性复红液染色后在显微镜下人工计数，计数结果换算成单位截面积（1000 mm^2）下的花粉数量。4 个采样点的每日花粉沉降量求均值以表征北京城区的日均花粉沉降量。夏秋季花粉期的起止日期根据文献方法确定：当夏秋季杂草类花粉量达到当年杂草花粉总量的 2.5%时，确定为花粉期的起始日；花粉量达到或超过总量的 97.5%时，确定为花粉期的结束日。

夏秋季花粉过敏的患者数据来自北京同仁医院 2013—2016 年血清特异性 IgE 过敏原（sIgE）检测夏秋季杂草花粉过敏原阳性人群。sIgE 大于 0.35 kU/L 为阳性结果（EU- ROBlotOne，Beijing，China），夏秋季杂草花粉过敏原包括菊科蒿属、豚草属和桑科葎草属。考虑到花粉过敏原在大气中存在的持续性，且浓度变化易受气象因子影响，故扩展花粉沉降量为连续 2～5 d 滑动平均沉降量（当天及前 1 至 4 日的均值沉降量），以增加所有可能包含的花粉信息。每日 sIgE 检测结果中的夏秋花粉过敏原阳性的患者量被用于样本分析。由于医院节假日和工作日的患者量存在差异，所以研究中剔除了所有节假日的患者过敏原样本。

（1）连续 3 d 滑动花粉量模型的建立

将逐日夏秋季花粉过敏原阳性的患者数视作因变量，花粉沉降量视作自变量，利用 Spearman 秩相关分析病例数与花粉沉降量的相关关系，选取高相关数据作为建模样本。将自变量按数值大小由低至高排序，确定 25、50、75 百分位的沉降量，作为初始花粉阈值划分；然后构建自变量与因变量的拟合函数，寻找可能存在的有意义的新阈值点，将其与原始的 3 个阈值点结合，划分沉降量等级。最后，对拟合函数求一阶导数，分析不同沉降量等级内因变量随自变量的变化情况。

2013—2016 年北京城区夏秋季日均花粉沉降量及对应夏秋季花粉 sIgE 阳性患者量如图 4-1 所示，均呈单峰型分布，且峰值出现时间一致，表明花粉沉降量增多可导致花粉过敏人群量增加。2013—2016 年夏秋季花粉期起始时间差异较大，分别在每年的第 212 天、199 天、222 天和 216 天（7 月 31 日、7 月 18 日、8 月 10 日以及 8 月 3 日）；花粉期结束时间较为一致，分别在第 263 天、264 天、268 天和 271 天（9 月 20 日、21 日、25 日和 27 日）。4 a 夏秋季花粉总量分别为 19883、8446、7354 和 5858 粒/1000m^2，最终被作为统计样本的分别为 12973、4845、5051 和 3790 粒/1000m^2。4 a 总夏秋花粉过敏原 sIgE 阳性患者分别为 1001、1481、1827 和 1414 位，最终被作为统计样本的分别有 781、996、1218 和 1011 位患者（图 4-1）。

由于花粉播散后在空气中可能滞留数日，因此，本研究扩展花粉沉降量到连续 2～4 d 滑动平均沉降量（当天之前 1～3 日的均值沉降量）。并对当日和连续 2～4 d 滑动平均花粉沉降量和夏秋花粉过敏原 sIgE 阳性患者数进行 Pearson 相关检验，结果显示患者人数与当日和连续 2～4 d 滑动平均花粉量均存在相关，其中与连续 3 d 滑动平均花粉量相关最强（$r=0.576$）（如表 4-1 所示）。且连续 2～4 d 滑动平均花粉量与日过敏患者数的相关系数均高于当日花粉

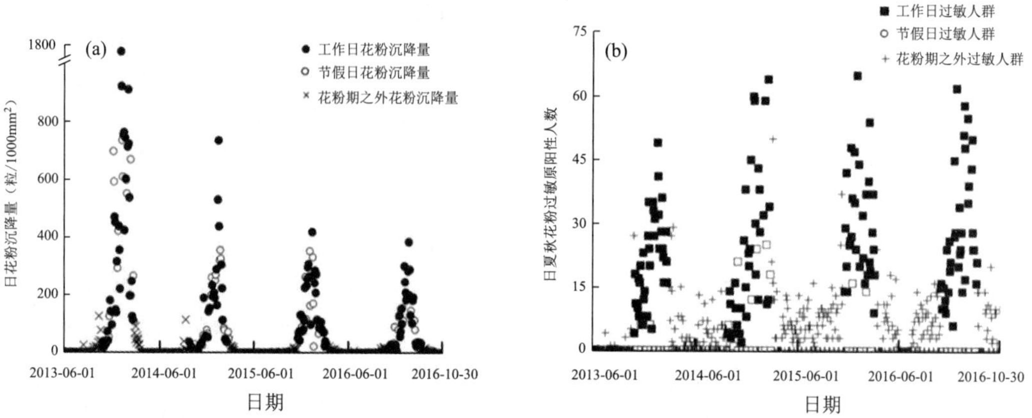

图 4-1　2014—2016 年北京市区平均每日花粉沉降量(a)和对杂草花粉过敏的人数(b)

量与日过敏患者数的相关系数。

表 4-1　日花粉沉降量与夏秋季花粉过敏原阳性人数的 Pearson 相关系数(样本量＝155)

	花粉日沉降量	2 日滑动平均花粉沉降量	3 日滑动平均花粉沉降量	4 日滑动平均花粉沉降量
人数	0.443**	0.508**	0.576**	0.575**

注：**通过 0.01 显著性水平检验

(2)初始阈值分级与新阈值点的确定

根据连续 3 d 滑动平均花粉沉降量与日花粉过敏原阳性人数的相关关系，确立了初始花粉阈值划分(图 4-2)。当日均花粉沉降量分别达到 75、176、284 粒/1000 mm^2 时，患者人数占比分别超过了 25%、50%、75%。因此，75、176、284 粒/1000 mm^2 被视作初始的沉降量分级阈值。

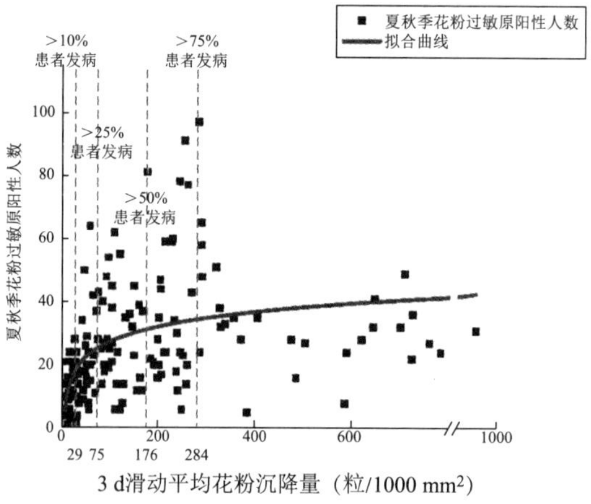

图 4-2　过敏患者建模和 3 d 滑动平均夏秋花粉沉积

根据日花粉过敏原阳性人数与连续 3 d 滑动平均花粉沉降量的相关关系，进一步建立了二者的拟合方程，显示日花粉过敏原阳性人数随花粉沉降量呈对数型增长。即花粉量在一定范围，日花粉过敏原阳性人数迅速增加；但当花粉沉降量到达一定水平后，日花粉过敏原阳性人数的增速变慢。因此，为了细化分析日花粉过敏原阳性人数的快速增长期，本研究把日花粉过敏原阳性人数增长至 10% 所对应的花粉沉降量 29 粒/1000 mm^2 作为新阈值点。因此，夏秋季致敏花粉沉降量的分级阈值分别为日花粉过敏原阳性人数 10%、25%、50% 和 75% 时对应的花粉沉降量 29、75、176 和 284 粒/1000 mm^2，预报模型见表 4-2。

表 4-2　3 d 滑动平均花粉沉降量与夏秋季花粉过敏原阳性人数的拟合方程、方程一阶导数以及沉降量及阈值分级标准

自变量	拟合方程	拟合方程一阶导数	阈值标准	花粉沉降量阈值 [1/(1000 mm^2 · d)]
3 d 滑动平均花粉沉降量	$f(x)=6.72\times\ln(x-1.83)-3.43$	$f'(x)=6.72/(x-1.83)$	10%过敏原阳性人数	29
			25%过敏原阳性人数	75
			50%过敏原阳性人数	176
			75%过敏原阳性人数	284

进一步为明确各级阈值间花粉过敏原阳性人数随花粉沉降量的增长情况，对拟合方程求一阶导数，并计算各级阈值点附近花粉沉降量增加 1 粒/1000 mm^2 可引起的人数增长（如表 4-3 所示）。当沉降量小于 29 粒/1000 mm^2 时，花粉增加 1 粒/1000 mm^2 就可以导致花粉过敏原阳性人数至少增加 0.25 人 · 次，或花粉增加 4 粒/1000 mm^2，人数增加 1 人。但当花粉沉降量大于 284 粒/1000 mm^2 时，花粉增加 1 粒/1000 mm^2 最多增加花粉过敏原阳性患者 0.02 人 · 次。或者说花粉增加 50 粒/1000 mm^2，人数增加 1 人。

4.1.2.2　夏秋季花粉过敏疾病指数等级预报标准

根据以上夏秋季花粉过敏原阳性人数与连续 3 d 滑动平均花粉沉降量相关关系，本研究确定了北京城区夏秋季花粉过敏性疾病指数等级预报标准如下。

夏秋季花粉过敏性疾病指数等级预报标准：

1 级：连续 3 d 滑动平均花粉沉降量小于 29 粒/1000 mm^2 时，10% 的花粉过敏人群发病，过敏风险很低，不易引发过敏反应；

2 级：连续 3 d 滑动平均花粉沉降量 29～75 粒/1000 mm^2 时，11%～25% 的花粉过敏人群发病，过敏风险低，易引发轻度过敏反应，需适当防护，预防用药；

3 级：连续 3 d 滑动平均花粉沉降量 75～176 粒/1000 mm^2 时，26%～50% 的花粉过敏人群发病，过敏风险中等，易引发过敏反应，需加强防护，对症用药；

4 级：连续 3 d 滑动平均花粉沉降量 176～284 粒/1000 mm^2 时，51%～75% 的花粉过敏人群发病，过敏风险高，易引发过敏反应，需加强防护，规范用药；

5 级：连续 3 d 滑动平均花粉沉降量大于或等于 284 粒/1000 mm^2 时，75% 以上的花粉过敏人群发病，过敏风险很高，极易引发过敏反应，须减少外出，持续治疗。

4.1.2.3　秋季蒿草花粉及秋季葎草花粉过敏疾病指数等级预报标准

使用同样方法还分别分析了秋季蒿草花粉预报模型（表 4-3）、蒿草花粉 3 d 滑动花粉沉降量分级及引发过敏人数，以及蒿草花粉和葎草花粉过敏性疾病指数等级预报标准。

表 4-3 蒿草花粉过敏预报模型

自变量	拟合方程	拟合方程一阶导数	阈值标准	花粉沉降量阈值 [1/(1000 mm^2 · d)]
3 d 滑动平均花粉沉降量	$f(x)=8.33\times\ln(x+8.53)-13.85$ $R^2=0.34$	$f'(x)=8.33/(x+8.53)$	10%过敏原阳性人数	11
			25%过敏原阳性人数	27
			50%过敏原阳性人数	59
			75%过敏原阳性人数	119

秋季蒿草花粉过敏性疾病指数等级预报标准：

1 级：连续 3 d 滑动平均花粉沉降量小于 11 粒/1000 mm^2 时，10%的花粉过敏人群发病，过敏风险很低，不易引发过敏反应；

2 级：连续 3 d 滑动平均花粉沉降量 11～27 粒/1000 mm^2 时，11%～25%的花粉过敏人群发病，过敏风险低，易引发轻度过敏反应，需适当防护，预防用药；

3 级：连续 3 d 滑动平均花粉沉降量 27～59 粒/1000 mm^2 时，26%～50%的花粉过敏人群发病，过敏风险中等，易引发过敏反应，需加强防护，对症用药；

4 级：连续 3 d 滑动平均花粉沉降量 59～119 粒/1000 mm^2 时，51%～75%的花粉过敏人群发病，过敏风险高，易引发过敏反应，需加强防护，规范用药；

5 级：连续 3 d 滑动平均花粉沉降量大于或等于 119 粒/1000 mm^2 时，75%以上的花粉过敏人群发病，过敏风险很高，极易引发过敏反应，需减少外出，持续治疗。

秋季葎草花粉过敏疾病指数等级预报标准：

1 级：连续 3 d 滑动平均花粉沉降量小于 18 粒/1000 mm^2 时，10%的花粉过敏人群发病，过敏风险很低，不易引发过敏反应；

2 级：连续 3 d 滑动平均花粉沉降量 19～43 粒/1000 mm^2 时，11%～25%的花粉过敏人群发病，过敏风险低，易引发轻度过敏反应，需适当防护，预防用药；

3 级：连续 3 d 滑动平均花粉沉降量 44～75 粒/1000 mm^2 时，26%～50%的花粉过敏人群发病，过敏风险中等，易引发过敏反应，需加强防护，对症用药；

4 级：连续 3 d 滑动平均花粉沉降量 75～145 粒/1000 mm^2 时，51%～75%的花粉过敏人群发病，过敏风险高，易引发过敏反应，需加强防护，规范用药；

5 级：连续 3 d 滑动平均花粉沉降量大于或等于 145 粒/1000 mm^2 时，75%以上的花粉过敏人群发病，过敏风险很高，极易引发过敏反应，须减少外出，持续治疗。

4.2 花粉植被空间提取及致敏风险评估

4.2.1 研究背景及遥感数据

气传花粉种类和浓度一般具有较强的时空分布特征，不但与气象条件存在密切关系（孟龄 等，2013），还与植物开花季节和种类关系密切（李劲松 等，2000），且与植被物候绿地空间位置等也存在密切关系（闫珂 等，2020）。但目前城市中这些致敏植物的空间分布并不清楚，由此难以对这些植物花粉致敏风险开展空间精细化评估，因此，有必要开展花粉致敏植物的空间信息提取，进而结合花粉浓度观测数据开展植物花粉致敏风险评估，从而为植被花粉监测和浓度预报提供参考。

城市气传花粉研究的重点方向之一是与遥感技术相结合来确定花粉致敏来源（江伟明 等，2018），而城市植被遥感可为城市植被信息提取提供基础数据，特别是进入 21 世纪以来，遥感技术的快速发展和产业化应用，为城市监测提供了丰富的数据源。由此，选择合适的卫星数据源和针对性的信息提取技术，可以快速精确地获取城市植被分布与植物物候信息，如利用遥感技术获取大面积叶面积指数动态信息可作为预测次日花粉浓度的一种有效手段（卞萌 等，2021）。目前已有许多中、高分辨率卫星数据如 SPOT、RapidEye、ALOS、Landsat、HJ-1A/1B、GF-1/2 等被广泛应用于精细化植被信息提取，如利用 8 m 空间分辨率的国产高分一号（GF-1）全色多光谱相机（PMS）开展洞庭湖主要湿地植被信息提取（宋仁飞 等，2015），利用 2 m 空间分辨率的 WorldView-2 影像开展的小范围区域典型乔木树种分类（李丹 等，2016）以及利用 30 m 分辨率的 Landsat 卫星数据开展杨树植被信息提取和城市化信息提取等（刘云鹏 等，2017）。随着欧洲空间局"哥白尼"计划的启动，哨兵 2A 号（Sentinel-2A）卫星于 2015 年 6 月成功发射，由于其具有较高空间分辨率、免费共享使用等特点，已被广泛用于全球生态环境的监测中，如森林覆盖提取、城市绿地和不透水面提取、水体识别等。相对于 GF-1 卫星数据，Sentinel-2A 数据更适用于地物结构复杂、地块细碎的小尺度地区的作物信息提取（李杰 等，2019），且植被分类精度高于 Landsat8（章晓洁 等，2019）。因此，利用免费获取的 Sentinel-2A 数据开展北京全市高空间分辨率的花粉致敏植物提取成为可能。

Sentinel-2A 卫星多光谱成像仪（MSI）提供的多光谱数据从可见光和近红外到短波红外，具有 10～60 m 不同的空间分辨率，如表 4-4 所示。

表 4-4　Sentinel-2A 卫星多光谱成像仪（MSI）波段信息

波段及主要光谱特性	中心波长/μm	空间分辨率/m
Band1-沿海气溶胶	0.443	60
Band2-蓝光	0.490	10
Band3-绿光	0.560	10
Band4-红光	0.665	10
Band5-植被红边	0.705	20
Band6-植被红边	0.740	20
Band7-植被红边	0.783	20
Band8-近红外	0.842	10
Band8A-植被红边	0.865	20
Band9-水汽	0.945	60
Band10-短波红外，卷云	1.375	60
Band11-短波红外	1.610	20
Band12-短波红外	2.190	20

通过欧洲空间局官网（https://scihub.copernicus.eu/dhus/#/home）可获取 Sentinel-2A 卫星数据。由于云影响，需要不同时相的多景影像才能合成北京全市晴空影像，可选择 2019 年 12 月 15 日至 2020 年 3 月 1 日和 2020 年 12 月 15 日至 2021 年 3 月 1 日覆盖北京区域的

304 景 L1C 级影像数据，该数据是经正射校正和亚像元级几何精校正后的没有经过大气校正的大气顶表观反射率（TOA）产品，具有云、陆地/水体掩模属性。

4.2.2 松柏植被遥感提取

松柏科植物已成为北京春季重要致敏花粉源，且柏树花粉是北京 3 月下旬最主要气传花粉（姚丽娜 等，2009），柏树花粉浓度与柏树花粉过敏患者症状严重程度存在明显相关。北京天坛公园和昆明湖北岸春季第一个花粉浓度高峰期柏科花粉分别占到 80%和 95%以上（周江鸿 等，2020a，2020b），因此，本研究以松柏植被为例，基于 Sentinel-2A 数据开展松柏植被遥感提取。

4.2.2.1 遥感提取方法

松柏植被是常绿针叶乔木林，因此，与其他落叶植被在非生长季会存在较为明显的光谱差异，因此，可利用对叶片叶绿素较为敏感的光谱植被指数在物候期上的明显差异来提取松柏信息。本研究选择一种新型增强型归一化植被指数（Enhanced normalized vegetation index，EVI）（Jiang et al.，2008）作为松柏识别主要指标：

$$\mathrm{EVI}=2.5\times\frac{R_{\mathrm{nir}}-R_{\mathrm{red}}}{(R_{\mathrm{nir}}+2.4R_{\mathrm{red}}+1)} \tag{4-1}$$

式中：R_{nir} 和 R_{red} 分别为 Sentinel-2A 卫星 MSI 的 Band8（近红外波段 nir）和 Band4（红光波段 red）反射率。如图 4-3a 所示为基于 Google Earth Engine（GEE）平台上获取的 2020 年多景晴空 Sentinel-2A 卫星影像估算的典型松柏和非常绿植被的 EVI 日序变化，可以看出，北京典型松柏植被与落叶植被增强型归一化植被指数（EVI）时间序列变化存在明显差异，其中冬季差异最为明显。因此，可选择冬季 12 月 15 日（日序为 340）至次年 3 月 1 日（日序为 60）的光学遥感影像进行松柏信息提取。

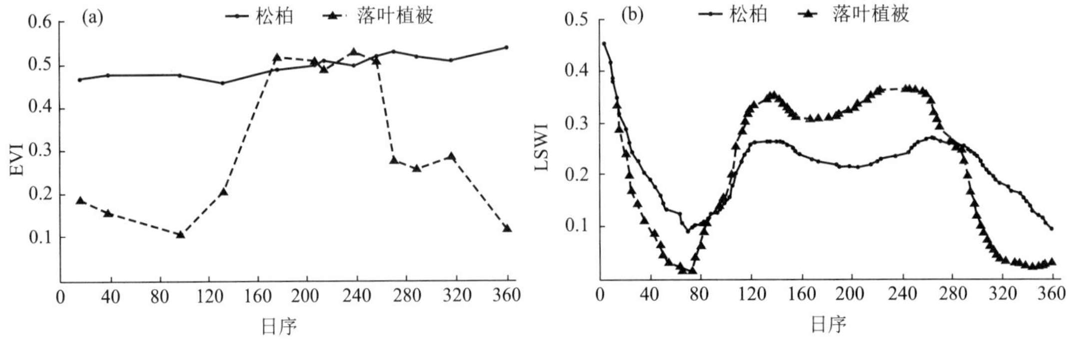

图 4-3 北京地区典型松柏与落叶植被增强型归一化植被指数（EVI）（a）和地表水分指数（LSWI）（b）年日序变化

此外，冬季对落叶植被而言，由于植被覆盖低，且处于非生长季，因此，落叶植被含水量明显低于松柏等常绿植被，可以选择反映植被含水量的地表水分指数（Land surface water index，LSWI）（刘元亮 等，2015）作为另一个重要指标提取松柏指标：

$$\mathrm{LSWI}=\frac{R_{\mathrm{nir}}-R_{\mathrm{swir}}}{R_{\mathrm{nir}}+R_{\mathrm{swir}}} \tag{4-2}$$

式中：R_{nir} 和 R_{swir} 分别为 Sentinel-2A 卫星 MSI 的 Band8（近红外波段 nir）和 Band11（短波红外波段 swir）反射率。如图 4-3b 所示为基于 2020 年 Sentinel-2A 卫星影像估算的典型松柏和

落叶植被的 LSWI 日序变化，可以看出：北京典型松柏植被与落叶植被的 LSWI 时间序列存在明显差异，其中冬季松柏的 LSWI 明显高于落叶植被的 LSWI。

由此，基于北京冬季反射率影像计算得到的 EVI 和 LSWI 影像，将 EVI 大于某一个阈值（a）且 LSWI 也大于某一阈值（b）的像元分类为松柏，如下式所示：

$$V_{SB}=\begin{cases}1 & \text{LSWI}>a \text{ 且 EVI}>b \\ 0 & \text{其他}\end{cases} \tag{4-3}$$

式中：V_{SB} 为 1 时，该像元即为松柏。

对冬季大量 Sentinel-2A 卫星影像通过目视解译对比分析，最终选取了 a 取 0.23 和 b 取 0.23 可以较好地提取松柏。

4.2.2.2　松柏植被信息提取流程

从前面介绍可知，松柏植被的提取需要覆盖北京全境的冬季晴空 Sentinel-2A 多光谱地表反射率影像，由此针对 Sentinel-2A L1C 级影像特征，基于松柏植被提取原理和方法，建立如下北京全市松柏植被信息提取技术流程，主要包括：

(1)云处理：Sentinel-2A MSI L1C 级影像产品的云掩膜信息提供了潜在云、云及卷云信息，通过 ENVI 遥感软件中的掩膜功能（徐永明，2019）剔除云信息后，就可得到晴空表观反射率影像。

(2)大气校正：大气校正是在 Sentinel-2A L1C 级影像表观反射率的基础上进行，本研究采用 ENVI 遥感软件中的 FLLASH 大气校正模型（郝建亭 等，2008），其中模型相关参数主要包括：a. 海拔高度为北京市平均海拔高度（43 m）；b. 成像时间根据具体影像成像时间设置；c. 传感器高度设置为 786 km；d. 大气模型选择美国中纬度冬季标准大气；e. 气溶胶模型选择城市类型，经过上述参数设置，可以获得校正后的地表反射率影像。如图 4-4 所示为北京地区 2020 年冬季 Sentinel-2A 卫星影像天坛公园松柏植被大气校正前后光谱反射率对比，可以看出，蓝光波段（0.443 μm）到红光波段（0.780 μm）受大气影响较大，大气校正后反射率均明显下降，这是由于这些波长较短的光谱大气瑞利散射占主要因素，大气校正消除了由于散射作用进入传感器致使反射率增大的大气影响，随着波长越长，大气散射影响越小，校正前后差异也变小；而在近红外波段（0.842 μm）到短波红外波段（2.19 μm），大气校正后反射率略微增大，这是由于这些波长较长的波谱大气吸收较散射更为明显，使反射率有所降低；大气校正后因吸

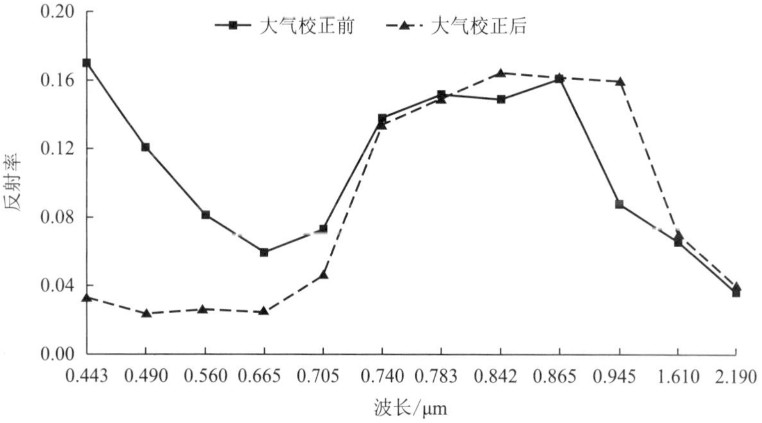

图 4-4　2020 年冬季天坛公园松柏植被 Sentinel-2A 影像大气校正前、后不同波段反射率对比

收作用而损失的信息得以补偿，反射率会有所增大；尤其 0.945 μm 处于水汽吸收带附近（0.94 μm），受大气影响较大，大气校正后反射率明显增大。

（3）图像融合：由于选择影像为冬季，地区背景反射率和地物间反射率差别较小，而且 LSWI 需要的 nir 和 swir 波段分别为 10 m 和 20 m 空间分辨率，因此，需要对影像进行融合处理。本研究采用 HIS 融合法（钟函笑，2018）得到 10 m 空间分辨率多光谱影像，使影像细节信息更丰富、影像更清晰，起到遥感影像增强作用。

（4）影像镶嵌：由于全北京地区一般需要 10 景以上 Sentinel-2A 卫星影像才能完全覆盖，且不同景之间还存在重叠区域，因此，还需要进行影像镶嵌无缝地拼接成一幅完整的北京全境晴空卫星影像。对冬季多景影像晴空重叠（即像元重复）区域，取该像元无云序列“中值”作为合成后的反射率影像值。经过上述一系列步骤，可获取北京地区 10 m 空间分辨率的晴空遥感影像，如图 4-5a 所示为红光波段 Band4、蓝光波段 Band3 和绿光波段 Band2 合成的真彩色晴空影像，可以看出，经过大气校正后（图 4-5b），真彩色影像清晰，没有明显的大气浑浊效应，由于消除了大部分蓝光波段 Band3 和绿光波段的大气散射影响，使得冬季大部分常绿植被呈暗绿的真彩色特征更加明显。

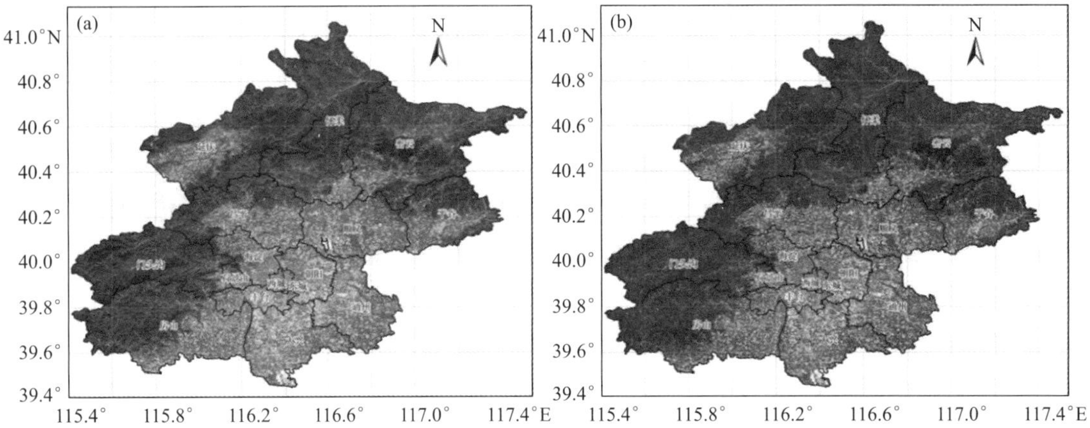

图 4-5　基于 Sentinel-2A 卫星影像合成的冬季大气校正前（a）、后（b）北京晴空真彩色影像

（对应彩图见本书 220 页）

（5）松柏植被初步提取：获得北京全市冬季晴空反射率影像后，根据式（4-1）和（4-2）估算得到 EVI 和 LSWI 影像，然后利用式（4-3）中的 EVI 和 LSWI 阈值可以得到松柏植被初步提取结果。

（6）后处理：由于 EVI 和 LSWI 阈值取值的单一性问题，会造成松柏植被初步提取结果还存在一些错分、漏分以及许多面积非常小的破碎图斑信息。利用北京乔木林用地信息，结合 Google earth 高分辨率影像，对一些错分和漏分的松柏植被信息进行订正，得到订正后的分类结果，再利用 ENVI 软件中图像分类的聚类处理（Clump）和过滤处理（Sieve）消除破碎小图斑，从而得到可实际应用的北京全市 10 m 空间分辨率的松柏植被分布图。

4.2.2.3　松柏植被提取结果

北京全市松柏提取结果和全市 1 km 网格松柏植被密度如图 4-6 所示，可以看出，松柏植被主要分布于北部山区和西南山区，北部平原地区如昌平、顺义、平谷与海淀也较多，中心城区、大兴和通州分布较少。

精度验证：验证样本一部分来自于北京市园林绿化局提供的部分松柏植被样本点和野外调查数据；另外一部分来自于北京市乔木林用地信息与 Google earth 高分辨率影像目视解译结合，即首先通过高分辨率的乔木林用地空间分布图随机选择若干乔木林样本，然后再通过 Google earth 影像目视解译确认是否为松柏样本。两部分合计 1022 个松柏样本以及 2838 个非松柏样本用于精度评估。在这里采用混淆矩阵(Confusion matrix)中的总体精度、生产者精度、用户精度和 Kappa 系数进行松柏植被精度评估。

如表 4-5 所示为北京松柏植被混淆矩阵分类精度评估表，总体精度为 90.7%，用户精度为 80.7%，生产者精度为 83.3%，Kappa 系数为 0.76。一般应用中较为关注的是用户精度，因此，可以认为基于 Sentinel-2A 卫星影像提取的北京松柏植被精度超过 80%，能满足松柏花粉浓度研究的要求。

表 4-5　北京松柏植被混淆矩阵分类精度评估

样本数	松柏	非松柏	生产者精度
松柏	825	165	83.3%
非松柏	197	2673	93.1%
用户精度	80.7%	94.2%	

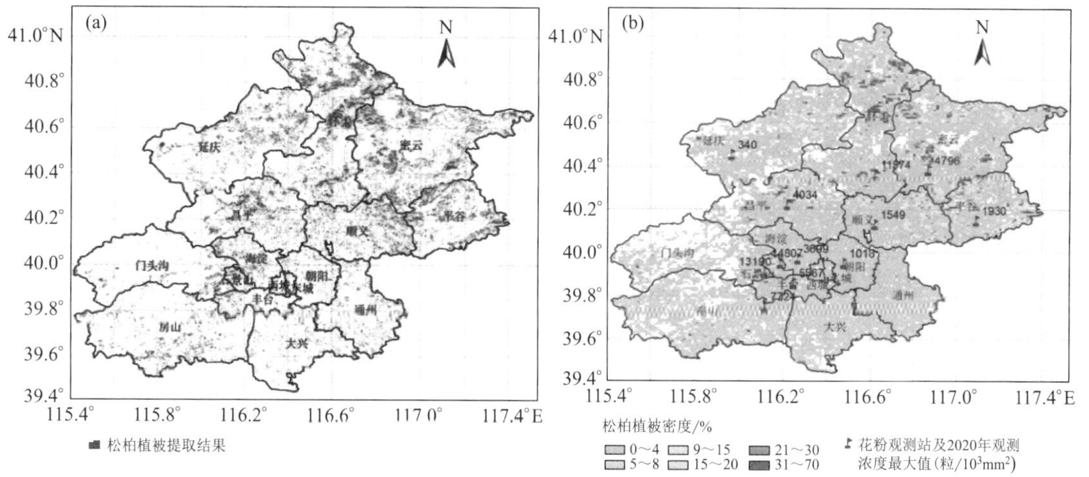

图 4-6　北京地区松柏植被提取结果(a)及 1 km 分辨率松柏植被密度和 2020 年观测站松柏花粉浓度最大值(b)

(对应彩图见本书 220 页)

4.2.3　松柏花粉致敏风险评估

4.2.3.1　评估方法

风险的基本内涵是危险事件发生的可能性以及产生影响的严重程度，它是事件发生概率和事件发生后果两个因素的综合反映。风险评估就是辨识危险事件是什么、危险事件发生的可能性和危险事件造成的后果，重点是给出某一危险事件发生的概率及其后果的程度，以此判断风险程度有多大。松柏花粉致敏风险评估中的危险事件为松柏花粉，危险事件发生的可能性则是花粉浓度高低，危险事件造成的后果就是不同松柏花粉浓度对人群影响程度。由于目前松柏花粉浓度对不同人群致敏影响程度并不清楚，因此，本研究中针对北京区域的松柏花粉致敏风险评估主要考虑松柏花粉是否会产生，以及松柏花粉浓度的高低这两个因子。由于花粉受风力传播影响，松柏花粉是否会产生可由该地一定范围内是否存在松柏植被决定，即松柏花粉浓度可由该地一定范围内的松柏植被密度（即松柏植被所占区域面积比例）决定。

由于处于不同树龄的松柏植被受气象条件影响，开花期并不固定，由此花粉浓度会随时发生变化，而年最大花粉浓度可反映观测站周围最多面积的松柏植被，因此，本研究选择年最大花粉浓度与松柏植被密度关系来开展松柏花粉致敏风险评估。另外，花粉致敏风险不仅涉及花粉浓度，还涉及花粉所处的人群密度及人群年龄结构等因素，而花粉浓度对人群影响程度并不清楚，因此，在本研究中只开展花粉致敏相对风险评估。具体风险评估步骤如下：

（1）根据北京各观测站逐日松柏花粉观测值，获取各观测站的年最大花粉浓度；

（2）结合北京 10 m 空间分辨率松柏植被空间分布图，估算各观测站周围 1 km 到 16 km 范围，间隔为 1 km 范围内的松柏植被密度；

（3）利用多个观测站松柏花粉最大浓度和 1 km 到 16 km 范围内松柏植被密度，基于皮尔逊相关系数法分析花粉最大浓度与松柏植被密度的相关关系，基于线性回归方程中的决定系数（R^2）是否大于 15%确定松柏植被密度是否对该站花粉浓度具有正贡献，其中相关系数最大的范围即为对松柏花粉浓度贡献最大的最优距离；

（4）根据对松柏花粉浓度贡献最大的最优距离，制作像元周围最优距离范围内的松柏植被密度分布图，根据松柏植被密度从低到高进行花粉致敏相对风险等级的划分。

4.2.3.2 评估结果

花粉观测站花粉浓度不但受观测站附近植被密度的影响，还受周边一定范围内风力传播影响。利用 2020 年 12 个观测站松柏花粉浓度最大值数据，结合 1 km 网格的松柏种植密度分布图（图 4-6b）可以看出，12 个站松柏最大花粉浓度为 340～14907 粒/1000 mm^2，空间差异非常大，最大的 3 个站分别为石景山（14907 粒/1000 mm^2）、门头沟（13190 粒/1000 mm^2）、怀柔（11574 粒/1000 mm^2），这 3 个站均靠近山区，而山区站附近的松柏植被密度明显大于平原地区，因此，花粉浓度高。花粉浓度最小的为延庆站（340 粒/1000 mm^2），由于其远离山区，且周围平原地区松柏种植密度明显偏小，因此，花粉浓度处于低值。与延庆站类似，朝阳、顺义和平谷站均远离山区，周围平原地区松柏种植密度较小，花粉浓度均在 2000 粒/1000 mm^2 以下。

北京 12 个松柏花粉监测站 2020 年最大浓度与观测站周边距离内松柏植被密度的相关系数如图 4-7 所示，观测站松柏花粉最大浓度与周边距离内松柏植被密度的相关系数随着周边距离增大呈现单峰变化曲线，花粉站周边 16 km 范围内松柏植被密度均与花粉最大浓度存在一定正相关关系，相关系数（R）均在 0.30 以上，如果以二者回归方程决定系数（R^2）$\geqslant$0.15 确定松柏植被密度对花粉最大浓度有正贡献的话，则 14 km 范围内松柏植被密度对该站花粉浓度均有正贡献；另外，最大相关系数出现在 6 km 处，意味着花粉观测站 6 km 范围内的松柏植被对该站花粉浓度贡献最大。由此，基于 1 km 分辨率松柏植被空间分布图，估算各像元周围 6 km 范围内的松柏植被密度（面积比例），并基于该密度图，分别按 0.005、0.01、0.02、0.04、0.06、0.10 这 6 个阈值划分为极低、低、较低、一般、较高、高、极高 7 个松柏花粉致敏相对风险等级，如图 4-8 所示，可以看出，松柏花粉致敏相对高风险及以上主要分布在西北部山区、昌平北部以及门头沟东部、石景山西北和海淀西南相邻等地区。延庆平坝大部分地区、大兴大部分

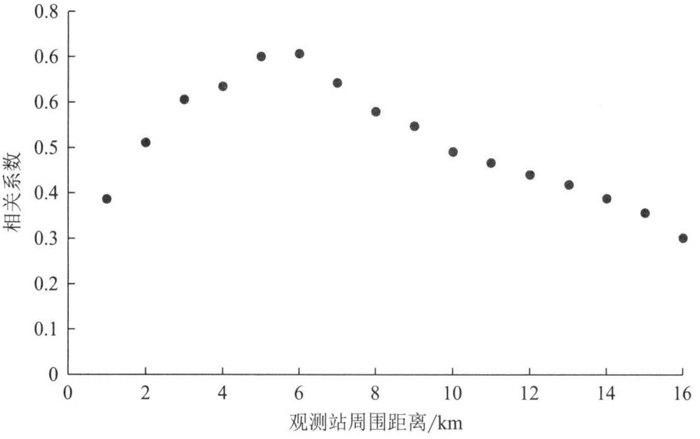

图 4-7　北京地区 2020 年观测站松柏花粉最大浓度与周围不同距离范围之内松柏植被密度的相关系数

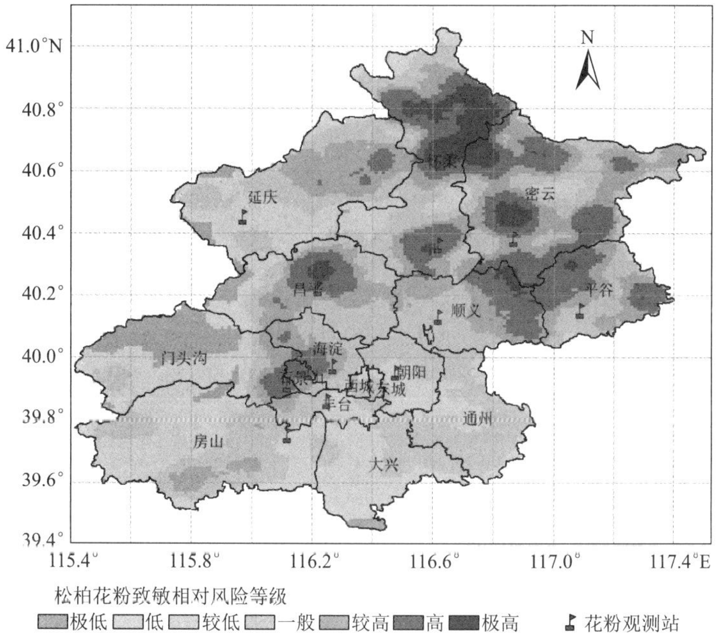

图 4-8　北京地区松柏花粉致敏相对风险等级空间分布

（对应彩图见本书 221 页）

地区、门头沟和房山山区大部分地区均为相对较低及以下风险区；石景山、门头沟和怀柔花粉观测站均处于相对高风险区域内，这与其松柏花粉浓度观测值处于高值区较为一致。

4.3　花粉监测在过敏性疾病防护和治疗中的应用

4.3.1　花粉监测的意义

北京作为国际化大都市，城市人口持续增长，花粉过敏人数众多。因此，准确对北京地区空气中的主要致敏花粉进行识别和统计，并进行有效的花粉浓度播报和预报，提示花粉症患者采取积极的应对措施具有十分重要的现实意义。迄今为止，监测空气中致敏花粉浓度被认为是评估全球花粉症患者健康危害的最可靠方法（Galán et al.，2014）。花粉监测可以对患者起到预警作用，提醒已知花粉过敏的患者早期采取措施避免接触过敏原：如戴口罩、关门窗、使用空气净化器、尽量避免前往花粉浓度高的地区，并提醒患者提前用药，改善花粉过敏患者的生活质量（Bergmann et al.，2016）。许多研究报道了花粉浓度与医院过敏性疾病就诊人数密切相关（庄严 等，2010；Zhang et al.，2012；Singh et al.，2017）。在花粉期，随着大气中花粉颗粒的播散，过敏性疾病被诱发加重，增加门诊的就诊率。因此，医务工作者可以根据花粉监测预测花粉过敏爆发和门诊就诊人数的增长（Suanno et al.，2021）。同时，花粉监测数据可以提示医生对患者做出指导，在花粉季节前提前用药，以更好地控制症状、提高患者生活质量和减少用药花费。

4.3.2 花粉症的早期干预治疗

植物花粉播散期，少量的花粉颗粒就可以导致花粉过敏患者呼吸道黏膜轻微持续的炎症反应，患者可能无明显症状，但呼吸道黏膜可表现嗜酸性粒细胞等炎性反应细胞的浸润，造成黏膜高反应状态，而且炎性反应的持续存在可引起呼吸道发生组织重塑，使呼吸道反应性过强，呼吸道黏膜对原不可引起炎性反应的刺激产生较强反应，炎症迁延，进一步加重病情。

研究证实白三烯受体拮抗剂可以抑制组织重塑的发生，重组人源化单克隆抗免疫球蛋白E(IgE)抗体（奥马珠单抗）在控制重度哮喘及过敏性鼻炎中安全有效（Vignola et al.，2004；Okubo et al.，2006），因此，在花粉监测系统的预警及指导下，开展了如下两项针对花粉过敏患者花粉季前早期干预治疗的研究。

4.3.2.1 白三烯受体拮抗剂的早期干预治疗

（1）研究方法

对季节性AR患者进行了单中心随机开放标记研究。重点是比较杂草花粉季节记录的视觉模拟评分（VAS）、症状评分、鼻通气和鼻阻力水平以及鼻黏膜细胞因子表达情况。研究设计的示意图如图4-9所示。所有受试者需表现出明显的鼻症状（鼻涕、鼻塞、瘙痒和打喷嚏），sIgE过敏原检测对杂草花粉过敏原（蒿属、藜属和葎草属）一种或多种过敏。研究开始于杂草的低花粉期，根据历年花粉数据预估花粉期（Ouyang et al.，2017），研究设计包括3次随访（随访1：低花粉期开始；随访2：高花粉期；随访3：花粉期结束）。在随访1、3时用鼻刷刮取患者的鼻黏膜，在随访1、2、3时评估鼻功能。患者每周完成两次在线问卷，所有患者在研究期间都通过微信接受每日花粉计数报告、问卷、药物提示和咨询。

受试者被随机分配到以下治疗组之一：早期介入治疗组（EIT），孟鲁司特10 mg QD口服，从低花粉期开始（2020年8月1日）到花粉期结束（2020年9月30日）。根据过敏发生率指数5的预测模型，将花粉日沉降量达到100粒/1000 mm^2时定义为高花粉期，大部分花粉过敏患者开始出现症状。因此，发病后治疗组（POT），高花粉期（2020年8月14日）至2020年9月30日口服孟鲁司特10 mg QD；对照组（CON）在整个研究期间均不口服药物。从高花粉期（2020年8月14日）到花粉期结束（2020年9月30日），3组均使用糠酸莫米松。

采用VAS症状评分评估治疗前后症状变化情况。VAS症状评分范围从0（无症状）到10（非常严重）问卷包括鼻腔症状：鼻塞、鼻分泌物、打喷嚏和流鼻涕；眼部症状：流泪、眼痒、眼红、

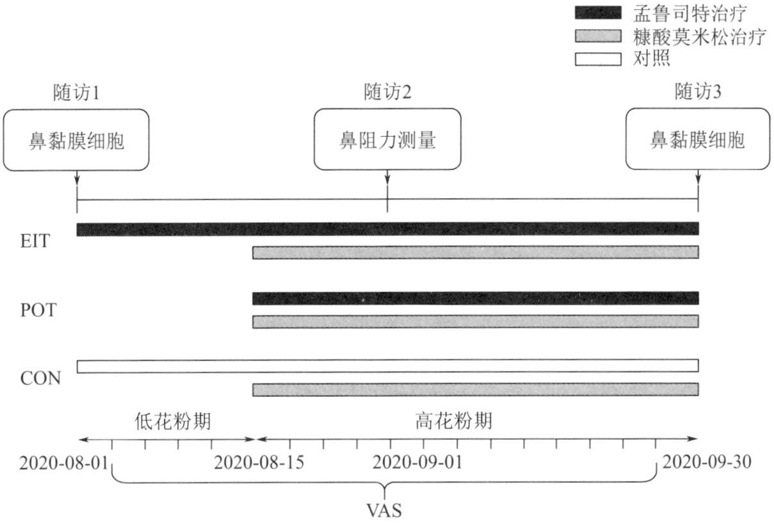

图 4-9　对季节性 AR 患者进行单中心随机开放标记研究

眼肿、眼痛；气道症状：喘息、胸闷、咳嗽、呼吸困难（Qi et al.，2016）。

为评估治疗前、后黏膜炎症反应的变化，在第 1 次和第 3 次访问时，用鼻刷刮取患者鼻腔黏膜脱落细胞，进行实时 PCR 分析细胞因子 IL-4、IL-5、IL-13、LTC4、RANTES、TNF-α、TSLP、EOTAXIN mRNA 表达水平。为评估各组患者治疗前、后鼻黏膜水肿的变化，采用鼻通气及阻力检查对患者的鼻功能进行分析。

（2）研究结果

治疗前、后症状评分：在整个研究期间，EIT 患者的鼻塞、鼻分泌物、鼻涕和打喷嚏显著低丁对照组。此外，EIT 对鼻塞和喷嚏的预防效果优于 POT，见图 4-10。各组患者鼻部症状高峰与花粉释放高峰一致。对于眼部症状，对照组和 EIT 组在流泪和眼部瘙痒方面的症状评分差

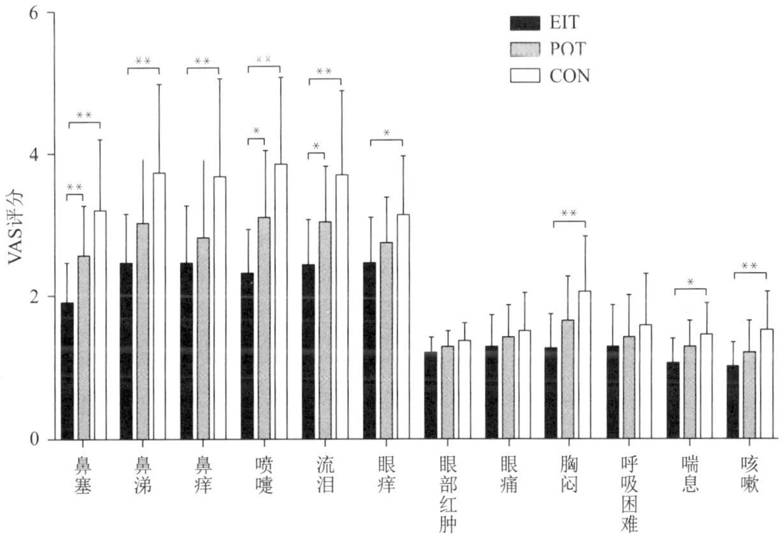

图 4-10　采用 VAS 症状评分评估治疗前、后症状变化情况

图中 * 表示 0.01＜P≤0.05，* * 表示 0.001＜P≤0.01，* * * 表示 P≤0.001，下同

异有统计学意义。3 组受试者在眼肿胀和眼痛方面无明显差异。在气道症状的 VAS 评分方面，EIT 患者在整个研究期间喘息、胸闷和咳嗽评分均低于对照组。然而，EIT 和 POT 受试者之间的气道症状差异不具统计学意义。

治疗前、后鼻通气功能：治疗前，EIT 组、POT 组和 CON 组在鼻通气和阻力方面无显著差异。治疗结束时，EIT 组通气气量显著高于 POT 组和 CON 组，鼻阻力显著低于 POT 组和 CON 组，见图 4-11。

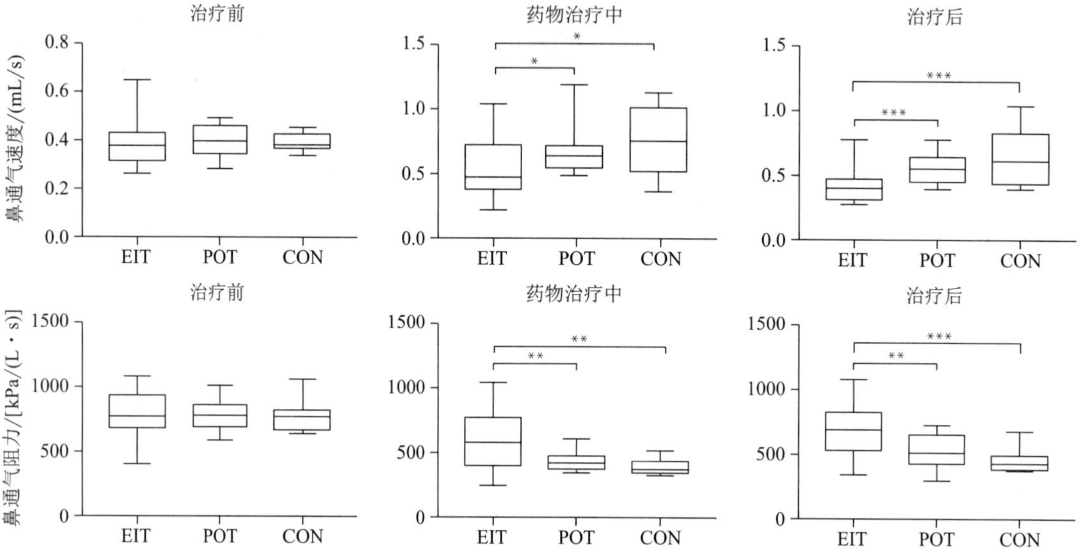

图 4-11　治疗前、后鼻通气功能变化

治疗前、后鼻黏膜脱落细胞因子的表达：治疗前，3 组个体间各细胞因子 mRNA 表达差异均不具统计学意义。治疗后，与对照组比较，EIT 患者黏膜的相关细胞因子，包括嗜酸粒细胞趋化因子(EOTAXIN)、白介素 5(IL-5)、白介素 13(IL-13)、胸腺基质淋巴细胞生成素(TSLP)、白三烯 C4(LTC4)、趋化因子 CCL5(RANTES)、白介素 4(IL-4)以及肿瘤坏死因子-α(TNF-α)的 mRNA 表达量均显著降低。EIT 与 POT 细胞因子表达差异不具统计学意义，见图 4-12。

(3)结论

本研究结果表明，白三烯受体拮抗剂 LTRA 联合花粉过敏原避免的早期干预在控制过敏反应的症状、鼻黏膜炎症反应和鼻腔通气功能方面是有效的，为未来的季节性 AR 治疗提供了重要的选择。

4.3.2.2　重组人源化单克隆抗免疫球蛋白 E(IgE)抗体的早期干预治疗

(1)研究方法

本研究是一项前瞻性随机对照单中心临床试验，于 2020 年 7 月至 2020 年 9 月在北京同仁医院过敏科进行。该研究包括以下 4 次随访：随访 1(筛选入组患者)，随访 2(随机分组，开始注射奥马珠单抗和分发抗过敏药物)，随访 3(再次分发药物)和随访 4(完成研究)。所有受试者需表现出明显的鼻症状(鼻涕、鼻塞、瘙痒和打喷嚏)，sIgE 过敏原检测对杂草花粉过敏原(蒿属、藜属和葎草属)一种或多种过敏，见图 4-13。

受试者被随机分配到以下治疗组之一，①奥马珠单抗组：在秋季花粉季开始前 2 周，进行单次 300 mg 奥马珠单抗皮下注射。②常规药物治疗组：在秋季花粉季开始前 2 周开始使用氯

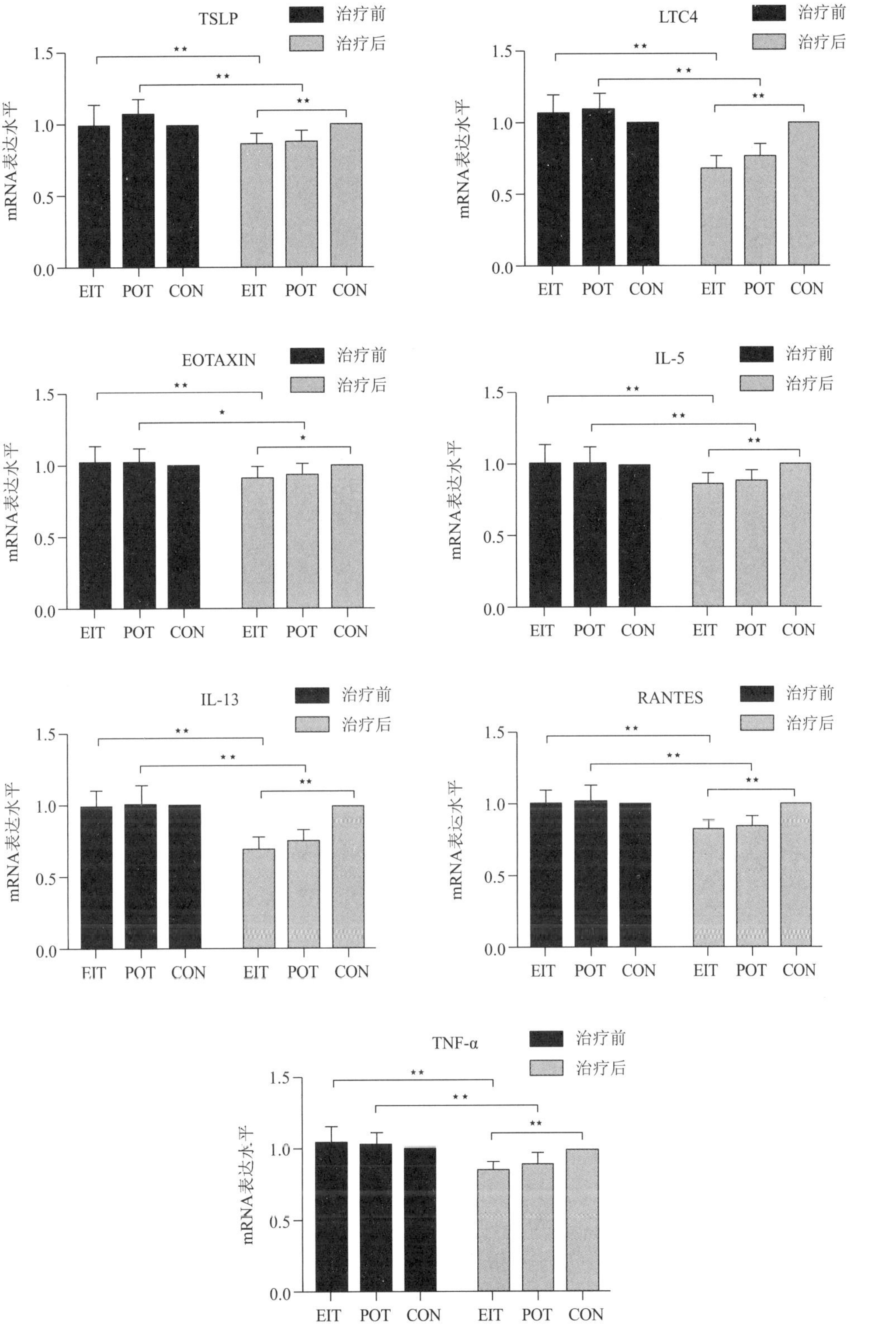

图 4-12　鼻黏膜脱落细胞细胞因子表达

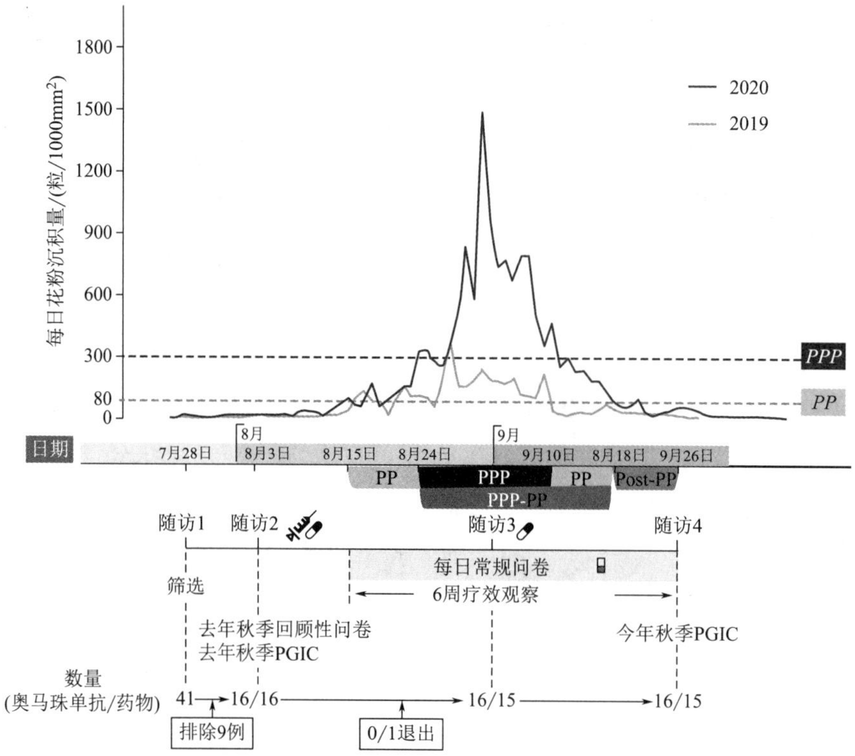

图 4-13 奥马珠单抗的前瞻性随机对照单中心临床研究设计

雷他定(片剂)、布地奈德(鼻喷雾剂)和帕坦洛(滴眼液)。所有患者均完成每日问卷调查,记录症状、用药情况和生活质量(QoL):考虑到花粉高峰期(PPP)对患者的持续影响,将治疗效果分为 3 个阶段,即 PP(PPP 前的天数数据)、PPP-PP(PPP 后的天数数据)和 Post-PP(PPP 结束后一周内的天数数据)。在研究过程中,同时记录每日花粉浓度。

秋季 PP 定义为从每日总花粉数≥80 粒/1000 mm^2 的第一天到每日总花粉数<80 粒/1000 mm^2 的第一天。PPP 定义为连续第一天到最后三天,每天花粉总量≥300 粒/1000 mm^2。根据每日花粉数据,如图 4-13 所示,2020 年 PP 为 8 月 15 日至 9 月 18 日,PPP 为 8 月 24 日至 9 月 10 日。后 PP 时期为 9 月 19 日至 9 月 26 日。

主要疗效参数为鼻部 CSMS,评分范围从 0(无症状)到 12(非常严重),症状包括打喷嚏、流涕、鼻痒和鼻塞。次要疗效指标包括眼睛 CSMS、平均每日用药评分(MS)、缓解过敏症状的无用药天数比例、鼻症状总评分(TNSS)、眼症状总评分(TESS)、鼻结膜炎生活质量问卷(RQLQ)评分和患者自觉总体疗效(PGIC)评分。

(2)研究结果

症状评分:与常规用药相比,花粉季前使用奥马珠单抗显著降低了 PP、PPP-PP 和 PP 后的鼻部 CSMS。同时,与常规药物治疗相比,奥马珠单抗还显著降低了 PP 期间,PPP-PP 和 PP 后的眼部 CSMS 评分及 MS 评分。此外,在 PPP-PP 期间,奥马珠单抗预处理组不使用抗过敏药物的天数比例显著高于常规药物治疗组。此外,与 2019 年秋季的回顾性 MS 相比,2020 年秋季 PP 期间平均每日 MS 在奥马珠单抗预处理患者中显著降低,但在常规药物治疗患者中没有降低,见图 4-14。

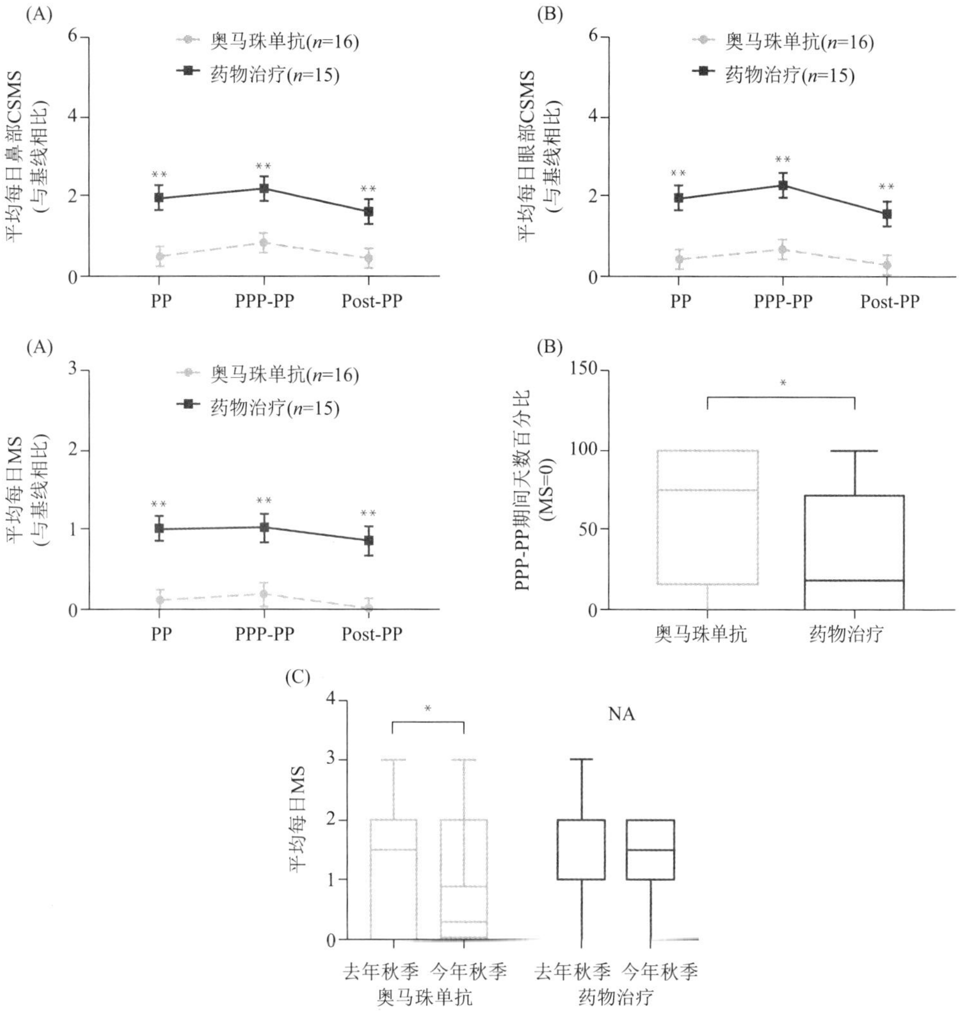

图 4-14　药物治疗及奥马珠单抗治疗症状评分对比

生活质量评分：奥马珠单抗组在减缓过敏症状药物使用的同时，TESS 评分显示，在 PP 和 PPP-PP 期间，与常规药物治疗相比，奥马珠单抗预处理可更好地控制眼部过敏症状。此外，在整个花粉季，奥马珠单抗预处埋组患者的生活质量评分明显优于常规药物组，见图 4-15。

患者自觉总体疗效评分：奥马珠单抗预处理组总体疗效评分完全控制或基本控制的比例明显高于常规用药组。相较于 2019 年，奥马珠单抗预处理组总体疗效评分没有控制甚至加重的比例降为 0%，完全控制的比例显著增大，见图 4-16。

(3)结论

与 SAR 患者的常规药物治疗相比，在花粉季节开始前两周单次注射 300 mg 奥马珠单抗可更好地控制症状和提高生活质量，显著减少抗过敏药物的使用。

综上所述，花粉监测对花粉过敏人群具有预警作用，可以指导花粉过敏人群的出行，避免花粉过敏原暴露，从而有效降低过敏的发生及减轻过敏症状；同时，花粉监测对医务工作者也具有指导作用，为临床研究提供花粉浓度的起始和终止阈值，为早期干预治疗或花粉特异性免疫治疗提供信息。

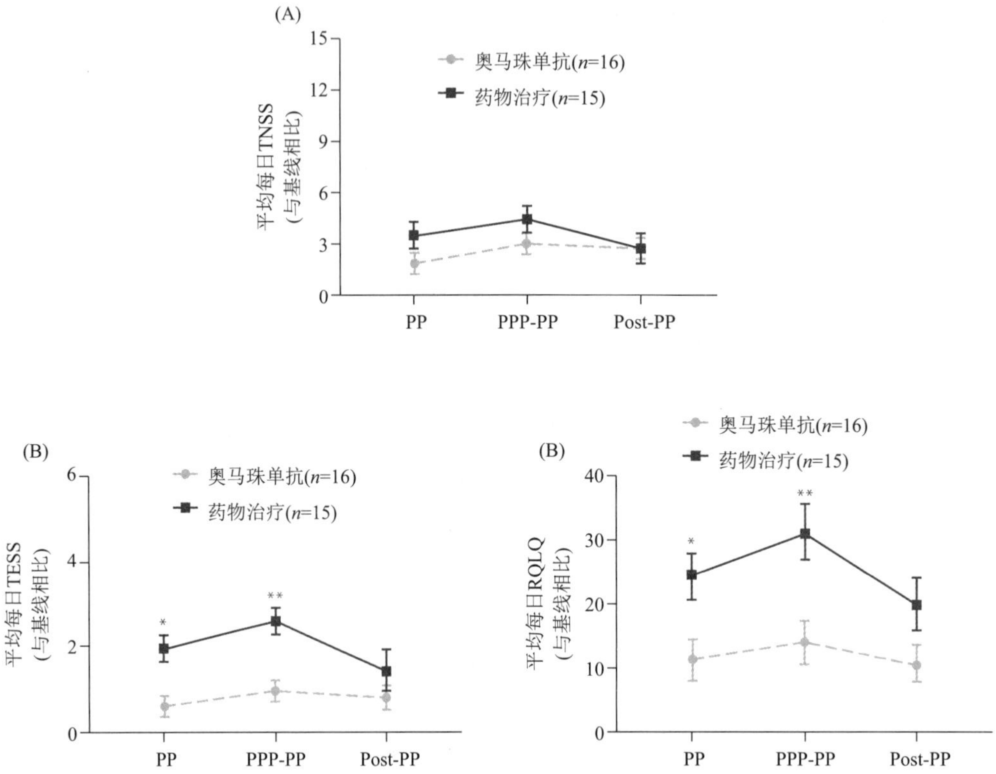

图 4-15　药物治疗及奥马珠单抗治疗生活质量评分对比

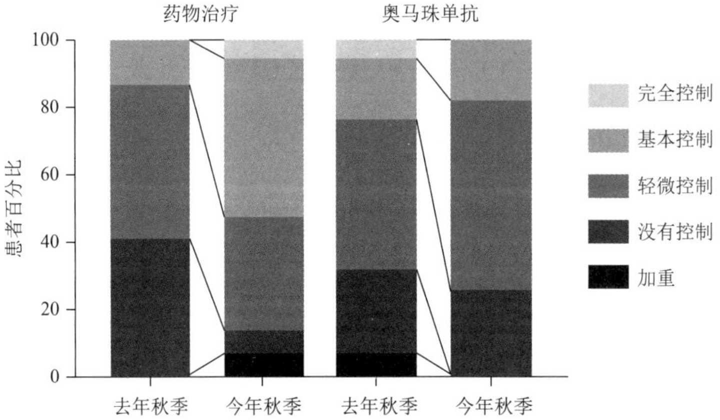

图 4-16　药物治疗及奥马珠单抗治疗患者自觉疗效评分对比

参考文献

卞萌，郭树毅，王威，等，2021. 融合植被遥感数据的北京市次日花粉浓度预测[J]. 地球信息科学学报，23(9)：1705-1713.

郝建亭，杨武年，李玉霞，等，2008. 基于 FLAASH 的多光谱影像大气校正应用研究[J]. 遥感信息(1)：78-81.

江伟明，潘睿聪，罗传秀，等，2018. 城市空气花粉的研究进展[J]. 生态科学，37(6)：199-208.

李丹，柯樱海，宫辉力，等，2016. 基于高分辨率遥感影像的城市典型乔木树种分类研究[J]. 地理与地理信息科学，32(1)：84-89，127.

李杰，张军，李宇宸，2019. Sentinel-2A 与 GF-1 数据在油菜种植提取中的差异性分析及提取方法对比研究[J]. 云南大学学报(自然科学版)，41(4)：678-688.

李劲松，孙润桥，鹿建春，等，2000. 北京市大气花粉时空分布的研究[J]. 中国公共卫生(12)：32-34.

刘元亮，李艳，吴剑亮，2015. 基于 LSWI 和 NDVI 时间序列的水田信息提取研究[J]. 地理与地理信息科学，31(3)：32-37，2.

刘云鹏，巩睿，解春霞，等，2017. 基于 Landsat 遥感影像的杨树信息提取方法分析[J]. 江苏林业科技，44(2)：28-33.

孟龄，王效科，欧阳志云，等，2013. 北京城区气传花粉季节分布特征[J]. 生态学报，33(8)：2381-2387.

宋仁飞，林辉，严恩萍，等，2015. 洞庭湖湿地植被分类研究[J]. 中南林业科技大学学报，35(11)：27-31.

徐永明，2019. ENVI 遥感软件综合实习教程[M]. 北京：科学出版社.

闫珂，杨华，李文芳，等，2020. 城市绿地致敏指数的改进研究及应用[J]. 北京林业大学学报，42(5)：96-105.

姚丽娜，张宏誉，2009. 北京市气传柏树花粉浓度监测分析[J]. 中国公共卫生，25(6)：749-751.

章晓洁，邓艳芬，张亚超，等，2019. 利用 Sentinel-2A 多光谱成像仪与 Landsat 8 陆地成像仪影像进行普陀山岛植被分类效果比较[J]. 测绘通报(10)：97-100.

钟函笑，2018. 山地多源中高空间分辨率遥感影像时空融合方法研究：以 Landsat 8 和 SentineL-2A 为例[D]. 北京：中国科学院大学.

周江鸿，夏菲，李洁，等，2020a. 北京颐和园春季树木花粉飞散规律研究[J]. 安徽农业科学，48(5)：117-122.

周江鸿，夏菲，刘育俭，等，2020b. 北京天坛公园春季树木花粉飞散规律研究[J]. 江苏农业科学，48(15)：192-198.

庄严，孙新民，王学艳，等，2010. 大气污染对变应性疾病及花粉症就诊人次的影响[J]. 中华预防医学杂志，44(12)：1121-1127.

BEGGS P J，2004. Impacts of climate change on aeroallergens：Past and future[J]. Clin Exp Allergy，34(10)：1507-1513.

BERGMANN K C，SEHLINGER T，GILDEMEISTER J，et al，2016. A novel experimental technology for testing efficacy of air purifiers on pollen reduction[J]. Allergo J Int，26(1)：1-6.

CHIARA S，IRIS A，DELIA F，et al，2021. Pollen forecasting and its relevance in pollen allergen avoidance[J]. Environmental Research，200：111150.

DE MARCO R，CAPPA V，ACCORDINI S，et al，2012. Trends in the prevalence of asthma and allergic rhinitis in Italy between 1991 and 2010[J]. Eur Respir J，39(4)，883-892.

DIERICK B J H，VAN DER MOLEN T，BLOK B M J，et al，2020. Burden and socioeconomics of asthma，allergic rhinitis，atopic dermatitis and food allergy[J]. Expert Review of Pharmacoeconomics & Outcomes Research，20(5)：437-453.

ELLIS A K，SOLIMAN M，STEACY L，et al，2015. The Allergic Rhinitis-Clinical Investigator Collaborative (AR-CIC)：Nasal allergen challenge protocol optimization for studying AR pathophysiology and evaluating novel therapies[J]. Allergy Asthma Clin Immunol，11(1)，16.

GALÁN C，SMITH M，THIBAUDON M，et al，2014. Pollen monitoring：Minimum requirements and reproducibility of analysis[J]. Aerobiologia，30(4)：385-395.

JIANG Z，HUETE R A，DIDAN K，et al，2008. Development of a two-band enhanced vegetation index without a blue band[J]. Remote Sensing of Environment，112(10)：3833-3845.

KARL-CHRISTIAN B，TORSTEN S，JULIA G，et al，2017. A novel experimental technology for testing efficacy of air purifiers on pollen reduction. [J]. Allergo Journal International，26(1)：1-6.

LETH-MØLLER K B, SKAABY T, LINNEBERG A, 2020. Allergic rhinitis and allergic sensitisation are still increasing among Danish adults[J]. Allergy, 75(3), 660-668.

LUO W, HUANG H, ZHENG P, et al, 2016. Major grass pollen allergens and components detected in a southern Chinese cohort of patients with allergic rhinitis and/or asthma[J]. Mol Immunol, 78, 105-112.

LOU H, MA S, ZHAO Y, et al, 2017. Sensitization patterns and minimum screening panels for aeroallergens in self-reported allergic rhinitis in China[J]. Sci Rep, 7(1), 9286.

LOU H, HUANG Y, OUYANG Y, et al, 2020. Artemisia annua-sublingual immunotherapy for seasonal allergic rhinitis: A randomized controlled trial[J]. Allergy, 75(8), 2026-2036.

OKUBO K, OGINO S, NAGAKURA T, et al, 2006. Omalizumab is effective and safe in the treatment of Japanese cedar pollen-induced seasonal allergic rhinitis[J]. Allergology International, 55(4): 379-386.

OLIVEIRA T B, PERSIGO A L K, FERRAZZA C C, et al, 2020. Prevalence of asthma, allergic rhinitis and pollinosis in a city of Brazil: A monitoring study[J]. Allergol Immunopathol(Madr), 48(6): 537-544.

OUYANG Y, LI J, ZHANG D, et al, 2017. A model to predict the incidence of allergic rhinitis based on meteorological factors[J]. Scientific Reports, 7(1-4): 10006.

QI S, HAO C, NAN H, et al, 2016. Early intervention improves clinical responses to house dust mite immunotherapy in allergic rhinitis patients[J]. International Archives of Allergy and Immunology, 171(3/4): 234-240.

SIDDIQUI Z A, WALKER A, PIRWANI M M, et al, 2022. Allergic rhinitis: Diagnosis and management [J]. British Journal of Hospital Medicine, 83(2): 1-9.

SINGH N, SINGH U, SINGH D, et al, 2017. Correlation of pollen counts and number of hospital visits of asthmatic and allergic rhinitis patients[J]. Lung India, 34(2), 127-131.

SUANNO C, ALOISI I, FERNÁNDEZ-GONZÁLEZ D, et al, 2021. Pollen forecasting and its relevance in pollen allergen avoidance[J]. Environ Res, 200: 111150.

VIGNOLA A M, HUMBERT M, BOUSQUET J, et al, 2004. Efficacy and tolerability of anti-immunoglobulin E therapy with omalizumab in patients with concomitant allergic asthma and persistent allergic rhinitis: SOLAR[J]. Allergy, 59(7): 709-17.

WANG X D, ZHENG M, LOU H F, et al, 2016. An increased prevalence of self-reported allergic rhinitis in major Chinese cities from 2005 to 2011[J]. Allergy, 71(8), 1170-1180.

WANG X Y, MA T T, WANG X Y, et al, 2018. Prevalence of pollen-induced allergic rhinitis with high pollen exposure in grasslands of northern China[J]. Allergy, 73(6), 1232-1243.

ZHANG F, KRAFFT T, ZHANG D, et al, 2012. The association between daily outpatient visits for allergic rhinitis and pollen levels in Beijing[J]. Science of the Total Environ, (417-418): 39-44.

ZHANG Y, ZHANG L, 2019. Increasing prevalence of allergic rhinitis in China[J]. Allergy Asthma Immunol Res, 11(2): 156-169.

第5章　北京市主要气传致敏花粉自动识别计数方法研究与观测设备研制

5.1　主要气传致敏花粉自动识别和计数方法研究

5.1.1　花粉自动识别背景

花粉识别旨在深入理解和监测环境中的花粉分布，在多个领域都发挥着至关重要的作用。在医疗健康领域，它帮助预测花粉过敏风险，改善过敏患者的生活质量。在农业领域，通过识别花粉种类和浓度，可以优化作物授粉管理，提高作物产量。在环境科学中，花粉识别对于监测植被变化、生态系统健康及生物多样性具有指导意义。此外，它还为气候变化研究提供了历史植被和环境变化的证据。近些年来，花粉识别方法成为一项重点的研究和实践方向。

目前，许多国家已经建立了专门的花粉监测站并形成了标准化的花粉浓度监测工作流程，主要包括花粉采样和显微镜下识别两大支柱。在中国，Durham 花粉采样器在花粉监测方面取得了重大成功，Hirst 采样器被视为欧洲生物监测的金标准设备。其他国家广泛使用的还包括 Burkhard 采样器（Chikhladze et al.，2009）和 Lanzoni 采样器（Puc et al.，2016）。采样之后，则需经验丰富的专家在显微镜下对每个花粉分类单元进行视觉识别。然而，花粉识别被认为是浓度监测步骤中最耗费人力和时间的部分。这一过程涉及全人工观察，所需时间约为整个花粉监测过程的一半，这可能会导致相关风险警报的延迟和对过敏个体的负面健康影响。

自动花粉识别旨在加速向过敏患者提供花粉粒最新浓度信息。自动花粉识别问题最早由 Stillman 等（1996）提出。它一经提出就在孢粉学界引起了极大的关注。自动花粉识别有望在某些情况下应用于实际操作，尤其是各种计算机辅助系统。花粉的自动识别与计数是一项集生物学、图像处理、计算机视觉及机器学习等多学科技术于一体的复杂挑战。随着技术的发展，基于扫描电镜和光学显微镜图像的花粉自动识别技术已经取得了显著进展，极大地促进了孢粉学研究和过敏症诊断治疗的发展。

花粉图像的采集是自动花粉识别的第一步，其主要目的在于将实体花粉载玻片数据转化为可数字化读取的数字图像。其始于精心设计的从特定植物或区域花粉采集工作，确保样本的代表性与多样性。随后，这些样本需经过专门的制备流程，包括固定、染色等，这主要是为了增强图像上花粉颗粒的可视性和识别度。最终，使用数字化扫描设备将实体样本转化为数字图像。这些图像不仅为科学家提供了研究花粉形态学和分类学的重要工具，也为了解植物的生态分布、演化历史乃至监测环境变化提供了宝贵的数据支持。

数字化的花粉图像接下来需要经过一系列的预处理步骤，以提高识别算法的效率和准确度。通常来说,花粉图像中存在大量的背景信息且前景-背景呈现不平衡的状态,这使计算机的观察容易偏向于无用的背景而非目标花粉对象。此外,花粉图像中混有大量复杂杂质(如灰尘、昆虫碎屑、植物碎屑等),且各个花粉子类具有相似的视觉特征。鉴于以上特点,花粉图像的预处理通常涉及图像裁剪,包括去噪、增强等步骤,为提取有效特征和提高识别准确率奠定基础。

经典分类识别模型的大力发展为提取花粉图像特征提供了良好的工具,如支持向量机(SVM)、随机森林(RF)、深度学习网络等(尤其是卷积神经网络,CNN)是自动图像识别领域中广泛使用的算法。其中,支持向量机通过在高维空间中寻找最佳超平面来区分不同类别,优化分类边界的同时最小化错误分类的可能。随机森林利用多个决策树的集成学习来提高分类的准确度和鲁棒性,通过投票机制确定最终分类结果。深度学习网络,特别是卷积神经网络,通过模拟人类大脑的处理方式,自动学习图像的深层次特征,实现高效且准确的图像识别。这些模型各有优势,能够处理复杂的图像分类问题,广泛应用于花粉识别等领域,极大提升了自动识别的效率和准确度。

基于图像自动识别技术在自动化花粉识别中的巨大应用潜力和优势是显而易见的,但目前来看,这一领域的研究和应用仍然相对较少,尚未广泛开展。这种局面可能是多种因素造成的,包括高质量花粉图像数据的获取难度、花粉种类多样性、复杂性带来的技术挑战,以及缺乏有效的跨学科合作等。北京工业大学探索性地开发研究了气传致敏花粉自动识别与计数系统,在这一领域前瞻性地突破了瓶颈。该系统通过集成先进的图像采集、智能图像处理和机器学习算法,能够自动地识别并计数空气中的致敏花粉。它不仅提高了监测工作的效率和准确度,还为相关领域的研究提供了宝贵的技术支持,展示了基于图像的花粉自动化识别技术的应用潜力。

本章将围绕以上角度,深入介绍基于图像的花粉自动化识别技术的关键步骤和先进应用,旨在为读者提供一个全面而详细的介绍。主要涉及花粉图像数据的采集方法、图像数据预处理技术、经典的分类识别模型,以及北京工业大学团队开发的气传致敏花粉自动识别与计数系统的示范应用。

5.1.2 花粉图像数据采集

5.1.2.1 花粉采集

目前,中国普遍采用的花粉采集方式有两种:一种是利用胶带直接捕捉空气中的花粉颗粒,随后在扫描电子显微镜下进行高分辨率的观察与分析;另一种则是通过载玻片沉降法收集花粉,利用光学显微镜进行观察。这两种方法各有特点,胶带采集法便于捕捉大量花粉,适合于对花粉的数量进行大规模监测,而载玻片沉降法则在于能够保持花粉的原有形态,适合进行形态学研究。本小节则将围绕这两种花粉采集方式的具体操作流程展开介绍。

(1)胶带采集法

使用胶带采集气传致敏花粉是一种简便且有效的方法。这一方法不需要昂贵的设备,可以帮助研究人员和爱好者收集花粉样本以进行分析。

胶带采集法主要涉及的材料是透明胶带,通常使用宽度较大、黏性强的以保证花粉颗粒的有效黏附。工作人员会以周期性或者是选择花粉浓度较高的季节和天气晴朗的日子在适合的室外地点进行花粉采集,首先取一小段胶带,长度约为载玻片宽度的一半。将胶带的一端粘贴在载玻片的一端，确保胶带的黏性面朝上并平整无褶皱。其次，将准备好的载玻片安放在选定的采集点，胶带的黏性面朝上，暴露在空气中。根据需要，可以将其放置数分钟到数小时，让空气中的花粉附着在胶带上。采集结束后，将胶带的另一端轻轻折叠并粘贴在载玻片的另一端，使得胶带中的花粉样本被封闭在胶带内部。最后，使用标记笔在载玻片的边缘记录采集的日期、地点和其他相关信息。同时，在记录本上详细记录采集的具体情况，包括天气状况、花粉浓度预测等。

这一过程中需要注意的事项主要有：采集时，避免胶带接触到皮肤或其他物体，以免污染样本；保持载玻片和胶带的清洁，避免灰尘和其他微粒的干扰。

(2)暴片采集法

暴片采集法通常涉及将涂有黏性物质（如硅油、凡士林或其他黏合剂）的载玻片放置在空气中一定时间，让空气中的花粉和孢子自然沉积到载玻片上。暴露期结束后，载玻片被取下并在显微镜下进行分析，以识别和计数沉积的花粉和孢子。这种方法成本较为低廉，适用于大范围部署在相关的监测站内。

暴片采集法的材料准备主要涉及适合的黏合剂和染色剂，其中黏合剂用于涂抹载玻片，以增强花粉粒子的附着能力，例如硅油、凡士林或专用黏附剂，而有时为了更好地观察花粉结构，可能需要使用染色剂对样本进行染色。工作人员通常首先使用标记笔在载玻片上标记采集日期和序号，并均匀地在载玻片表面涂抹一层薄薄的黏合剂。然后将涂有黏合剂的载玻片安放在暴露架上，通常暴露时间为 24 h。暴露架通常是用于固定载玻片，使其暴露在空气中，其基本上都放置在开阔地带，避免直接日晒和雨淋。最后，暴露结束后，将载玻片取下，小心存放，以避免花粉粒子脱落，从而记录观察到的花粉种类和数量，进行数据分析。

暴片采集法的操作注意事项主要包括：确保黏合剂均匀涂抹，避免厚薄不一；暴露架的位置应选择在具有代表性的环境中，避免受到遮挡或污染源的影响；收集和保存载玻片时，要避免接触到涂有黏合剂的面，以防污染样本。

5.1.2.2 样本观察

胶带法和暴片法各自有其适用范围和优势。胶带法通常结合扫描电子显微镜使用，其适合于需要高分辨率图像来揭示微观结构细节的研究，而暴片法通常结合光学显微镜，其便于进行快速、经济的花粉种类鉴定和数量估算。两种方法的选择依赖于研究的具体需求和目标，它们各自为花粉分析提供了独特且互补的视角。

(1)扫描电子显微镜观察

通常情况下，胶带样本被放置在扫描电子显微镜（Scanning electron microscope，SEM）下进行观察，以便获得高分辨率的细节图像。这是因为 SEM 能够提供非常高的放大倍数和深度焦距，使得研究人员能够观察到样本的纳米级表面结构。这种方法特别适用于需要深入了解花粉颗粒表面形态特征的研究，例如花粉的外壁纹理、气孔分布以及其他微观结构特征，这些都是在生物分类学、古生物学以及环境科学中具有重要意义的细节。

扫描电子显微镜是一种利用电子束扫描样品表面，通过样品与电子相互作用产生的次级电子、背散射电子等信号来获取样品表面形貌和组成信息的电子显微镜。它能够提供比传统光学显微镜更高的分辨率和更大的深度焦距，使得用户能够观察到纳米级别的表面细节。

使用电子显微镜（如扫描电子显微镜）观察采集的胶带花粉样本是一种高分辨率的观察方法，它能够提供花粉粒子的详细表面结构信息。在观察过程中，首先将采集到的胶带样本轻轻放置在导电胶上，确保胶带表面平整，花粉粒子朝上。然后使用导电胶将样本固定在样品托盘上，确保在电子显微镜扫描过程中样本稳定。为了增加样本的导电性，减少在电子显微镜扫描过程中电荷的积累，通常需要在样本表面喷涂一层薄金属膜。最后，将处理好的样本托盘装载到电子显微镜的样品室内并根据样本特性调整电子显微镜的扫描参数，如加速电压、工作距离等，通过此过程，即可完成扫描电子显微镜下的胶带样本观察。

电子显微镜观察花粉样本可以揭示花粉表面的细微结构，为花粉学研究、过敏原鉴定和植物分类学提供重要信息。然而在观察过程中，需要注意确保样品干燥并且适当镀膜，以增强导电性和避免充电效应。另外，由于 SEM 操作和样品处理较为复杂，最好在专业人员的指导下进行。

(2)光学显微镜观察

暴片法收集的样本通常被用于在光学显微镜下观察。光学显微镜虽然在分辨率和放大能力上不及 SEM，但它的操作更为简便、成本更低，且对样本的处理要求不如 SEM 严格。这使得光学显微镜非常适合进行快速的样本检查和初步鉴定，尤其是在花粉学研究中进行种类鉴定和数量统计时。通过光学显微镜，研究人员可以观察到花粉的基本形态特征，如形状、大小和颜色，这些信息对于花粉分析和植物分类学研究至关重要。

光学显微镜是一种利用光波来放大图像的设备，是最常见也是最早发明的显微镜类型之一。通过一系列透镜系统，光学显微镜可以将小物体的细节放大，使人眼能够观察到通常看不见的微小结构。这种显微镜在生物学、医学、材料科学等众多领域中都有广泛应用。相比电子显微镜，光学显微镜结构简单，使用方便，无须复杂的样品制备或特殊的操作环境。并且其可以直接观察到样品的自然色彩和形态，对于色彩鉴别和结构观察有独特优势。另外，光学显微镜的购置和维护成本相对较低，适合预算有限的实验室或教育机构。

使用光学显微镜观察暴片法采集的花粉样本时，首先需要确保花粉样本平铺在载玻片上，避免厚度不均或覆盖过多，以免影响观察效果。然后，根据需要对花粉进行染色，以增强其结构的可见度和对比度。需要选择合适的染色剂，并掌握染色的时间和浓度。在观察时，采取渐进放大的原则，首先使用低倍镜观察整体结构，定位感兴趣的区域，然后逐步使用高倍镜进行细节观察。

通过光学显微镜观察花粉样本，可以获得关于花粉的形态、大小、表面纹理等重要信息，这对于植物分类学研究、古生态重建、环境监测等领域具有重要意义。然而，在观察过程中需要特别注意调整光源强度和方向，确保样本被均匀照明，以获得最佳的图像质量。

5.1.2.3 数字化扫描

(1)电镜图像获取

扫描电子显微镜通过电子束的扫描以及信号的捕获能够实现数字化图像的生成，因此，获取扫描电子显微镜(SEM)图像的过程确实相对直接，可以通过在计算机上观察并选择合适的时刻进行截图保存。这些截图保存的图像，就是通过电子束揭示的样品表面或内部结构的直接视觉呈现，它们可以用于进一步的分析和研究。

首先，在扫描电子显微镜操作软件中观察样品，使用设备的导航功能找到感兴趣的区域。这通常涉及调整样品的位置和焦距，以便清晰地观察到特定的特征或结构。其次，选择适当的放大倍数以获取所需的细节水平。放大倍数可以从较低(例如，100 倍)调整到较高(例如，10000 倍或更高)，这取决于需要观察对象特征的大小和复杂程度。然后，使用 SEM 软件调整焦距，直到图像尽可能清晰。此外，还可以调整亮度和对比度，以进一步提高图像质量。一旦图像被适当地聚焦和优化，就可以使用SEM软件中的"捕获"或"截图"功能来保存图像。通常，可以选择保存图像的格式（例如，JPEG、PNG、TIFF等）和分辨率。在捕获图像后，可以选择一个清晰的文件命名约定，这样有助于未来的检索和使用。确保将图像保存在适当的目录中，以便于管理和访问。

（2）光镜图像获取

光学显微镜通常需要在肉眼下进行直接观察，因此，在成像过程中需要借助相关的图像捕捉、参数调整等设备才可完成数字化图像的生成。近年来，病理切片扫描仪在医学细胞样本成像过程中发挥了巨大的作用。类似地，其应用也逐渐延伸至花粉样本自动化成像的研究中。

病理切片扫描仪也常被称为数字病理扫描仪或全切片成像系统，是一种高精度的设备，专门设计用于将传统的病理切片转换为高分辨率的数字图像。它允许病理学家和研究人员以数字方式查看、分享和分析病理样本，而不是依赖于物理切片和光学显微镜。通常工作人员首先将固定、包埋、切片并染色的生物组织样本制成病理玻片。然后将这些病理玻片加载到切片扫描仪的托盘中，之后启动数字化的扫描过程。

类似于病理切片的处理方式，花粉样本也可以通过病理切片扫描仪进行数字化处理。花粉样本通常首先通过特定的制备过程，包括固定和染色，然后置于载玻片上。随后，这些载玻片可以被加载到切片扫描仪中进行高分辨率扫描。在启动扫描过程后，扫描仪会自动将玻片移动到成像区域。通过使用高质量的光学系统，包括光学显微镜镜头和数字相机，切片扫描仪能够逐渐捕获切片上的每个细节，生成高分辨率的图像。最后，扫描仪通常会捕获切片的多个部分或场景，随后通过软件算法将这些部分图像准确地拼接成一个完整的切片图像。这个过程保证了全切片的连续和完整。通过此过程，生成的高分辨率数字图像被保存在计算机系统中，可以做进一步的图像分析如自动花粉计数、形态学分析等，同时也便于远程访问和共享。这种技术允许研究人员以前所未有的细节和准确度来分析花粉颗粒的形态特征，对于花粉学研究尤其有价值。

5.1.3 花粉图像数据预处理

经过上述数据采集阶段获得的数字化花粉图像（WSI图像）具有四个特点，分别为花粉图像尺寸较大、前景与背景相差悬殊、模糊花粉图像难以有效利用和无关杂质干扰。

（1）花粉图像尺寸较大：经过数字扫描仪生成的花粉WSI图像通常具有千兆像素大小（高达50000×110000像素）。这种高分辨率的图像难以直接使用现有深度学习驱动的花粉识别模型。

（2）前景与背景相差悬殊：花粉WSI图像呈现出前景目标与背景内容之间比例极度不平衡的现象，即以花粉颗粒为主的前景显微目标尺寸通常较小且分布稀疏，与空白背景之间的面积比值十分悬殊，见图5-1。

（3）模糊花粉图像难以有效利用：由于花粉实体载玻片样本厚度不均，在实际成像过程中不同视野下的区域和焦点的距离出现差异，导致花粉颗粒出现不同程度的离焦模糊现象，见图5-2。这种现象使得花粉数据之间的质量存在明显差异。然而，值得注意的是，数据驱动的深度学习花粉识别模型的性能和数据集的质量密切相关，而低质量花粉图像限制了模型的特征表达能力。

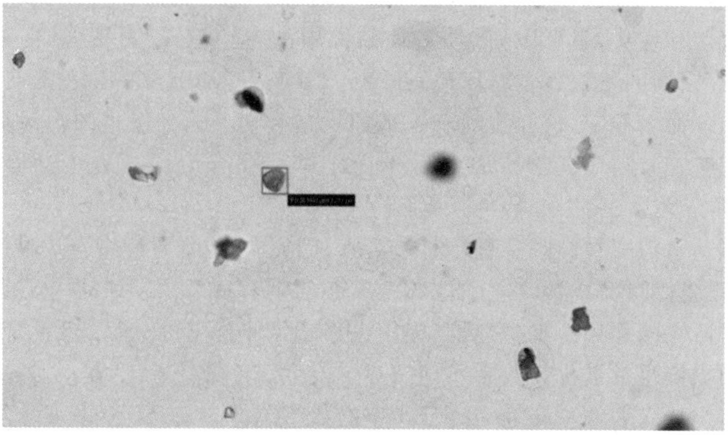

图 5-1　花粉 WSI 图像示例

（对应彩图见本书 221 页）

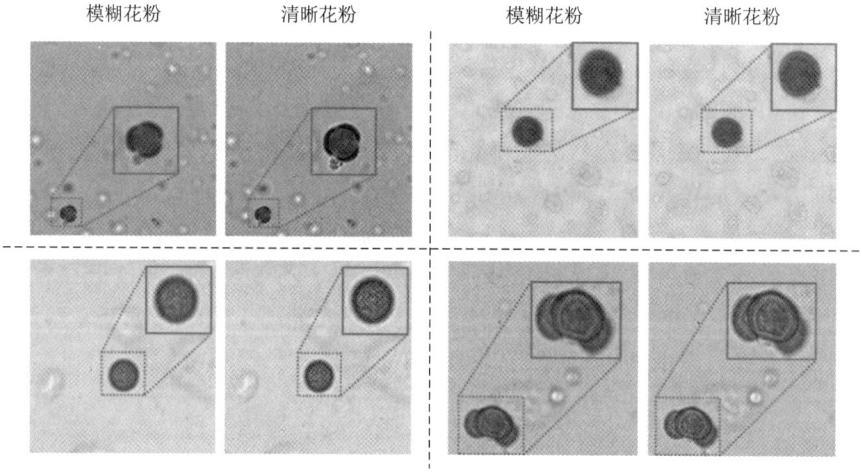

图 5-2　模糊花粉图像示例

（对应彩图见本书 222 页）

（4）无关信息造成干扰：真实场景下的花粉图像背景较为复杂，其包含大量无关信息，见图 5-3。一方面，在室外收集的花粉样本由于受环境因素的影响而包含大量动、植物残骸、灰尘等杂质，其纹理与花粉颗粒较为相似；另一方面，在花粉载玻片制备过程中极易因操作不当而产生较多气泡，其形状与花粉颗粒类圆形特征相似。这些无关信息的存在使得花粉自动识别方法在准确定位花粉颗粒时变得更加困难。

因此，鉴于真实场景中花粉数据面临的四方面挑战，自动花粉识别的前置关键环节是对花粉图像进行数据预处理。在这个任务中，应当根据花粉数据的具体特性采取有针对性的预处理措施，从而为花粉自动识别这一后置任务提供高质量的数据支持。

5.1.3.1　图像裁剪预处理方法

针对花粉图像尺寸较大和前景与背景相差悬殊的特性，需要应用图像裁剪的预处理方法。图像裁剪方法旨在将大尺寸的全局图像切割成若干张小尺寸的局部图像，以适应现有花粉自

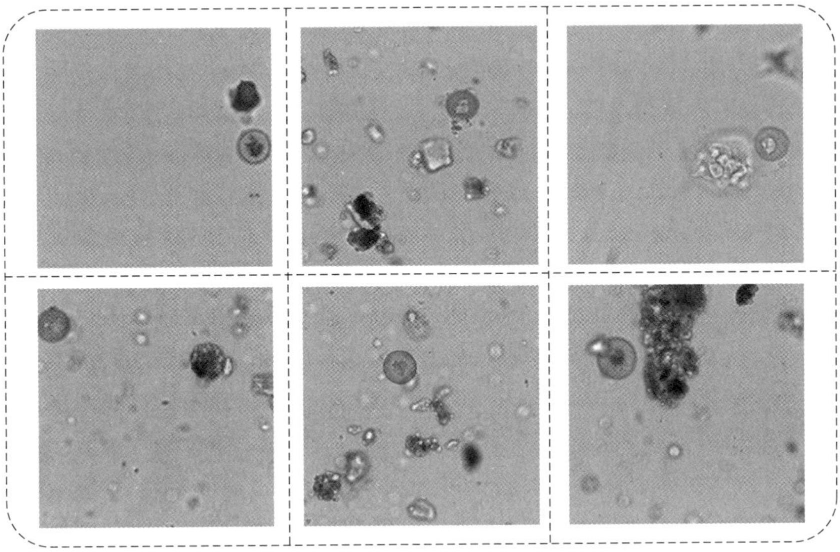

图 5-3　无关信息造成干扰

（对应彩图见本书 222 页）

动识别模型对输入数据分辨率的需求。目前，常用的图像裁剪方法包括重叠式图像裁剪和无重叠式图像裁剪。

（1）重叠式图像裁剪：通过在裁剪窗口之间引入一定的重叠度进行局部图像生成。该方法可以确保每个窗口都包含了前一窗口的一部分内容，有助于保留全局图像的整体结构和上下层关系。这种处理思路可以有效匹配局部且微小花粉颗粒的特点，更好地应对花粉颗粒分散的问题。在重叠式图像裁剪中，合适的重叠度选择对于裁剪效果至关重要。较大的重叠度可以更好地确保邻近窗口之间信息的衔接，但也会增加计算成本。反之，较小的重叠度则可以减少计算量，但有可能导致模型在边缘区域的学习不足。因此，在实际应用中需要综合考虑数据特性和模型训练效果，选择一个适当的重叠度。综上所述，重叠式图像裁剪方法能够全面地捕捉到图像中的丰富细节和特征，确保未遗漏关键图像特征，更好地适应图像中不同区域的变化。

（2）非重叠式图像裁剪：每个裁剪窗口之间相互独立，不会出现信息的重复。这种处理思路有助于减少计算复杂度，有效提高计算效率。该方法可以适用在处理花粉颗粒集中在特定区域的花粉图像场景，每个裁剪窗口都能够完整地包含目标信息，无须过多地重复计算。非重叠式图像裁剪方法仍需设置裁剪窗口的合理选择，以确保覆盖整个图像并捕捉到所有关键信息。

5.1.3.2　图像去模糊方法

针对模糊花粉图像难以有效利用的特性，需要应用图像去模糊方法恢复其清晰的图像特征。图像去模糊技术的目标是将低质量的模糊图像复原成具有内容结构、纹理、轮廓特征清晰的高质量图像。自 20 世纪 60 年代以来，图像去模糊领域经历了从早期传统算法、传统和卷积神经网络结合、基于卷积神经网络以及基于生成对抗网络的发展路线。

（1）基于传统算法的图像去模糊方法

传统图像去模糊方法大多数是对清晰图像及其模糊核做贝叶斯先验假设，为先验假设构造目标函数，然后通过目标函数的最优解估计图像中的模糊核来恢复清晰图像。传统方法根据模糊核是否已知又可进一步划分为传统非盲图像去模糊方法和传统盲图像去模糊方法。

a. 传统非盲图像去模糊方法：在模糊核已知的情况下，通过数学运算对模糊图像进行操作，其主要关注点是在噪声干扰的情况下能够有效恢复出清晰图像。经典方法包括逆滤波(inverse filtering)、维纳滤波(wiener filter)(Helstrom，1967)、均衡滤波器(Cannon，1974)和Lucy-Richardson(LR)法(Lucy，1974)等。逆滤波，又称为反向滤波，是将模糊图像从空间域转换到频率域进行反卷积操作，然后再回到空间域以获取清晰图像。然而，该方法受限于在没有噪声的情况下使用。而真实场景下获得的图像或多或少都存在噪声，因此，该方法存在一定的局限性。Helstrom(1967)在此基础上进行了改进，提出了维纳滤波方法用于去除含有噪声的模糊图像。该方法基于图像、噪声的相关矩阵和图像的局部方差，通过调整滤波器以输出清晰图像。图像的局部方差越大，平滑效果就会越明显，图像去模糊效果越好。然而，该方法对噪声非常敏感，容易使模糊图像边缘过于平滑。均衡滤波器可以有效地分离噪声和原始信号，抗干扰能力增强，在图像去模糊表现上通常优于维纳滤波方法。Lucy-Richardson(LR)方法属于迭代求解的核心思想，其假设图像服从泊松(Possion)分布，采用最大似然估计对模糊图像进行非线性迭代建模，在抑制噪声的同时很好地保留了图像的细节信息。然而，由于真实场景下获得的模糊图像的模糊核都是未知的，使用该方法还原成清晰图像具有一定的挑战性。传统非盲图像去模糊方法大多采用线性模型进行建模，不能很好地处理复杂先验分布下的图像非盲去模糊问题。

b. 传统盲图像去模糊方法：相比之下，传统盲图像去模糊方法首先估计模糊核，再转变为非盲图像去模糊问题。常用的估计模糊核方法包括基于图像边缘特征、最大后验概率(Maximum A Posteriori，MAP)和图像稀疏表达等方法。基于图像边缘特征技术利用边缘检测方法提取图像中的边缘信息，作为后续去模糊方法的关键输入，指导模糊图像的恢复过程。边缘检测方法包括 Sobel、Canny 等，旨在凸显图像中的边缘部分。最大后验概率估计是一种基于贝叶斯统计思想的参数估计方法，通过最大化后验概率来选择参数值。它结合了观测数据和先验知识，提供了对未知量的估计，通过估计未知清晰图像的后验概率分布来进行图像去模糊。图像稀疏表达技术是通过选择适当的变换，将图像转换到一个稀疏表达的域中。通过稀疏表达，可以将图像的高频和低频部分有效地分离，并减少噪声和伪影的产生。

(2)基于传统和卷积神经网络结合的图像去模糊方法

随着机器学习技术的发展，卷积神经网络被引入图像去模糊领域。传统和卷积神经网络结合的图像去模糊方法主要包括两类：一是用深度学习技术通过特征提取直接估计模糊核，再利用传统非盲方法复原出清晰图像；二是利用传统方法估计模糊核，再利用深度学习技术复原出清晰图像。多层感知机方法(Multi-Layer Perceptron，MLP)(Schuler et al.，2013)是较早采用深度网络进行非盲图像复原的方法。该研究采用傅里叶域的正则化方法来恢复清晰图像，并结合多层感知器去除伪影。在模型学习过程中，该方法将解卷积之后的图像和清晰图像作为训练集，取得较好的效果。Xie 等(2019)构建了一个基于全变分的深度网络，该网络能够自适应学习正则化的最佳参数，从而实现更好的图像去模糊。Nan 等(2020)使用最小二乘估计器来优化模糊核估计中的误差问题，提高了模糊核估计的准确度。传统和卷积神经网络结合方法在一定程度上可以提升传统方法去模糊的性能，但是，该方法较为依赖人工提取特征，在很大程度上受制于先前的经验和专业知识。

(3)基于卷积神经网络的图像去模糊方法

为了缓解上述问题,相关研究人员逐渐倾向于使用端到端的图像去模糊方法。基于卷积神经网络(CNN)的图像去模糊方法通过多层卷积和池化操作,能够自动学习图像模糊过程中的深度特征(Schuler et al. ,2015)。同时,深度学习方法具有更强的非线性建模能力,能够提取更丰富的特征表示,从而提高去模糊效果。CNN 可通过大量的模糊图像和对应的清晰图像,学习到模糊图像和清晰图像的映射关系,从而避免模糊核估计的误差。Zhang 等(2017)直接采用 CNN 模型进行端到端去模糊,取得了较好的效果。Zhang 等(2019)设计一个多尺度损失函数,并采用空间金字塔从粗到细地逐步恢复清晰图像。Cho 等(2021)则重新审视从粗到细的结构,提出了多输入多输出网络。该网络利用单个编码器接受多尺度输入图像,并使用单个解码器输出不同比例的去模糊图像。Kim 等(2022)采用多尺度失真先验模型,在恢复图像过程中利用参考模糊图像的空间信息去模糊。该方法展现了卷积神经网络在图像去模糊领域的性能和灵活应用。

(4)基于生成对抗网络的图像去模糊方法

生成对抗网络(Generative adversarial networks,GAN)最早由 Goodfellow 等(2014)提出。生成对抗网络是一种新型的生成网络模型,由生成器和判别器两个博弈者构成。生成对抗网络将博弈思想和网络模型训练结合到一起,实现了博弈结果的纳什平衡。随着 GAN 的快速发展,基于生成对抗网络的图像去模糊方法相继被提出。在图像去模糊任务中,生成器网络将模糊图像作为输入,清晰图像作为输出。判别器网络则用来判断生成器网络输出的图像是否与真实图像一致。整个训练过程通过生成器网络和判别器网络相互对抗来优化模型参数。为了满足更多图像去模糊领域的需求,衍生出许多基于生成对抗网络的变体,主要包括 CGAN(Mirza et al. ,2014)、CycleGAN(Zhu et al. ,2017)、Deblur-GAN(Kupyn et al. ,2018)、Deblur-GAN-v2(Kupyn et al. ,2019)等。其中,CGAN 模型的生成器使用 U-Net 架构,判别器使用 PatchGAN,并在生成器和判别器上都加入了约束条件(比如类标签或图像的部分属性)。在训练过程中 CGAN 网络按照既定的方向生成样本,将无监督学习转变为有监督学习,用来实现图像去模糊。CycleGAN 是一个互相生成的循环网络,可用于图像风格转换(由模糊域转换成清晰域)。该网络使用循环一致函数作约束,相较于传统不同域风格转换,不需要使用成对的图像作为数据集。Deblur-GAN 的生成器网络采用残差模块和卷积网络进行去模糊,而判别器网络则采用马尔可夫判别器进行鉴别生成图像。然而,该方法可能会出现梯度消失或爆炸的情况。因此,DeblurGAN-v2 将特征金字塔引入到生成器网络,而判别器网络采用可以评估图像全局和局部特征的相对论判别器,从而避免了梯度消失或爆炸问题。

5.1.3.3 图像去噪方法

针对无关信息造成干扰的特性,采取图像去噪初步过滤噪声干扰。图像去噪方法可以有效减少图像中的噪声干扰,提高花粉颗粒的清晰度和可辨识度。常用的图像去噪方法主要采用滤波技术。

滤波是一种信号处理的基本技术,其原理基于对输入信号进行加权求和或变换,以改变信号的频谱特性或强调/减弱特定频率的成分。在图像处理中,滤波通常是由一组权重组成的矩阵,通过在图像上进行卷积操作,可以实现对图像的平滑、增强、去噪等效果。常用的滤波技术包括均值滤波、中值滤波、高斯滤波和频域滤波等。

(1)均值滤波:一种简单而有效的滤波方法,其原理是将每个像素的值替换为其周围邻域像素值的平均值。这种滤波可以有效地消除图像中的高频噪声，使图像变得更加平滑。

(2)中值滤波：一种非线性滤波方法，其原理是用邻域内像素值的中值来替代中心像素的值。中值滤波对于去除椒盐噪声等异常值效果显著，能够在保留图像边缘信息的同时有效减少噪声。

(3)高斯滤波：使用高斯函数作为权重，对图像进行平滑处理。该滤波方法对于去除高斯噪声效果较好，同时可以保留图像的细节特征。

(4)频域滤波：通过将图像转换到频域进行处理，常见的有傅里叶变换。在频域中，可以选择性地增强或抑制特定频率的成分，以实现图像的频谱调整。

5.1.3.4 感兴趣区域提取方法

针对无关信息造成干扰的特性，采取感兴趣区域提取方法有效定位花粉颗粒关键区域。感兴趣区域(Region of interest，ROI)(于明 等，2012)是图像中可能引起人眼视觉关注的区域。在花粉图像领域，感兴趣区域提取方法是从花粉图像中有效定位花粉颗粒、过滤杂质和气泡等无关信息，旨在引导分类模型将注意力聚焦于关键区域。目前，在花粉图像感兴趣区域提取领域中，基于花粉颗粒和杂质、气泡在形态、纹理、颜色等特征上存在的明显差异，发展出多种有效的区域提取和定位技术，主要包括形态学处理、颜色属性引导分割、霍夫变换等。

形态学处理是一组数学操作，主要用于图像处理和分析，其中包括膨胀、腐蚀、开运算和闭运算等。在花粉感兴趣区域提取中，形态学操作可以帮助优化图像、去除噪声，突出花粉颗粒的形状和结构。膨胀操作用于增加图像中目标区域的大小。在花粉感兴趣区域提取中，膨胀可以帮助连接靠近的花粉颗粒，使它们形成更大的连通区域。膨胀通过将目标像素周围的像素值设为最大值来实现。腐蚀操作与膨胀相反，它用于减小图像中目标区域的大小。在花粉感兴趣区域提取中，腐蚀可以去除小的噪声和连接不够紧密的花粉颗粒。腐蚀通过将目标像素周围的像素值设为最小值来实现。开运算是先腐蚀后膨胀的组合操作。它可以用于平滑图像、去除小的目标、断开目标之间的连接。在花粉图像中，开运算有助于去除小的噪声点，并分离紧密相连的花粉颗粒。闭运算是先膨胀后腐蚀的组合操作。它可以用于填充目标内部的小孔，连接不紧密的目标区域。在花粉感兴趣区域提取中，闭运算有助于保持花粉颗粒的完整，并填补可能存在的小缝隙。形态学操作在花粉感兴趣区域提取中可以根据实际情况选择合适的操作组合，以达到去除噪声、连接紧密区域、分离不紧密区域的效果。这些操作有助于优化图像，使得后续的花粉颗粒识别任务更为准确。

霍夫变换是利用花粉颗粒具有的类圆形轮廓特征，以初步区分不规则杂质等微生物。霍夫变换可以帮助识别花粉颗粒的圆形形状，从而提取感兴趣的区域。具体流程包括：

(1)边缘检测：通常使用算子如 Sobel、Canny 等对花粉图像进行边缘检测，获取图像中的边缘信息。

(2)霍夫变换：对边缘图像进行霍夫变换，将直角坐标系中的点映射到霍夫空间中，其中每个点代表一个可能的圆心位置和半径。

(3)参数空间累积：在霍夫空间中累积每个可能圆心位置和半径的投票数，通过寻找累积最大值确定最佳的圆形参数。

(4)圆形提取：根据找到的最佳参数，在原始图像中提取相应的圆形区域，该区域即为感兴趣的花粉颗粒区域。

北京工业大学研究团队聚焦于北京地区花粉图像特性，深入开展了花粉颗粒区域精准定位研究，取得了显著的应用效果（Li et al.，2024；Liu et al.，2022；Wang et al.，2024）。其中，一项基于花粉颗粒颜色属性引导的感兴趣区域提取方法（Li et al.，2024）是利用花粉颗粒具有的粉色、紫色等独特特征，用于有效区分黑色或深色杂质、无色气泡等无关微生物。该方法具体流程包括：

（1）背景去噪：采用均值漂移算法和 3×3 核高斯滤波器来降低背景噪声和伪影的干扰。

（2）颜色空间转换：将花粉图像的颜色空间由 RGB 转换为 HSV。该步骤的目的是使用能够直观表达色彩的明暗、色调和鲜艳程度特征的 HSV 颜色空间进行花粉颗粒与气泡、杂质颜色差异的对比。H 表示色调，S 表示饱和度，V 表示明度，通过颜色转换公式将图像转换到 HSV 空间。

（3）图像二值化处理：基于颜色阈值对 HSV 空间的图像 $I_{HSV}(i,j)$ 进行二值化，得到二值化图像 I_{Binary}。若像素的 HSV 色值在通道阈值范围内，则当前像素设置为白色，否则为黑色。经过二值化后的图像需要再次进行开闭运算等形态学变换，采用核为 30×30 的闭运算关闭前景目标上的黑孔，填充小型区域；采用核为 20×20 的开运算消除前景目标之外的白色区域。

（4）花粉轮廓生成：检测上述二值化处理后图像上存在的轮廓信息并确定轮廓的外接圆，基于轮廓外接圆的半径筛选轮廓，以去除颜色与花粉颜色相近的不规则的杂质。基于轮廓外接圆信息指导生成花粉图像掩膜。

（5）花粉感兴趣区域生成：基于掩膜图像在原始花粉图像上进行覆盖，并采用泛洪填充算法使得花粉图像的背景颜色与原始背景颜色相似，最终得到仅包含花粉颗粒的感兴趣区域图像。

5.1.4 经典分类识别模型

上一小节所述花粉图像的自动识别依赖于图像分类识别模型，此类模型是机器学习领域中的关键分支，旨在将图像按照其内容映射到预定义的类别或标签。图像分类识别模型的发展历程始于传统的特征工程方法，如 SIFT 和 HOG，随后逐渐演变为基于卷积神经网络的模型，通过卷积层和池化层实现特征的自动学习和提取。而后，随着 Transformer（Vaswani et al.，2017）模型的兴起，图像分类模型也开始尝试利用其在自然语言处理领域的成功经验，其引入的自注意力机制为图像识别模型提供了更广阔的上下文信息，进一步提升了分类性能，取得了一系列显著成果。此外，随着计算资源的增加，大模型如 SegGPT（Wang et al.，2023）、Grounding DINO（Liu et al.，2023）、SAM（Segment Anything Model）（Kirillov et al.，2023）等的引入，为图像分类任务带来了更加深度和精度的探索空间，推动了模型性能的不断提升。图像分类模型的发展对计算机视觉领域产生了深远影响，更重要的是为诸多实际应用（如致敏花粉自动识别）提供了可靠的技术支持。

5.1.4.1 特征工程

在机器学习流程中，特征工程（Feature engineering）位于原始数据和传统机器学习模型之间（如图 5-4 所示），扮演着连接和转换的重要角色，直接影响着模型的性能和预测准确度。特征工程是将原始数据转换为可供机器学习模型处理的有效特征表示的过程。其核心目标在于提取出最具区分性和信息量的特征，以帮助模型更准确地区分不同类别的图像（Zheng et al.，2018；Ozdemir et al.，2018）。特征工程并没有固定的处理流程和步骤，而是需要根据数据集的特点、应用领域的行业特征以及后续选择的模型进行灵活选择和组合。研究者们需要不断迭代和调整 6 个关键步骤：数据清洗、特征构建、特征提取、特征选择、特征衍生和特征评估，直至达到理想的效果（见图 5-4）。

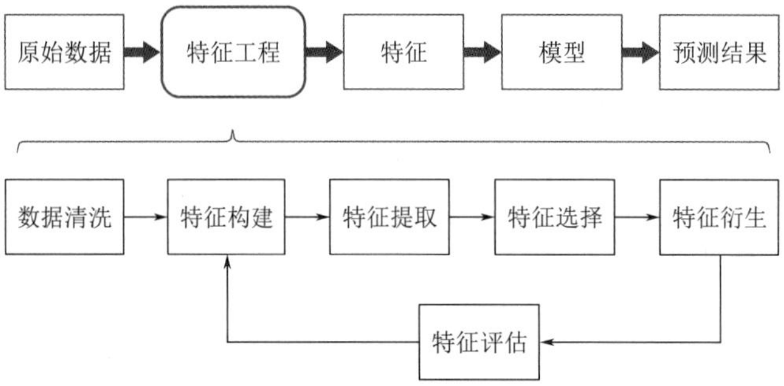

图 5-4　特征工程的流程及其在机器学习过程中的位置

（1）数据清洗：数据清洗是特征工程的首要步骤，它旨在处理原始图像数据中的噪声和异常值，以确保数据的质量和一致性。对于图像数据，数据清洗通常指对图像数据进行预处理和修正，以消除或减少数据中的噪声、失真或异常值。比如由于图像采集过程中的操作不当或设备原因导致图像中包括噪声，此时可以使用滤波器等降噪技术来提升图像数据的质量。

（2）特征构建：特征构建是指根据图像的特点和领域知识来自定义特征，以增强模型对图像的理解能力。经典的特征构建方法包括基于颜色、纹理和形状的特征构建，如使用颜色直方图描述图像对象的颜色特征；使用灰度共生矩阵（GLCM）、局部二值模式（LBP）、Gabor 滤波器、方向梯度直方图（HOG）方法提取图像的纹理特征；使用傅里叶描述符、Hu 不变矩、轮廓描述符（提取图像对象的轮廓，并使用轮廓的长度、面积、周长等几何特征来描述对象的形状）等方法来提取图像的形状特征。

（3）特征提取：特征提取亦被称为特征降维（Dimension reduction），它通过一系列手段将原始特征变量转化为一组具有物理或统计意义的特征。这样做既保留了与模型训练和预测相关的重要信息，又降低了特征变量的维度，从而减少了模型训练与预测的时间。常用的方法包括主成分分析法、线性判别分析法和独立成分分析法。

（4）特征选择：特征选择是指从提取出的大量特征中选择最具代表性和区分性的特征，以减少特征空间的维度和模型的计算复杂度。常用的特征选择方法包括：以 IV（Information value）值分析为代表的筛选法（Filter）、以前向搜索和后向搜索为代表的包装法（Wrapper）、以决策树算法和深度学习算法为代表的嵌入法（Embedded）。

（5）特征衍生：特征衍生是指通过数学方法基于已有的特征来构建新的特征，以增强特征的表达能力和模型的性能。在图像分类中，特征衍生可以通过将多个特征组合起来或者应用非线性变换来生成新的特征。

（6）特征评估：特征评估是评估所选特征对模型性能的贡献程度，以确定最终的特征集合。对前 5 个阶段得到的特征变量集合进行建模，并通过一系列评估指标来评价模型的精度。然后，根据评估结果，不断进行试错、修正和迭代，直至得到满意的模型性能。

特征工程有利于更好地挖掘数据规律，使用高度相关的数据特征构建支持向量机、随机森林分类器等传统机器学习模型，从而提高模型的拟合度和鲁棒性。在花粉识别任务中，特征工程发挥着重要作用。通过对花粉图像进行数据清洗、特征构建、特征提取、特征选择、特征衍生和特征评估，可以提取出最具代表性和区分度的特征，帮助机器学习模型准确识别不同类型的花粉颗粒，从而实现花粉的自动分类和识别。基于特征工程的花粉图像识别方法具有如下优势：①可解释性：设计形状、纹理等预定义特征提取器，根据专家的先验知识提取花粉的关键特征，具有明确的物理或统计意义，易于解释模型的预测结果，也便于进行模型的调优和优化。②计算复杂度低：通过特征工程可以将原始图像转换为更具代表性的特征向量，有助于降低数据的维度，降低计算复杂度。

5.1.4.2 神经网络

卷积神经网络(Convolutional neural network，CNN)是一种深度学习模型，其借鉴了生物神经系统视觉皮层的视觉识别机制，广泛应用于计算机视觉领域，具有较强的特征提取和分类能力。CNN的输入为多维矩阵，通过多层卷积操作和池化操作提取输入数据的特征，并通过全连接层实现对这些特征的学习和分类，输出一个矩阵或向量。模型的整个学习过程可以看作是在拟合一个高维函数，其学习内容主要是函数的参数，整个学习过程主要依靠损失函数和反向传播算法。学习过程结束后，对于该高维函数，输入一个矩阵，可以得到网络预测的结果矩阵。下面将详细介绍CNN的基本组件以及经典CNN架构。

(1)CNN的基本组件

卷积神经网络模型主要包括卷积层、池化层、全连接层、激活函数等基本组件。

卷积层(Convolutional layer)：卷积层使用许多卷积核通过滑动窗口对输入数据进行卷积操作来提取局部特征。卷积层由若干个卷积核和偏置参数组成，每个卷积核提取不同的图像特征(如水平边界特征、垂直边界特征)。和全连接层相比，卷积层的两个主要优势体现在参数共享和稀疏连接，参数共享体现在每个卷积层的多个卷积核在与输入特征矩阵进行卷积运算时，其参数值是不变的，稀疏连接体现在每次卷积运算中卷积核仅与图像的某个局部区域进行卷积运算。在整个卷积神经网络中，卷积层负责逐步提取输入数据的隐藏特征，从浅层特征逐步挖掘其隐藏的高级特征。

池化层(Polling layer)：池化层通过取样操作对特征图像进行降维，可以减少计算量。池化层主要包括最大池化(Max pooling)和平均池化(Average pooling)，前者选取图像区域的最大值作为该区域池化后的值，而后者计算图像区域内所有特征值的平均值来作为该区域池化后的值。池化层主要功能为对输入的特征图进行下采样操作，其目的在于提取更深层次的语义信息，缩减模型大小，以提高计算速度。

全连接层(Fully connected layer)：全连接层在卷积神经网络中的作用是将卷积层和池化层提取的特征映射到类别空间以得到最终的分类结果。全连接层的每个节点包含一个权重参数和一个偏置参数。每个节点均与上一层所有节点相连，且与下一层所有节点也相连接，所以全连接层的参数量比较大。考虑到全连接层参数众多，所以后期研究提出的卷积网络采用全局平均池化来代替全连接层，对学习到的深度特征进行融合，以进行结果预测。

激活函数(Activation function)：激活函数负责在神经网络中引入非线性特性，从而使网络能够学习和表示更加复杂的函数关系。常见的激活函数包括Sigmoid、Tanh和ReLU，见图5-5。Sigmoid函数将输入映射到一个0和1之间的连续区间，Tanh函数在−1和1之间进行映射，而ReLU函数则在输入大于0时输出输入值本身，否则输出0，这种形式的简洁性和计算效率使得ReLU成为CNN中最常用的激活函数之一。近年来，Leaky ReLU和ELU等变体也得到了广泛应用，它们在解决ReLU可能遇到的梯度消失问题上表现更好。此外，随着研究的不断深入，各种自适应激活函数如 Swish 和 Mish 也逐渐受到关注。选择合适的激活函数取决于具体的任务需求和网络结构，而良好的激活函数设计能够加速网络收敛、提高泛化能力，并且对于深层网络的稳定性和训练效果至关重要。

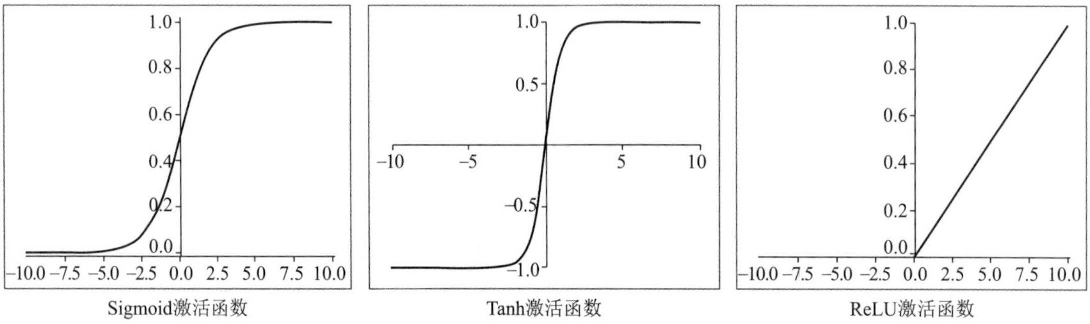

图 5-5　常用激活函数示例图

(2)CNN 的经典架构

典型的 CNN 模型包括：LeNet(LeCun et al. ,1998)、AlexNet(Krizhevsky et al. ,2012)、VGG(Simonyan et al. ,2014)、GoogleNet(Szegedy et al. ,2015)、ResNet(He et al. ,2016)、DenseNet(Huang et al. ,2017)、ResNeXt(Xie et al. ,2017)等。

LeNet 是现代卷积神经网络的基础，其包含多个卷积层和池化层，以及最后的全连接层用于图像分类(LeCun et al. ,1998)。AlexNet 网络(Krizhevsky et al. ,2012)包括 5 个广义卷积层(每个广义卷积层由卷积层、池化层、ReLU、局部响应归一化层构成)和 3 个广义全连接层(每个广义连接层由全连接层、ReLU、Dropout 层构成)。AlexNet 的特点在于使用了 ReLU 非线性激活函数，采用了 dropout、数据集增强、重叠池化等方法来防止过拟合，以及局部响应归一化层的应用，同时使用了带动量的 batch 随机梯度下降算法来训练网络。VGG 网络有 5 种结构，每种结构相似但深度不同(Simonyan et al. ,2014)。其主要贡献包括证明了小尺寸卷积核(3×3)的深度网络优于大尺寸卷积核的浅层网络，以及深度对网络泛化性能的重要性和尺寸抖动(Scale jittering)数据增强技术的有效性。

除上述网络层数加深以及激活函数、数据增强、卷积核大小等方面的探索改进，也不断出现了网络结构组件的优化。具体来说，GoogLeNet 的主要特色在于引入 Inception 模块(Szegedy et al. ,2015)，旨在构建具有出色局部拓扑结构的神经网络。该模块能够同时执行多个卷积运算和池化操作，将它们的输出拼接为一个深度丰富的特征图。通过并行处理不同尺寸的卷积核(如 1×1、3×3 或 5×5)和池化操作，网络能够捕获输入图像的多样信息，最终获得更为有效的图像表征。ResNet 是一种深度残差网络结构，旨在解决深度神经网络训练过程中的梯度消失和梯度爆炸等问题(He et al. ,2016)。其基本组成单元是残差块，每个残差块包含了两个分支：一个是恒等映射，另一个是残差映射。残差映射由一系列卷积层组成，用于学习残差函数，即输入与恒等映射之间的差异。这种设计使得在网络增加深度时，并不会降低模型性能，反而有助于提高网络的收敛速度和泛化能力。ResNet 的另一个重要特点是采用全局平均池化(Global average pooling)，将最后一个卷积层的输出特征图直接池化为一个向量，然后通过全连接层进行分类。这种结构减少了参数数量，降低了过拟合的风险，同时简化了网络结构。上述 ResNet 从深度方向研究，Inception 从宽度方向研究，而 DenseNet 从特征入手，通过对特征的极致利用以达到更好的性能并减少模型参数量。DenseNet 由稠密卷积块和过渡层组成。其核心思想是每个层都与之前的所有层直接连接，从而使得网络具有更短的信息传播路径，促进了特征的重复使用和梯度流动，有效缓解了梯度消失问题，使得网络更易训练。上述 Inception 模块、残差块以及稠密连接块见图 5-6。

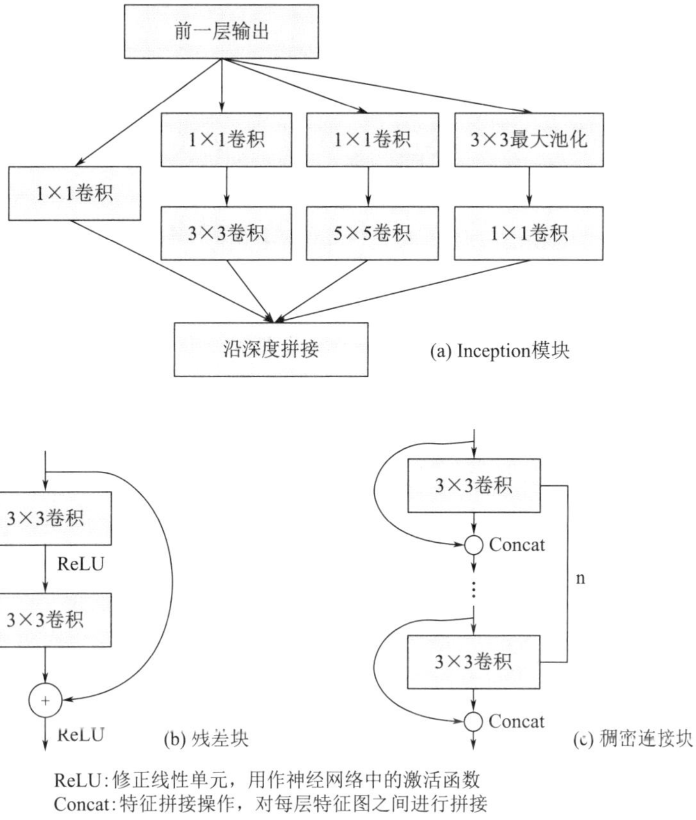

图 5-6　不同的卷积块结构

在花粉图像分类场景中，卷积神经网络具有广泛的应用潜力。通过卷积层提取花粉图像的纹理和形状特征，结合全连接层进行分类，可以实现对花粉图像的快速而准确地分类识别。此外，通过迁移学习，可以利用预训练的卷积神经网络模型在花粉图像数据集上进行微调，提高分类性能。因此，卷积神经网络在花粉图像分类领域具有广阔的应用前景和研究价值。

5.1.4.3　视觉 Transformer

Transformer 是一种基于自注意力机制的神经网络架构，由编码器和解码器组成。编码器用于将输入序列编码成高维表示，由多头注意力层和前馈连接层组成(Vaswani et al.，2017)。解码器则利用编码器输出的信息生成目标序列，由掩膜多头注意力层、多头注意力层、前馈连接层组成。通过多层堆叠的注意力机制和前馈神经网络，Transformer 能够捕捉输入序列中不同位置之间的关系，从而在机器翻译、语言建模等自然语言处理任务上取得了巨大成功。随着 Transformer 架构在自然语言处理领域的成功，研究者们开始探索将它引入计算机视觉领域中。与 Transformer 不同，视觉 Transformer 擅长处理图像数据，其仅使用 Transformer 编码器作为图像数据的特征提取器，主要原因是模型的任务是图像分类，而不是图像重建。下面将详细介绍视觉 Transformer 模型的基本组件以及经典架构。

(1)视觉 Transformer 模型的基本组件

视觉 Transformer 模型的基本组件包括自注意力机制与多头注意力机制、前馈神经网络和位置编码。

自注意力机制与多头注意力机制:自注意力机制是 Transformer 模型的核心,主要包括两部分:线性映射层和注意力层。线性映射层将某一输入序列 $X \in R^{n \times d}$ 通过线性变换映射到三个不同的序列向量,分别是 Q(query)、K(key)和 V(value),其中 $Q \in R^{n \times d_q}$,$K \in R^{n \times d_k}$,$V \in R^{n \times d_v}$,n 表示输入序列的长度,d 表示输入序列的维度。自注意力计算过程可以由以下函数表示:

$$\text{Attention}(Q, K, V) = \text{softmax}\left(\frac{QK^T}{\sqrt{d_k}}\right)V \tag{5-1}$$

多头注意力机制在自注意力的基础上进行改进,它在同一查询的不同版本中并行地使用多个注意力模块。其思想是使用不同的权重矩阵对查询进行线性转换,以获得多个查询。每个新生成的查询本质上都包含不同类型的相关信息,这使得注意力模型可以在上下文向量计算中引入更多信息。以注意力头为 2 的多头注意力为例,它的工作方式见图 5-7。其中 Vector_1 和 Vector_2 分别表示输入序列中的两个词向量;v_1 和 v_2 分别表示两个词向量经过线性变化后生成的输入映射;q 表示查询,k 表示键值,v 表示从 a 中学习到的信息。W^q、W^k、W^v 分别表示权重矩阵;δ_1 和 δ_2 分别表示 q_1 和 k_1 以及 k_2 的向量内积;δ_3 和 δ_4 分别表示 q_2 和 k_1 以及 k_2 的向量内积。每个查询由原始的查询通过线性变化获得,每一个注意力头匹配一个独立的可学习权重矩阵。然后,每个查询、键值和表示值均除以注意力头数。

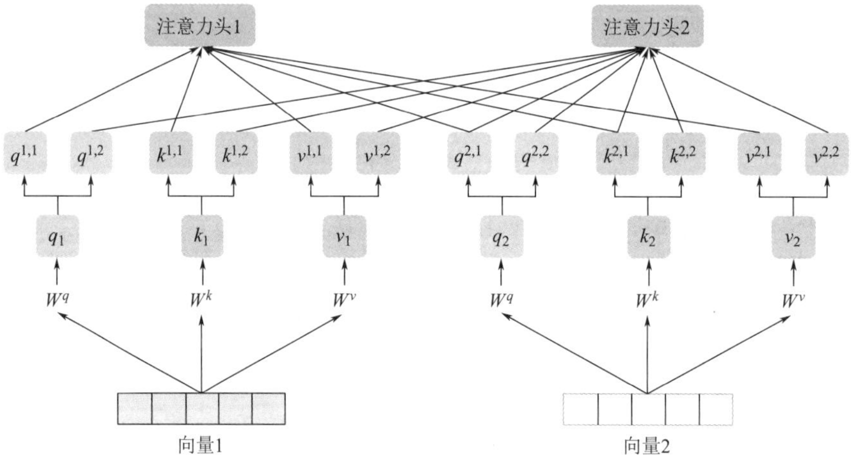

图 5-7 多头注意力

前馈神经网络:前馈神经网络(MLP)的位置处于 Transformer 模块中各个自注意力层之间,其功能在于对输入的特征进行非线性转换和提取,其公式如下。

$$\text{MLP}(X) = \sigma(XW_1 + b_1)W_2 + b_2 \tag{5-2}$$

式中:$W_1 \in R^{d \times d_m}$ 和 $W_2 \in R^{d_m \times d}$ 分别为两个全连接层的权值,$b_1 \in R^{d_m}$ 和 $b_2 \in R^d$ 是偏置项,$\sigma(.)$是激活函数。

位置编码：在视觉 Transformer 模型中，图像被均匀划分为相同大小的图像块，然后将这些图像块转换为嵌入向量序列，以便在注意力层中并行处理。为了确保模型能够区分不同图像块对最终预测的影响，需要引入位置编码，即在每个嵌入向量中添加位置信息，以便模型能够理解图像中不同区域的相对位置关系。位置编码的方式包括相对位置编码、自我学习位置编码和 sin-cos 正余弦位置编码，其中 sin-cos 正余弦位置编码应用较多，其公式如下所示：

$$PE_{(pos,2k)} = \sin(pos/10000^{2k/d}) \tag{5-3}$$

$$PE_{(pos,2k+1)} = \cos(pos/10000^{2k/d}) \tag{5-4}$$

式中：pos 代表每个嵌入向量的位置，$2k$ 和 $2k+1$ 代表序列信息的映射维度，k 在$[0,\cdots,d_{model}/2]$范围内取值，d_{model} 和 d 表示输入嵌入量的维度。

(2)视觉 Transformer 模型的经典架构

用于图像分类任务的典型 Transformer 架构包括：ViT(Dosovitskiy et al.,2020)、PiT(Heo et al.,2021)、Swin-T(Liu et al.,2021)、TNT(Han et al.,2021)、PVT(Wang et al.,2021a)、T2T-ViT(Yuan et al.,2021)等。

Vision Transformer(ViT)(Dosovitskiy et al.,2020)是视觉 Transformer 的鼻祖，其包含图像嵌入模块、Transformer 编码器和多层感知机头，见图 5-8。Transformer 编码器中包含多头注意力模块和多层感知机。在 Transformer 的训练过程中，输入图像被切割成固定数量且不相交的块，并嵌入位置编码信息，此后将每个块的像素展平成一维向量作为输入，然后利用 Transformer 编码器来编码每个图像块并计算两两图像块之间的自注意力，来聚合全局信息以学习图像的全局特征表示，最后这些特征被输入至多层感知机头进行特征映射，用于图像分类。在 Transformer 的编码器中，多头注意力模块是获取远距离依赖的关键组件。与传统的基于卷积神经网络的方法相比，ViT 能够捕捉更长距离的像素依赖关系，从而提高对图像内容的建模能力，促进图像分类任务的性能提升。

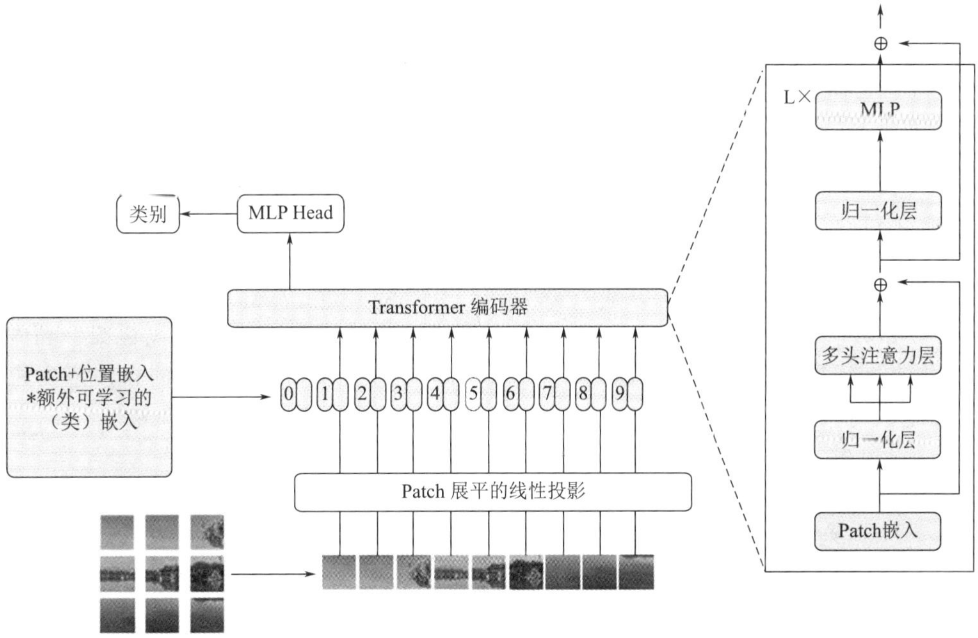

图 5-8　Vision Transformer(Vi T)模型结构

ViT 模型直接使用应用于自然语言处理领域的 Transformer 模型结构，未充分考虑视觉领域和自然语言处理领域任务和特征的区别，故随着时间推移，逐步研发出多种计算机视觉领域的 Transformer 模型。如 PiT(Pooling-based Vision Transformer)(Heo et al.,2021)网络从卷积神经网络的设计原则出发，研究空间维度转换在 Transformer 结构中的作用及其有效性。PiT 模型在 ViT 模型的基础上增加了两个池化层，每经过一个池化层处理的步骤如下：由于 Transformer 编码层是以二维矩阵的形式处理神经元响应，而不是使用三维张量处理。在经过池化层时首先将空间上的二维向量特征分离，并将其重塑为具有空间结构的三维张量，然后使用深度卷积来减小空间大小和增加通道数量。将改变后的三维张量重塑为二维矩阵，重新用于 Transformer 编码层的计算。对于长度不变的类别向量，会使用一个附加的全连接层调整向量长度来适合变换后的空间向量。Swin-T(Liu et al.,2021)基于 ViT 进行改进，从而提出了分层 Transformer，将图像块划分成窗口，窗口间采用局部注意力机制，同时，为了解决不同层之间窗口内信息的交互问题，采用了窗口偏移策略，使得上下层之间支持跨窗口连接，这种分层结构的设计在对不同尺度特征进行建模时具有很好的灵活性。引入下采样机制，使得模型能够在高分辨率图像上训练，并节省计算开销。TNT(Transformer in Transformer)(Han et al.,2021)将 ViT 中的图像块再次划分成子图像块，用更细的粒度表示图像，从而提升模型的学习能力和泛化能力。PVT(Pyramid Vision Transformer)(Wang et al.,2021b)使用细粒度的图像块(每个块 4×4 个像素)来学习高分辨率表示，引入了渐进收缩金字塔来减少 Transformer 的序列长度，显著降低计算成本。在学习高分辨率特征时，采用空间缩减注意力层来进一步降低资源消耗。T2T-ViT(Yuan et al.,2021)创新性地引入了一种逐步演进的 token 化方法，显著增强了 ViT 的性能。此外，该方法还引入了 T2T 模块，通过连续地整合相邻 token，将图像有序地转换为 token 序列(即从 token 到 token 的转化过程)。此转换机制不仅有助于捕捉并构建由邻近 token 所体现的局部结构信息，而且能够有效缩短 token 序列的长度，进而提升模型的计算效率和性能表现。

随着 Transformer 模型在计算机视觉领域的不断发展，越来越多的 Transformer 模型被提出并应用于图像处理任务中。这些模型通过引入自注意力机制和全局上下层建模，可以有效处理长距离依赖关系并进行全局信息建模，为计算机视觉领域带来了全新的发展机遇。在花粉图像分类中，Transformer 可以应用于学习花粉图像的全局特征。通过将花粉图像分割成小块，并将每个块的像素展平成一维向量，可以将花粉图像转换成适合 Transformer 模型处理的输入形式。然后利用 Transformer 编码器学习花粉图像的全局特征表示，以区分不同类型的花粉颗粒。基于视觉 Transformer 模型的花粉图像分类任务具有如下优势：(1)全局特征建模：视觉 Transformer 模型能够对整张花粉图像进行全局建模，捕捉花粉图像中不同区域之间的关系，有助于更好地理解图像内容。(2)可解释性：Transformer 模型的自注意力机制使其具有一定的可解释性，可以分析模型在分类过程中关注的花粉图像区域和特征。

5.1.4.4 大模型

大模型(Large model，也称基础模型，即 Foundation model)，是指具有大量参数和复杂结构的机器学习模型，能够处理海量数据、完成各种复杂的任务(Qiu et al.,2023)，如自然语言处理、计算机视觉、语音识别等。这些庞大且复杂的模型通常由数十亿甚至数百亿个参数组成，通过深度学习算法在大规模数据集上进行训练，以学习并提取数据中的模式和规律。目前，代表性的 AI 大模型包括 OpenAI 的 GPT 系列、Facebook 的 RoBERTa 等，它们在各自领域取得了显著的成就，成为人工智能领域的重要里程碑。

目前，计算机视觉领域的AI大模型如图像分割领域的Segment Anything Model(SAM)(Kirillov et al.，2023)、SEEM(Zou et al.，2024)，以及目标检测领域的Grounding DINO(Liu et al.，2023)。具体来说，SAM创新性地将自然语言处理中的prompt范式引入计算机视觉任务中，通过简单的提示信息，如点、边界框或文本，即可实现一键式目标感兴趣区域的精准分割。SAM之所以展现出强大的性能，关键在于它在一个多样化且高质量的数据集(SA-1B)上进行了训练，该数据集包含了超过10亿个掩模标签。这使得SAM能够泛化至各种新类型的对象和图像，超越了训练期间所接触的内容范畴。此外，通过采用合理的prompt，SAM能够直接完成图像分割任务而无须额外训练，实现了即插即用的便捷性。SAM架构主要包含3个部分：图像编码器、提示编码器及掩码解码器。其中，图像编码器基于可扩展和强大的预训练方法，使用MAE预训练的ViT，最小限度地适用于处理高分辨率输入。图像编码器对每张图像运行一次，在提示模型之前进行应用。提示编码器考虑两组prompt：稀疏(点、框、文本)和密集(掩码)。通过位置编码来表示点和框，并将对每个提示类型的学习嵌入和自由形式的文本与CLIP中的现成文本编码相加。密集的提示(即掩码)使用卷积进行嵌入，并通过图像嵌入进行元素求和。掩码解码器有效地将图像嵌入、提示嵌入和输出token映射到掩码，以得到最终的分割结果。相较于SAM，SEEM在交互与语义层面展现出了更为宽泛的覆盖能力。具体来说，SAM在交互形式上略显局限，仅支持点、框等有限类型，且因缺乏语义标签输出功能，致使其在高语义任务上捉襟见肘。而SEEM则通过引入统一的提示编码器，成功将视觉与语言提示整合至同一表示空间，从而实现了更为广泛的适用性。其潜力不仅限于既定提示，更可延伸至自定义提示的拓展。此外，SEEM在文本掩码(基础分割)方面的表现尤为出色，并能输出具备语义感知能力的预测结果，进一步提升了其在实际应用中的价值。GroundingDINO是一种零样本物体检测模型，其网络结构包括文本主干和图像特征提取主干、文本图像特征融合、文本语义引导的query选择以及多模态解码器。具体来说，文本主干和图像特征提取主干一般使用如Swin Transformer等类似的图像主干来提取多尺度图像特征，并且使用如BERT类似的文本主干来提取文本特征。在提取出图像和文本特征之后，文本图像特征融合过程将这些特征输入至特征增强器，以实现跨模态特征的深度融合。特征增强器由多个层次构成，旨在进一步增强特征表达。其中，可变形的自注意机制被巧妙运用，以强化图像特征的提取；而普通的自注意机制则专注于文本特征的增强，确保文本信息的精准捕捉。通过这一融合机制，不同模态的特征得以有效整合，为后续任务提供更为丰富和准确的信息。为了充分利用输入文本来精准引导对象检测任务，文本语义引导的query选择从融合特征中挑选出与输入文本更为紧密相关的特征，将其作为解码器的查询(query)，确保了文本语义在对象检测过程中的有效引导。多模态解码器是一种组合图像和文本特征的跨模态解码器。每个跨模态query被送到自注意力层、用于组合图像特征的图像交叉注意力层、用来组合文本特征的文本交叉注意力层以及每个跨模态解码器层中的FFN层。每个解码器层都有一个额外的文本交叉注意力层，因为文本信息需要注入到query中以更好地对齐多模态特征。

在未来，AI大模型将继续引领人工智能的发展潮流，在图像分割、目标检测、图像分类、图像生成、图像超分辨率等计算机视觉任务中具有较好的发展潜力。例如，在图像分类任务中，AI大模型可以利用其强大的特征提取能力和学习能力，对图像进行高效准确地分类。在花粉图像分类任务中，AI大模型可以利用其在图像处理方面的优势，结合花粉图像数据实现对花粉的自动识别和分类。通过深度学习算法的训练，这些模型可以学习到花粉的特征，并能够准确地将花粉样本分类到不同的植物物种或类别中。这对于提高分类的准确度和效率，加快花粉研究的进展具有重要的意义。基于大模型的花粉识别方法具有如下优势：(1)更强大的特征表示能力：大模型通常具有更多的参数和更深的层次，能够学习更复杂、更抽象的特征表示，有助于提高花粉分类准确度。(2)更好的泛化能力：大模型在训练过程中依赖于大量花粉图像，可以更好地捕捉花粉数据中的模式和规律，有助于提高模型的泛化能力。(3)适应更复杂的任务：对于复杂的花粉图像分类任务，大模型能够更好地处理数据中的噪声和干扰，提高分类的鲁棒性和稳定性。(4)支持更多的参数调优：大模型具有更多的参数，可以支持更多的参数调优和模型微调，有助于进一步提升分类性能。

5.1.5 主要气传致敏花粉自动识别与计数系统示范应用

5.1.5.1 系统目标花粉类别

主要气传致敏花粉自动识别与计数系统的主要识别对象包括：菊科蒿属、藜科、柏科、桑科、禾本科、松科、杨柳科杨属、杨柳科柳属这 8 个类别(齐晨 等，2023)。上述花粉浓度在北京市城区室外致敏原中所占比例高达 90%。与电镜相比，光学显微镜成像的成本低廉且操作简便，并且光学显微图像下的致敏花粉关键可鉴别特征涉及花粉颗粒的形状、表面纹理等方面(八类主要气传致敏花粉的特征描述及其光学显微图像示例见表 5-1 和图 5-9)。因此，示范系统采集光学显微镜花粉图像作为数据基础，以构建后续自动识别算法。

表 5-1 花粉颗粒关键特征

花粉类别	形状	大小(直径)	表面纹饰	孔/沟	外壁
菊科蒿属	极面观三裂圆形，赤道面观圆形或椭圆形	17～37 μm	外壁表面具小刺状凸起，表面细颗粒状纹饰	具 3 个孔沟	3 层
柏科	近圆形	26～37 μm	中间具有一不规则内容物	无孔，无沟	外壁薄，层次不明显
桑科	极面观三角圆形	13～28 μm	外壁表面具颗粒状纹饰	具 2～3 个孔，偶尔有 4 孔。具 2 孔时，孔处于相对位置，具 3 孔和 4 孔时孔沿赤道排列。孔边显著加厚	外壁薄，层次不明显
禾本科	近球形	25～38.6 μm	表面细颗粒状纹饰	具 1 孔	非关注特征
松科	近椭圆形花粉体，两个半圆形气囊	体长 46～151.2 μm，体高 42～100.8 μm	帽上有较细的颗粒状纹饰；气囊上有网状纹饰	无孔，无沟	非关注特征
杨柳科杨属	近圆形	18～44 μm	外壁表面具模糊的颗粒状纹饰	无孔，无沟	外壁薄
杨柳科柳属	花粉粒长球形，极面观 3 裂圆形，赤道面观窄椭圆形	18～29.5 μm	表面具网状纹饰	具 3 沟	外壁两层
藜科	近圆形	18～30 μm	表面具颗粒状纹饰	具散孔，孔近圆形，有孔膜，分布均匀	外壁两层，外层厚于内层

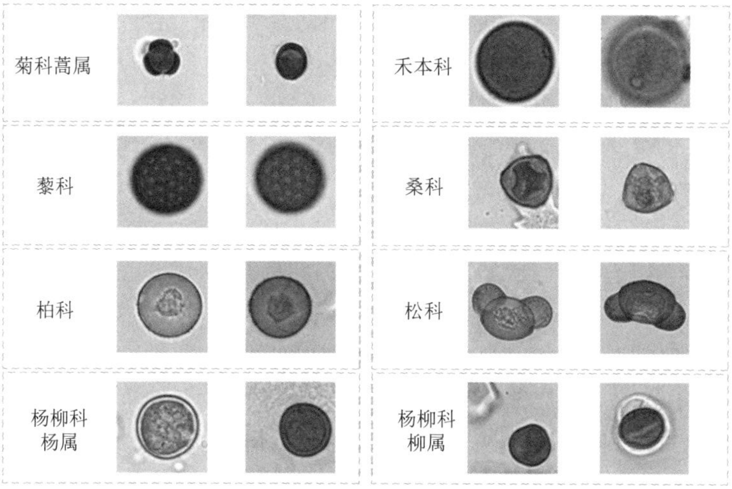

图 5-9　北京地区主要气传致敏花粉光学显微图像示例

（对应彩图见本书 223 页）

5.1.5.2　关键识别技术

（1）数据集构建及处理

深度学习的最新进展加速了孢粉学图像自动分析的许多新应用。深度学习成功的关键驱动因素之一是大量训练数据的可用性。大多数公共数据集来源于国外（Duller et al.，1999；Gonçalves et al.，2016；Sevillano et al.，2018；Astolfi et al.，2020；Battiato et al.，2020；Tsiknakis et al.，2021）。地理区域的差异可能导致花粉种类的分布和组成的差异。因此，收集特定地区的花粉粒对这些地区的花粉预测具有重要意义。为了实现中国患者的花粉自动分析，研究团队建立了一个包含北京市本土花粉光镜全切片图像（Whole slide image，WSI）的过敏性花粉数据集，该数据集研制得到了北京气象服务中心的大力支持。

花粉 WSI 的整体采集处理主要包括三个支柱：花粉采样、样本染色和数据数字化，具体来说，工作人员定期采用重力沉降法从 Durham 采样器采集花粉样本。随后，用适量的碱性品红对制备的样品进行均匀染色，以突出放置在显微镜载玻片上的花粉粒。最后，团队使用 NanoZoomer SQ 切片扫描仪（一种专门的数字切片扫描仪）在 40 倍放大倍率下对整个载玻片进行数字化，从而生成花粉 WSI 数字图像。

花粉图像预处理旨在改善图像质量并准备数据以便更有效地进行后续的图像识别和分类。主要包括：①图像裁剪：将全局大图裁剪成小尺度图像区域；②噪声去除：应用滤波器（如高斯滤波器、中值滤波器）去除图像中的随机噪声；③对比度增强：使用直方图均衡法和自适应直方图均衡法调整图像对比度，使得花粉粒子与背景的对比更加明显；④归一化处理：对图像进行归一化处理，以消除图像采集时光照变化带来的影响。通过这些预处理步骤，可以有效地提高花粉图像的质量，为后续的特征提取、分类和识别任务打下了坚实的基础。

（2）基于渐进式表达学习的花粉分类思想

计算机视觉技术的进步进一步促进了基于花粉光镜图像的自动化花粉分类研究的发展。该领域的许多学者已经达成共识，即分类和检测模型可以以一个阶段的方式独立解决自动化花粉分类问题。其中，分类模型侧重于根据语义内容将给定图像中的所有像素分类为特定的花粉类。其中一个重大的成功个例是经典的工作（Rodriguez-Damian et al.，2006），它提取形状和纹理描述符，然后生成基于支持向量机(SVM)的分类器。这些方法在很大程度上依赖于人工先验，使得分类过程具有主观性。基于深度学习的模型可以在没有任何先验知识的情况下自动对花粉粒进行分类。卷积神经网络(CNN)是深度学习网络的一个核心分支，取得了广泛的发展，并得到了令人印象深刻的结果。例如，Sevillano 等(2018)提出了 3 个基于深度学习的模型，这些模型在 POLEN23E 花粉数据集上显示出 97%的准确率。然而，这些分类模型只关注不包括对象的定位信息的类别信息。此外，他们总是建立在一个特定的假设之上，即图像数据集只涉及纯化和分离的花粉粒。与理想化的实验数据不同，真实世界的花粉 WSI 总是包含更复杂的杂质。当它们直接输入到模型中时，基本假设将无法满足，从而导致严重的错误分类。另一个主要的解决方案是实现基于对象检测模型的花粉自动监测程序。检测模型可以看作是分类模型的广义版本。这些模型的一个显著特性是，定位和分类任务可以作为并行分支(以端到端的方式训练)集成到模型中。也就是说，可以同时获得检测到的物体的位置信息和类别信息。检测模型的引入催生了自动化花粉分类任务的许多突破。这种方法在区分不同和复杂背景特征(粗粒度：是否为花粉)的花粉粒方面表现出了卓越的能力。然而，不同的过敏性花粉具有相似的形态结构，如形状和质地特征。检测模型很难专注于对区分花粉子类别非常有用的详细特征(细粒度：它属于花粉的哪一个子类别，如柏科、松科等)，这导致模型过度检测和识别性能下降。

渐进式思想：事实上，花粉专家在实际花粉观察场景中更倾向于以渐进的方式识别花粉粒，而不是上述一阶段的直接方法。主要体现在光镜观察中的渐进放大原则：即首先使用低倍镜观察整体结构定位感兴趣的区域，然后逐步使用高倍镜进行细节观察。也就是说，在显微镜下观察花粉时，他们通常关注两个关键问题：a. 花粉粒位于哪里(花粉定位)？ b. 这些花粉粒属于哪些类别(花粉分类)？因此，他们通常遵循“先定位后分类”的策略，即在图像中首先凝视潜在的花粉区域；随后，通过考虑详细特征来确定这些花粉的细粒度类别。

针对上述花粉识别和分类的需求，北京工业大学研究团队前瞻性地提出了基于渐进式表达学习的花粉分类思想。这种方法的核心在于模仿人类观察和识别物体的自然过程，即从整体到局部，从宏观到微观逐步深入地理解和识别花粉粒。该思想从模型创新角度出发重点考虑了以下两方面：

① 分类-定位任务间的依赖性：从“先定位后分类”的观察过程中，可以推断出检测任务和分类任务之间存在固有的关联。从检测过程中获得的定位信息指示了花粉粒的潜在区域，这对细粒度分类器捕捉特定区域中细微的判别模式是很好的指导。可以预见，在花粉分类任务中，如果将检测任务与分类任务相结合，将获得更好的识别性能，因为前一个任务的信息将为后一个任务做出巨大贡献。

② 分类-定位任务内部可靠性：受花粉光镜图像性质的影响(如复杂的杂质信息、相似的花粉特征等)，定位和分类任务存在一些瓶颈。具体来说，由于杂质信息的多样性和复杂性，很难找到潜在的花粉区域。此外，不同过敏花粉的粒子在全局范围内看起来相似，很容易被错误地识别为其他子类别。直观地说，每个子阶段的可靠性提升均有助于提高整体识别准确度。因此，需要具体考虑如何提高检测和分类任务的内部可靠性。

模型创新与应用。基于上述渐进式花粉识别思想，北京工业大学团队提出了一种新的结合定位和分类的渐进花粉识别模型。与现有的自动化花粉分类方法(只关注单个任务)不同，他们的思想不仅充分考虑了任务间的内在相关来结合位置信息和分类细节，而且通过引入多尺度检测和多分类器组合，有效地提高了每个阶段的任务内识别性能。具体来说，首先采用数据预处理将花粉光镜图像切割成特定的“补丁”，并过滤掉包含空白背景的无用“补丁”。然后利用多尺度对象检测模型从候选斑块中检测与花粉高度相关的信息区域（粗粒度花粉定位）。最后，将每个包含花粉粒的区域输入到多分类器组合中，以获得最终的花粉识别结果（细粒度花粉分类）。这样，定位信息就可以作为分类阶段的区域指导，使分类器更加关注局部特定区域的细微特征。不仅考虑了从花粉检测中提取的定位信息，还利用了从深度学习模型中学习到的纹理、轮廓、颜色等细粒度分类信息。总体来说，该策略不仅符合人类的认知习惯，而且能够有效提高复杂花粉识别的准确度和效率，这充分展现了人工智能技术在花粉分类研究中的巨大潜力，为花粉学领域的研究提供了新的视角和工具。

（3）多尺度特征融合的粗粒度花粉定位

粗粒度花粉定位模块负责定位花粉的潜在区域，并去除候选斑块中的复杂杂质。与现有监测模型只关注网络最后一层的单个特征图不同，团队所提方法提取并融合了给定输入图像的不同感受野的多个特征图。

多尺度花粉检测。团队所提方法使用 RetinaNet（Lin et al.，2017）为基干网络。RetinaNet 主要涉及 4 个专门的深度卷积神经网络。首先，使用 ResNet50（He et al.，2016）作为背景网络来提取卷积特征。然后，将特征金字塔网络与背景网络结合起来，以整合多尺度特征。FPN 构建了一个金字塔层次结构，通过自上而下的路径和侧向连接来聚合图像特征，从低级到高级。最后，两个特定任务的子网络以并行方式同时执行。一个是用于将锚框分配给花粉类别；另一个是用于从锚框回归到真实对象框。使用 Focal loss（FL）（一种 CE 函数的变体）作为损失函数来惩罚分类子网络，它负责迫使 CNNs 专注于训练它发现最难分类的实例，公式如下：

$$\mathrm{FL}(p_t) = -(1-p_t)^{\gamma}\lg p_t \tag{5-5}$$

式中：p_t 为在[0,1]区间的估计概率；γ 为可调聚焦参数。

对于回归子网络，引入平滑 L1 损失来通过坐标的偏移计算回归损失。我们定义真实边界框的信息为 $V=(v,v_y,v_w,v_h)$ 和预测的锚框的位置信息为 $T=(t_x,t_y,t_w,t_h)$。对应地，回归 L_{loc} 损失函数可以被表达为：

$$L_{\mathrm{loc}} = \sum_{i\in(x,y,w,h)} \mathrm{Smooth}_{L_i}(t_i - v_i) \tag{5-6}$$

式中：L_{loc} 表示回归损失函数；Smooth_{L_i} 是目标检测任务常使用的一个损失函数；t_i 表示预测的锚框坐标；v_i 表示真实标签的锚框坐标；i 表示 4 个坐标维度 x,y,w,h 中的一个。

$$\mathrm{Smooth}_{L_i}(x) = \begin{cases} x^2 & |x|=1 \\ |x|-0.5 & \text{其他} \end{cases} \tag{5-7}$$

检测过程中的多尺度特征增强使得定位性能更加准确，有效地减少了杂质区域的无关干扰。此外，从花粉检测任务获得的潜在区域候选框基本上可以视为关于花粉粒存在或不存在的有效指导信息。区域指导可以指导模型更多地关注具有关键鉴别特征的花粉区域。通过在分类器（下一个阶段）之前嵌入花粉检测器，可以充分考虑花粉定位与分类的内在关系，这有助于大幅度提高花粉识别的准确率。

（4）多流信息集成的花粉细粒度分类

多流信息集成的花粉细粒度分类旨在检测到含有花粉粒的区域后来确定最终的细粒度分类结果。单个多类别分类网络直接用于花粉子类别的识别，然而，它们通常未能获得令人满意的区分结果，这归因于花粉子类别之间共享的一些相似特征不可避免地混淆了模型，导致模型对每个细粒度类别的区分能力丧失。受集成学习机制的启发，团队所提方法将多类分类问题转化为多二进制分类问题。通过这种方式，提出了多分类器组合来提高细粒度花粉识别的性能。

多分类器组合包括一组定制的标准二进制分类网络。在专业花粉专家的鼓励下，当遇到类似的花粉识别问题时，他们通常会将预测花粉的视觉特征与目标花粉一一匹配。基于这一实践经验，集合组合的基本分类器的数量被设置为过敏花粉标签的数量(这里标签的数量是8)。基于 OVR(One vs. rest)的训练机制用于准备每个基本分类器的训练数据。具体来说，将 c 类数据集划分为 c 个子集，以训练特定的二元子分类器，其中 k-th 子集由具有 k-th 类的正实例和具有其余类的负实例组成。在此基础上，每个基本分类器都依赖于单独的训练数据。

关于独立基础分类器的选择，CNN 赋能的网络被视为学习不同类别特定判别特征的骨干模型。常用的 CNN 模型包括 AlexNet(Krizhevsky et al.，2012)、ResNet(Mulliqi et al.，2022)、VGGNet(Simonyan et al.，2014)和 DenseNet(Huang et al.，2017)等。其中，AlexNet 是深度学习领域的一个里程碑，它首次证明了深度卷积神经网络能够在大规模视觉识别任务中取得显著的成绩。AlexNet 包含 5 层卷积层和 3 层全连接层。它引入了 ReLU(线性整流单元)作为激活函数，使用了 Dropout 来减少过拟合，使用 LRN(局部响应归一化)来增强模型的泛化能力。VGGNet 的核心是使用重复的小卷积核(3×3)和最大池化层来构建深层网络。它证明通过增加网络的深度可以提升性能，VGGNet 提出了包含 16 到 19 层的几种变体。ResNet 通过引入“残差学习”的概念来解决深度网络中的梯度消失/爆炸问题，允许网络层数达到前所未有的深度(从数十层到上千层)。其核心思想是引入“跳跃连接”，使得输入可以直接跳过一些层传递到更深的层中。DenseNet 的设计理念是通过特征重用来减少参数数量，每一层都直接与之前的所有层相连，前一层的特征图作为后一层输入的一部分。这种密集的连接结构使得网络可以更深，同时减少了参数的数量和计算量。大量的工作已经证实，上述深度学习方法优于手动特征工程驱动的传统分类模型。然而，不同基于 CNN 的分类器的特征表示能力在不同花粉类型之间不是恒定的。因此，团队所提方案采用具有最高性能度量的特定类 CNN 分类器来构建多个学习路径的最优组合。

最后团队设计了决策级概率融合，将不同的基本分类器融合为统一的概率表示。融合策略采用多个独立模型的最大概率来确定最终的类别标签，每个标签都针对特定的花粉类别。最大值法根据最可靠的分类器来决定结果。注意，不使用加权运算集成多个分类器，因为平衡权重对所有花粉类别都是公平的。在一些分类器不会被选择的情况下，融合模型仍然能够进行预测。例如，当花粉载玻片的采样日期已知时，只需要选择与当前时期和地区可能出现的花粉类别相对应的分类器。这一步骤使多个基本分类器相互补充，提高了细粒度分类的准确度。

5.1.5.3 系统功能及界面

系统功能详述。主要气传致敏花粉自动识别与计数系统共包含 7 个功能，分别为：图像接收、图像处理、花粉定位、花粉识别、花粉信息统计、信息输出、人工审核及修正。主要气传致敏花粉自动识别与计数系统架构见图 5-10，图中各模块之间紧密联系、协同运作，其各自职能详述如下：

图像接收：负责接收并加载显微镜扫描仪扫描的完整花粉 WSI 图像。

图像处理：负责处理两方面任务，其一，利用图像裁剪方法将 WSI 数据切割为模型可适配的数据格式(分辨率为 512×512)，并提供存储裁剪图像功能；其二，使用相关图像预处理方

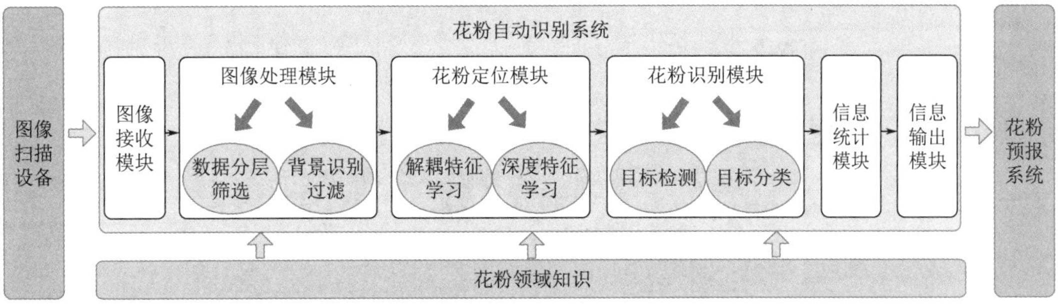

图 5-10　花粉颗粒自动识别与计数系统架构

法，以保证后期花粉定位与识别模块的精准效力。

花粉定位：采取多尺度特征融合的花粉定位方法准确定位花粉位置。

花粉识别：采取多组信息集成的花粉细粒度分类方法实现花粉识别。

信息统计：针对花粉 WSI 整张图像统计花粉颗粒数目。

信息输出：针对完整的一张载玻片花粉样本，负责将花粉颗粒数目和类别分布信息输出展示，最终形成区域性的花粉浓度日报/月报，并支持日报、月报信息查询。

人工审核及修正：支持专业人员审核主要气传致敏花粉自动识别与计数系统的预测结果，允许多次审查和修正；当人工修正后，提供日报、月报信息自动更新功能。

团队所构建的系统主要建立在花粉数字化影像数据和深度表征学习技术之上，成为国内首创的主要气传致敏花粉自动识别与计数系统。相较于主流的花粉分类算法、识别效率和精度显著提升。在识别效率上，能够将花粉观察时间从原来的 120 min 缩短到 20 min 以内。在检测精度上，花粉识别精度比现有识别模型在单类别及多类别识别任务上提高了 15%～29%。最主要的是，系统前瞻性地提出了渐进式表达学习的思想。通过这种模仿人类观察和识别物体的自然过程，即从整体到局部、从宏观到微观逐步深入地理解和识别花粉颗粒的思想，充分考虑定位-分类任务间的内在相关来实现高效的花粉识别精度。总体来说，团队所构建的系统通过整合主要气传致敏花粉识别与计数系统的各个功能，使数据资源在模型中互联互通，形成了完整的花粉识别与预报服务流程，达到了实时准确地自动监测花粉浓度和自动识别花粉种类，推动了自动化花粉监测预报在实践中的服务与推广。

接下来，将展示主要气传致敏花粉自动识别与计数系统相关界面。见图 5-11 至图 5-16。

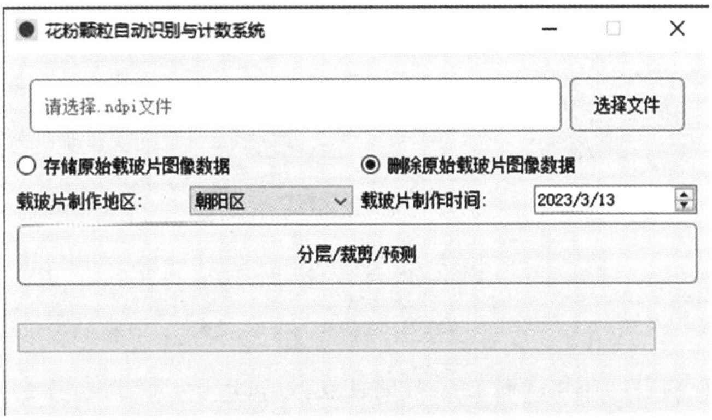

图 5-11　系统主界面

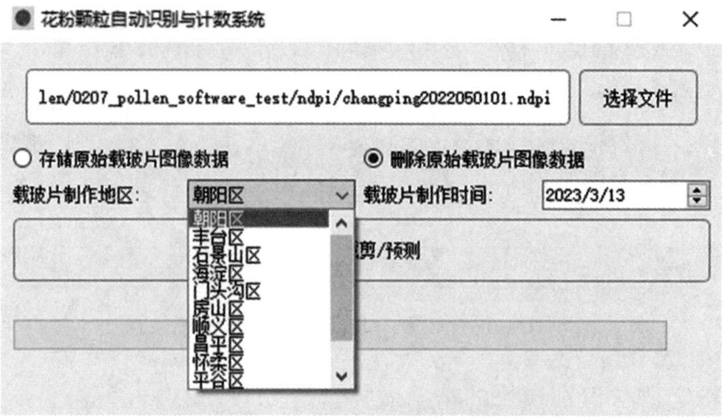

图 5-12　选择载玻片制作地区界面

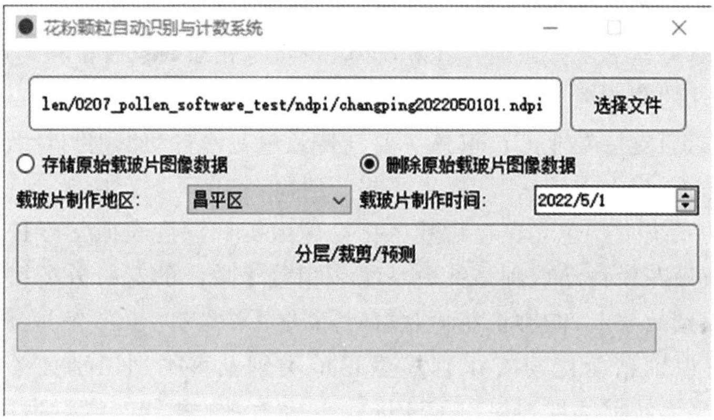

图 5-13　修改载玻片制作时间界面

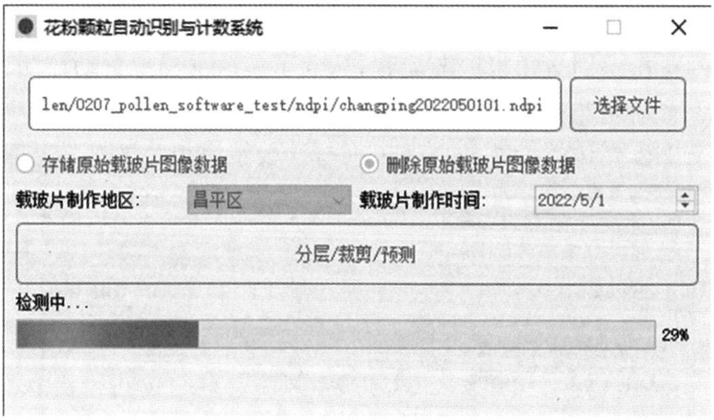

图 5-14　系统运行界面

5.1.5.4　系统效益

主要气传致敏花粉自动识别与计数系统的社会效益体现在多方面，社会效益总结见图 5-17。

提升花粉浓度监测业务自动化水平。主要气传致敏花粉自动识别与计数系统显著提升了

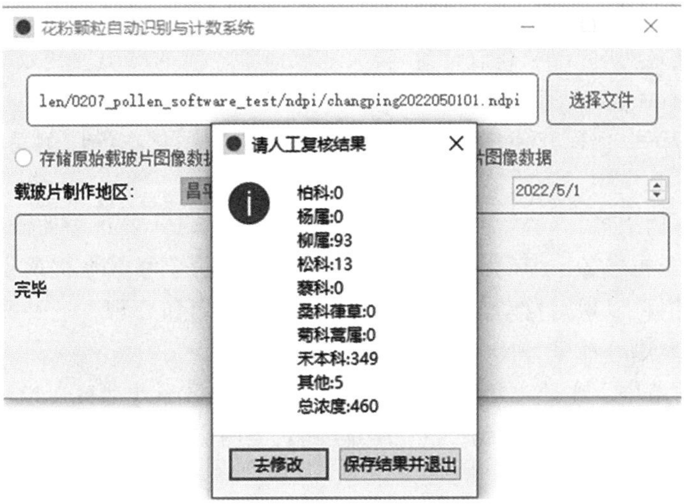

图 5-15　预测结果输出界面

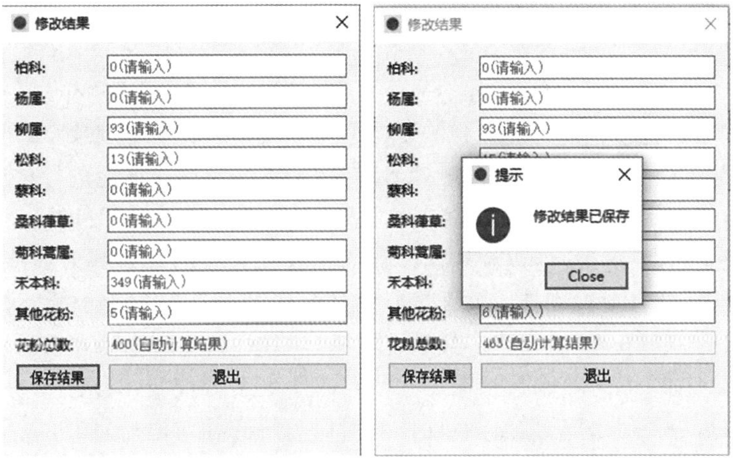

图 5-16　人工修正界面

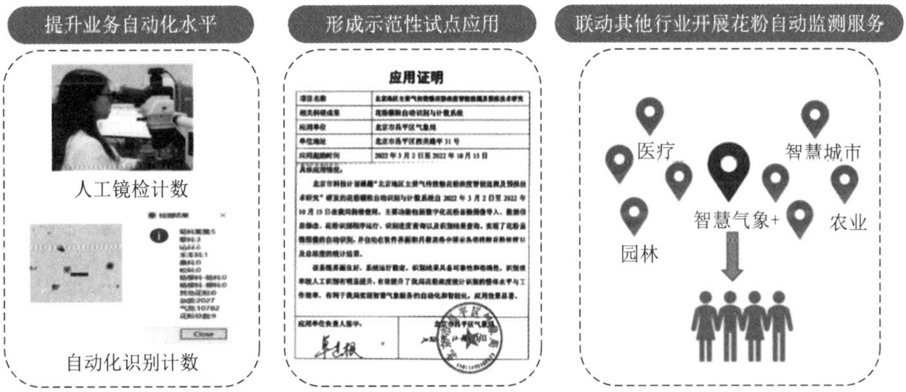

图 5-17　系统社会效益

花粉浓度监测业务的自动化水平。传统的花粉监测通常需要人工采集、处理和统计，而自动化系统的应用能够实现实时监测、高效计数，极大地提高了监测的准确度和效率。

形成示范应用试点。在北京市昌平气象局形成的示范应用试点为其他地区提供了借鉴经验。这种示范效应可以促使其他气象部门更广泛地采用自动化花粉监测系统，推动该技术在全国范围内的普及和应用。

推动多部门联动服务。联动气象、卫健、园林等多个部门开展花粉监测自动化服务，促进更加全面、综合的花粉服务。卫健部门可以借助自动化花粉监测数据提前做好过敏症患者的防控工作，园林部门可以根据自动化监测结果进行植被规划和管理。这种联动服务将不同领域的专业知识整合，更好地服务社会。

扩大服务辐射范围。主要气传致敏花粉自动识别与计数系统研究可以扩充应用到其他省（区、市），进一步深入上述研究成果向全国延伸，带动全国更多气象部门和园林部门实现花粉智慧服务的自动化和智能化。

5.2 花粉自动化观测设备研制

花粉属于生物气溶胶的一类，室外空气中直径大于 0.2 μm 的颗粒有 5%～50%是生物粒子(Jaenicke，2005)。花粉自动观测设备需要遵循生物气溶胶的采样原则，即生物气溶胶的分离及其效率要求，首先需要集成有效的硬件系统，必须选择能够连续地进行自动花粉收集或捕获的技术以及能够识别花粉颗粒相关特征的技术，这些特征包括尺寸、形状、孔径、沟槽、纹理等形态学特征或花粉的荧光效应以及区别于其他气溶胶颗粒的散射弹射等特征，并且具有一定的分辨率，以便后期自动识别技术的开展。世界上有超过 5 万种植物，幸运的是真正能够引起过敏的花粉仅约有 100 种，然而许多致敏花粉具有相似的特征，也为花粉的识别带来巨大的挑战。其次，在软件方面，近年来包括深度学习在内的人工智能技术逐渐在各种范围、各种场景中得到应用，且取得了良好的效果。目前，中国相关研究相对匮乏，国外关于深度学习在花粉识别领域的应用已有较多的研究，这些研究大多采用深层卷积神经网络，在大量花粉样品标记图片的基础上进行算法训练和测试，部分算法取得了很好的结果。

5.2.1 花粉自动观测技术

实时监测花粉的测量技术种类繁多，其中多项技术最近才实现商业化或仍处于开发阶段。此外，一些仪器还具有识别真菌孢子的潜力，但仍需开发相应的分类算法。Huffman 等(2020)对用于检测生物气溶胶的各种测量技术做了补充和更全面的综述。

需要注意的是，目前使用的所有方法都不能直接得出花粉浓度值，无论是数字图像或是来自于各类传感器的电信号，都需要通过数据分析来解释测量结果，进而得到花粉的浓度。

5.2.1.1 数码显微镜

数码显微镜与传统光学显微镜的区别仅在于使用数码相机获取颗粒表面的图像。通常，拍摄不同焦距深度的图像并将其叠加，以提供具有扩展景深的完整图像，从而提高气溶胶颗粒的识别能力。计算机对图像进行分析，利用图像识别方法分离出感兴趣的颗粒，利用每个沉积表面积的颗粒数量和采集的空气体积来估算空气中的气溶胶颗粒浓度。因此，采集率取决于空气体积、分析的表面积比例以及撞击效率。这种技术用于 BAA500(Oteros et al.,2020)、PollenSense、ACPD 和 Aerotrap 等商用设备,如图 5-18。

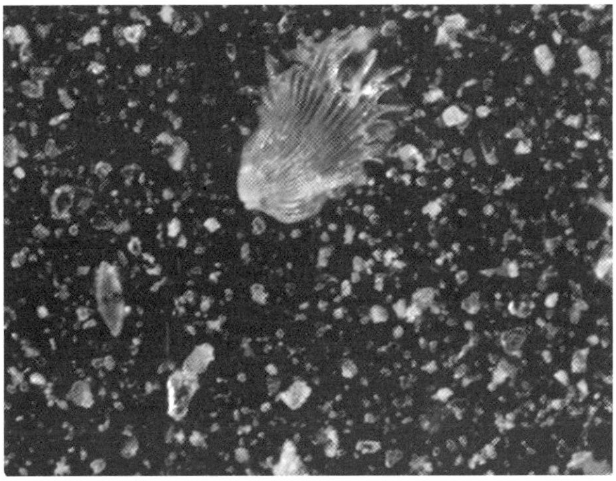

图 5-18　Pollensense 设备观测的暗场花粉

5.2.1.2　弹性散射

弹性散射是指由于光线或其他光波照射到气溶胶颗粒时与颗粒表面发生相互作用,在波长不变的情况下入射波的能量会散射到各个方向上,并且在气溶胶颗粒表面上没有能量损失。需要注意的是,这是在气溶胶颗粒状态保持不变的情况下发生的。光的散射角度可以显示气溶胶颗粒本身的大小和表面特性,大多数气溶胶颗粒计数器都是利用这一特性来确定颗粒的大小,并在一定程度上确定其形状。Yamatronics KH-3000 型(Kawashima et al.,2007)花粉自动观测设备采用了这种技术,如图 5-19。

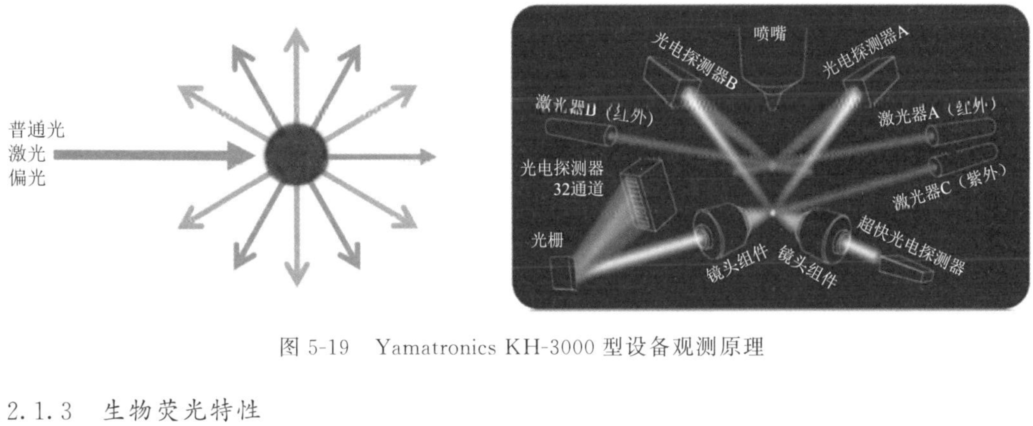

图 5-19　Yamatronics KH-3000 型设备观测原理

5.2.1.3　生物荧光特性

荧光是一种光致发光现象,涉及光的吸收和发射两个过程。生物体内的荧光素是生物体内发光的关键,荧光素是一种天然的发光分子,通常是由它们所含的共轭芳香系统(如色氨酸、核黄素等)组成,在生物体内通过复杂的生化反应过程产生发光效应。生物会在某些特定波长光(如激光)的激发下发出荧光。光诱导光谱法就是利用了生物的这一特性,使用光源(最常见的是单色激光)诱导通过测量装置的单个气溶胶颗粒发出荧光。光源波长的选择通常与一种或几种荧光素的激发光谱带宽相对应,由此产生的荧光在相关发射带宽范围内进行测量。但是生物颗粒中可能存在多种荧光素，或在某个季节中存在不同数量的荧光素，因此，发射信号包含了所有发出荧光的分析信息，这使这一技术高度复杂化并难以应用。此外，某些含有多环芳烃的非生物颗粒，如不完全燃烧产生的颗粒或微塑料，也会发出荧光，从而使颗粒类型的区分更加复杂、困难。在很大程度上，这种技术只能用来区分生物颗粒和非生物颗粒(Perring, 2016)。当然，较新的技术可以利用多种激发波长，有助于提高分辨能力，不过迄今为止，使用这种技术还无法表征不同的花粉种类。

5.2.1.4 全息技术

全息影像是将光场记录为相互辉映的图案，而不是透镜形成的图像。全息影像通常是用激光束照射物体(如花粉颗粒)和参照物而产生。参考光束和颗粒的散射光共同形成互射图案，在数字全息技术中，该图案由传感器阵列记录。由此产生的干涉图不仅可以用来重建原始颗粒的三维图像，还可以提供额外的信息，例如颗粒的大小，这可能有助于区分感兴趣的颗粒。

5.2.2 花粉自动观测效益分析

5.2.2.1 社会效益

目前中国普遍采用重力沉降法进行逐日花粉观测，一方面，需要耗费大量的人力、物力，不适于大规模布网建设；另一方面，时空分辨率无法满足当前气传花粉服务需求，严重阻碍了气传花粉的研究和数据应用。使用自动花粉观测设备可有效弥补在该领域的监测空白，提升自动化观测水平，满足预报、医疗、民生等方面需要。

提升花粉浓度气象影响预报及高浓度预警水平：加强特色健康气象服务水平，通过花粉监测站建设，常态化开展花粉浓度监测，研发花粉服务产品，开展过敏性疾病风险预报服务，通过建立传染病天气、气候风险预警、预报模型，开展慢病气象环境风险预报服务和卫生经济效益评估，提升精细化、专业化气象预报服务水平。

为大气生物学研究、医学研究提供重要数据支撑：通过长期、稳定的花粉监测，对所观测的气传花粉数据进一步分析，对空气中花粉种类和浓度等要素的变化趋势及其对气候环境因素的响应情况，以及如何对其进行有效的预测等情况进行深入研究，可为大气生物学研究、环境科学研究、城市规划、花粉症的研究与防治等工作提供重要数据支撑。

5.2.2.2 经济效益

增强过敏性症状风险管理能力，降低医疗成本：气象因子直接影响着花粉浓度的变化与分布，充分利用花粉监测数据，开展花粉浓度气象影响预报工作，可以为过敏性人群提供重要的信息，帮助他们了解花粉的分布及出现情况，减轻他们的病痛，为疾病预防提供依据，为科学防治过敏性症状提供数据支撑，降低医疗成本。

增强气象风险管理能力，实现城市的合理规划和可持续发展：通过花粉自动监测站网络建设，有助于保护生态环境，降低花粉过敏对环境的影响，通过在人类聚集的地方设置观测站，掌握当地的花粉种类与数量，为规划工作提供科学依据，通过监测花粉了解植物和花卉的生长状况，及时调整城市绿化建设方案，从气象学角度提高城市规划的科学性和合理性，有利于减轻气象环境对城市运行等的损失，节约政府部门的资金投入。

5.3　APM100 型花粉观测设备介绍

5.3.1　APM100 型花粉观测设备原理

APM100 型全自动花粉监测仪主要用于测量空气中的花粉浓度及种类等信息，通过光学显微、人工智能和机器学习等技术完成花粉颗粒的分析与计算，为花粉预报服务、大气科学研究等工作提供重要数据支撑，见图 5-20。

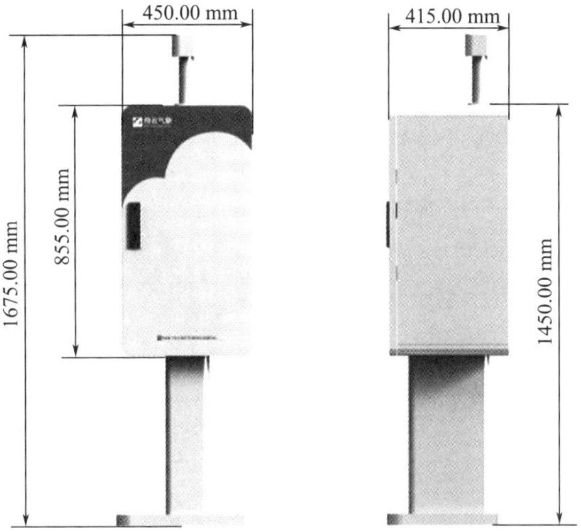

图 5-20　APM100 型全自动花粉监测仪

APM100 型全自动花粉观测设备提供了全流程花粉观测解决方案，其主要技术如下。

颗粒收集技术：应用旋风除尘技术、流式细胞技术等空气动力学原理实现主动式容积采集，并将花粉与杂质尽量区分开来，让二者降落在不同的区域。花粉作为直径 5～200 μm 的生物气溶胶(尤其是直径 5～100 μm 的花粉)，其空气动力学尺寸与粉尘颗粒类似，可采用与颗粒沉降相关的技术对花粉进行收集或捕集。旋风除尘技术常在工业上用于清除粉尘，其原理是使含粉尘气流做旋转运动，借助于离心力将尘粒从气流中分离并捕集于器壁上，再借助重力作用使尘粒落入灰斗。旋风除尘器的各个部件都有一定的尺寸比例，每一个比例关系的变动，都能影响旋风除尘器的效率和压力损失，其中除尘器直径、进气口尺寸、排气管直径为主要影响因素。旋风除尘器可用于花粉尺寸级别的颗粒物沉降，通过设置旋风除尘器的尺寸和气流大小可使花粉沉降效率高达 99%，满足花粉颗粒的捕集效率要求。流式细胞术也有助于将花粉与杂质区分开来，二者进入不同通道区域，从而提高花粉计数准确率和鉴别正确率。

颗粒显影技术：用平场无限远生物放大物镜实现图像识别。生物放大物镜(10～40 倍)和 CCD 图像传感器组成的生物显微组能够提供和识别连续的高精度的花粉物理学特征图像。考虑到花粉的空气动力学尺寸一般小于 200 μm，因此，需要将生物显微镜组进行自动对焦调整，对捕集的样本进行逐层对焦以获取所有焦距下不同花粉在图像中的最优特征，这些特征以图片或视频的形式存储并上传至云存储器，以供后续花粉样本标记和人工智能图像识别技术的花粉计数和种类识别。

人工智能识别技术：利用计算机视觉任务的深度学习技术实现花粉目标检测。目前在工业界和学术界包括 Fast R-CNN、Faster R-CNN、FPN、YOLO、SSD 和 RetinaNet 等在内的检测器是最为优秀的。这些方法在花粉图像识别方面也有较好的应用（Khanzhina et al.，2022；Yang et al.，2019），但这些方法都需要大量的花粉标记样本。考虑到人工标记的复杂程度，可考虑使用深度学习网络的自聚类功能，由深度学习网络对所有样本进行基本的聚类处理后，再由人工对这些聚类结果进行标记，可大幅度减少对人工的消耗。为了保证花粉识别和鉴定的准确度，可以应用花粉原主要组分检测方法确定花粉的科、属、种。另外，在取得较好的花粉识别的基础上，可采用 SORT（Simple online and realtime tracking）（Bewley et al.，2016）或 DEEPSORT（Simple online and realtime tracking with a deep association metric）（Wojke et al.，2017）等多目标跟踪算法（Multiple object tracking）对花粉种类进行计数。其运行机制是在给定一个花粉图像序列中，找到花粉图像序列中运动的花粉，并将不同帧的花粉进行唯一身份赋值（id）和计数。深度学习模型流程如图 5-21 所示。

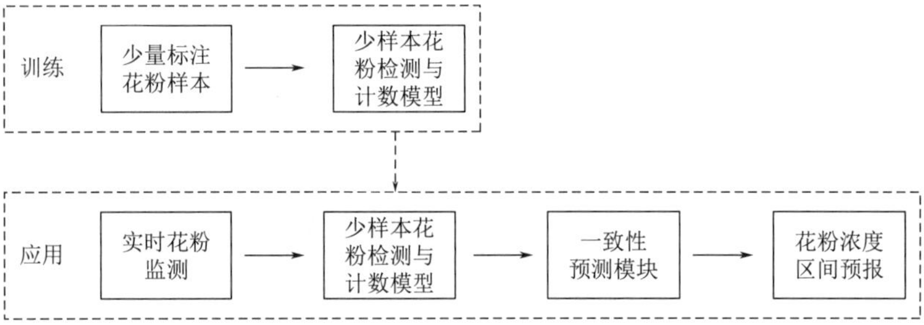

图 5-21　深度学习模型流程

5.3.2　APM100 型花粉观测设备硬件组成

APM100 型花粉观测设备主要包括：大气微粒分割单元、数据采集与逻辑控制单元、数据处理单元、供电单元、通信单元、标定组件及配套显示软件等，各单元功能简介如下：

（1）旋风分割组件：将大气中的微粒和气体进行分离。

（2）数据采集组件：收集采集到的花粉颗粒。

（3）数据处理单元：分析和计算花粉浓度及花粉种类等信息，本地实时显示花粉信息。

（4）供电与通信单元：设备供电组件、防雷组件、4G 无线传输组件等。

5.3.3　APM100 型花粉观测设备测量技术指标

（1）测量原理：光学计数，深度学习算法识别。

（2）花粉识别准确率：＞90％。

（3）监测粒径范围：10～150 μm。

（4）采集流量：150 L/min。

（5）持续工作能力：全时、全天候自动监测。

（6）通信方式：无线网络、有线网络；232 串口。

（7）算法扩展：支持。

(8)气象传感器扩展:支持。

(9)数据显示:本地实时显示花粉浓度,自控状态,远程数据无线回传。

(10)数据存储:200 GB SSD。

(11)数据输出:逐时浓度、24 h 浓度及采集时间、设备自控状态。

5.3.4　APM100 型花粉观测设备站点选址及建设

(1)站点选址

花粉自动监测仪应布设在能够较好反映该地区气象环境状况的地方,远离污染源与热源,所处位置具备交流电引入条件、手机网络信号通畅(4G)。

(2)观测场地建设

花粉自动监测仪,场地建设规模约为:2 m×2 m,占地 4 m^2,可设置 1.2 m 高围栏及警示标识。

场内需引入 220 V 稳定交流电源,场地内水泥基础根据规范制作,基础的顶面要方正、平滑,并高出地面 5 cm 以上,以减少积水对紧固件的侵蚀,见图 5-22 和图 5-20。

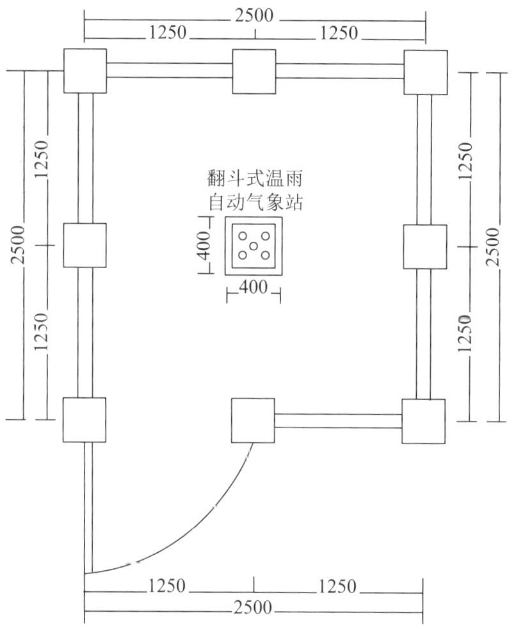

图 5-22　观测场地平面图(单位:mm)

(3)基础平台安装要求

APM100 全自动花粉监测仪应安装在基础平台上,基础平台为混凝土构筑物,预留地脚螺栓,确保地脚螺栓与基础防雷接地体互相连接。

场地内建有防雷接地系统,为保证防雷接地体达到防雷规范要求,应预留防雷接地使用的接口,便于外接其他接地装置,见图 5-23。防雷接地系统要达到国家防雷规范的要求。

(4)安装步骤

组装设备结构件,竖起底座,按照立杆底座螺丝孔位置将立杆紧固。将机箱固定在底座上，依次将旋风分割单元、数据采集单元固定至机箱内，将信号线接入主机箱，将机箱接入供电。引出并固定 GPRS 远传模块的天线。插入物联网卡，设置中心站传输地址，开始测试设备。

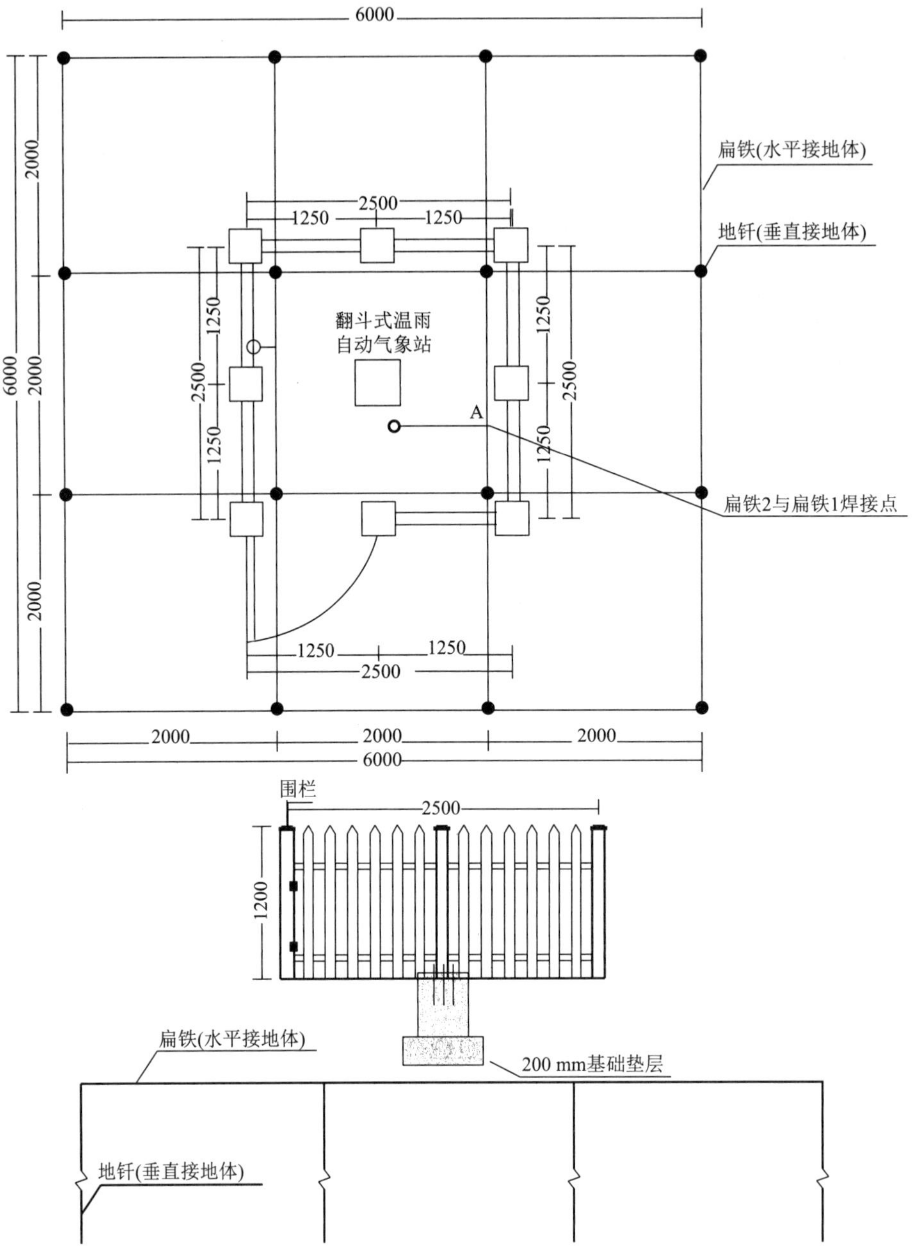

图 5-23　观测场内防雷接地施工示意图(单位：mm)

参考文献

齐晨，姜江，叶彩华，等，2023. 北京主要气传致敏花粉年浓度峰值日期预测[J]. 生态学报，43(7)：2650-2662.
于明，邳艳芹，2012. 一种图像的感兴趣区域提取方法[J]. 电子设计工程，20(7)：160-162.

ASTOLFI G, GONCALVES A B, MENEZES G V, et al, 2020. POLLEN73S: An image dataset for pollen grains classification[J]. Ecological Informatics, 60: 101165.

BATTIATO S, ORTIS A, TRENTA F, et al, 2020. Pollen13k: A large scale microscope pollen grain image dataset[C]//2020 IEEE International Conference on Image Processing (ICIP). IEEE: 2456-2460.

BEWLEY A, GE Z, OTT L, et al, 2016. Simple online and realtime tracking[C]//2016 IEEE International Conference on Image Processing (ICIP). IEEE: 3464-3468.

CANNON T M, 1974. Digital image deblurring by nonlinear homomorphic filtering[D]. Salt Lake City: Dept. of Electrical Engineering, University of Utah.

CHIKHLADZE M V, KHACHAPURIDZE D R, SEPIASHVILI R I, 2009. The use of the Burkhard Pollen Trap to study the aeroecological profile in Georgia[J]. International Journal on Immunorehabilitation, 11(2): 200b.

CHO S J, JI S W, HONG J P, et al, 2021. Rethinking coarse-to-fine approach in single image deblurring[C]// Proceedings of the IEEE/CVF International Conference on Computer Vision: 4641-4650.

DOSOVITSKIY A, BEYER L, KOLESNIKOV A, et al, 2020. An image is worth 16×16 words: Transformers for image recognition at scale[J]. 2010. Preprint Arxiv: 11929.

DULLER A, GULLER G, FRANCE I, et al, 1999. A pollen image database for evaluation of automated identification systems[J]. Quaternary Newsletter: 4-9.

GONÇALVES A B, SOUZA J S, SILVA G G, et al, 2016. Feature extraction and machine learning for the classification of Brazilian Savannah pollen grains[J]. PloS One, 11(6): e0157044.

GOODFELLOW I, POUGET-ABADIE J, MIRZA M, et al, 2014. Generative adversarial nets[J]. Advances in Neural Information Processing Systems, 27.

HAN K, XIAO A, WU E, et al, 2021. Transformer in transformer[J]. Advances in Neural Information Processing Systems, 34: 15908-15919.

HE K, ZHANG X, REN S, et al, 2016. Deep residual learning for image recognition[C]//Proceedings of the IEEE Conference on Computer Vision and Pattern Recognition: 770-778.

HELSTROM C W, 1967. Image restoration by the method of least squares[J]. Josa, 57(3): 297-303.

HEO B, YUN S, HAN D, et al, 2021. Rethinking spatial dimensions of vision transformers[C]//Proceedings of the IEEE/CVF International Conference on Computer Vision: 11936-11945.

HUANG G, LIU Z, VAN DER MAATEN L, et al, 2017. Densely connected convolutional networks[C]//Proceedings of the IEEE Conference on Computer Vision and Pattern Recognition: 4700-4708.

HUFFMAN J A, PERRING A E, SAVAGE N J, et al, 2020. Real-time sensing of bioaerosols: Review and current perspectives[J]. Aerosol Science and Technology, 54(5): 465-495.

JAENICKE R, 2005. Abundance of cellular material and proteins in the atmosphere[J]. Science, 308: 73

KAWASHIMA S, CLOT B, FUJITA T, et al, 2007. An algorithm and a device for counting airborne pollen automatically using laser optics [J]. Atmospheric Environment, 41 (36): 7987-7993. DOI: 10.1016/j.atmosenv. 2007. 09. 019.

KHANZHINA N, FILCHENKOV A, MINAEVA N, et al, 2022. Combating data incompetence in pollen images detection and classification for pollinosis prevention [J]. Computers in Biology and Medicine, 140: 105064.

KIM I, LIM D, SEO Y, et al, 2022. Image deblurring using deep multi-scale distortion prior[C]//2022 IEEE International Conference on Image Processing (ICIP). IEEE: 446-450.

KIRILLOV A, MINTUN E, RAVI N, et al, 2023. Segment anything[J]. Preprint Arxiv: 2304. 02643.

KRIZHEVSKY A, SUTSKEVER I, HINTON G E, 2012. Imagenet classification with deep convolutional neural networks[J]. Advances in Neural Information Processing Systems,25.

KUPYN O,BUDZAN V,MYKHAILYCH M,et al,2018. Deblurgan:Blind motion deblurring using conditional adversarial networks[C]//Proceedings of the IEEE Conference on Computer Vision and Pattern Recognition:8183-8192.

KUPYN O,MARTYNIUK T,WU J,et al,2019. Deblurgan-v2:Deblurring (orders-of-magnitude) faster and better[C]//Proceedings of the IEEE/CVF International Conference on Computer Vision:8878-8887.

LECUN Y,BOTTOU L,BENGIO Y,et al,1998. Gradient-based learning applied to document recognition[J]. Proceedings of the IEEE,86(11):2278-2324.

LI J,CHENG W,XU X,et al,2024. How to identify pollen like a palynologist:A prior knowledge-guided deep feature learning for real-world pollen classification[J]. Expert Systems with Applications,237:121392.

LIN T Y,GOYAL P,GIRSHICK R,et al,2017. Focal loss for dense object detection[C]//Proceedings of the IEEE International Conference on Computer Vision:2980-2988.

LIU Z,LIN Y,CAO Y,et al,2021. Swin transformer:Hierarchical vision transformer using shifted windows [C]//Proceedings of the IEEE/CVF International Conference on Computer Vision:10012-10022.

LIU F,LI J,PEI Y,et al,2022. Double upsample dilated pyramid network for pollen detection[C]//International Conference on Innovative Computing. Singapore:Springer Nature Singapore:15-29.

LIU S,ZENG Z,REN T,et al,2023. Grounding dino:Marrying dino with grounded pre-training for open-set object detection[J]. Preprint ArXiv:2303. 05499.

LUCY L B,1974. An iterative technique for the rectification of observed distributions[J]. Astronomical Journal,79:745.

MIRZA M,OSINDERO S,2014. Conditional generative adversarial nets[J]. Preprint ArXiv:1411. 1784.

MULLIQI N,KARTASALO K,OLSSON H,et al ,2022. A Python application programming interface 668 for accessing Philips iSyntax whole slide images for computational pathology[C]. //Proceedings of the Medical Imaging with Deep 669 Learning.

NAN Y,JI H,2020. Deep learning for handling kernel/model uncertainty in image deconvolution[C]//Proceedings of the IEEE/CVF Conference on Computer Vision and Pattern Recognition:2388-2397.

OTEROS J,WEBER A,KUTZORA S,et al,2020. An operational robotic pollen monitoring network based on automatic image recognition[J]. Environmental Research,191,110031.

OZDEMIR S,SUSARLA D,2018. Feature Engineering Made Easy:Identify unique features from your dataset in order to build powerful machine learning systems[M]. Packt Publishing Ltd.

PERRING A E,2016. Chamber catalogues of optical and fuorescent signatures distinguish bioaerosol classes [J]. Atmos-pheric Measurement Techniques,9(7),3283-3292.

PUC M,KOTRYCH D,LIPIEC A,et al,2016. Birch pollen grains without cytoplasmic content in the air of Szczecin and Bialystok[J]. Alergoprofil,12(2):101-105.

QIU J,LI L,SUN J,et al,2023. Large AI models in health informatics:Applications,challenges,and the future [J]. IEEE Journal of Biomedical and Health Informatics,27(12):6074-6087.

RODRIGUEZ-DAMIAN M,CERNADAS E,FORMELLA A,et al,2006. Automatic detection and classification of grains of pollen based on shape and texture[J]. IEEE Transactions on Systems,Man,and Cybernetics,Part C (Applications and Reviews),36(4):531-542.

SCHULER C J,CHRISTOPHER B H,HARMELING S,et al,2013. A machine learning approach for non-blind image deconvolution[C]//Proceedings of the IEEE Conference on Computer Vision and Pattern Recognition:1067-1074.

SCHULER C J,HIRSCH M,HARMELING S,et al,2015. Learning to deblur[J]. IEEE Transactions on Pattern Analysis and Machine Intelligence,38(7):1439-1451.

SEVILLANO V,AZNARTE J L,2018. Improving classification of pollen grain images of the POLEN23E dataset through three different applications of deep learning convolutional neural networks[J]. PloS One,13(9):e0201807.

SIMONYAN K,ZISSERMAN A,2014. Very deep convolutional networks for large-scale image recognition [J]. Preprint ArXiv:1409. 1556.

STILLMAN E C,FLENLEY J R,1996. The needs and prospects for automation in palynology[J]. Quaternary Science Reviews,15(1):1-5.

SZEGEDY C,LIU W,JIA Y,et al,2015. Going deeper with convolutions[C]//Proceedings of the IEEE Conference on Computer Vision and Pattern Recognition:1-9.

TSIKNAKIS N,SAVVIDAKI E,KAFETZOPOULOS S,et al,2021. Segmenting 20 types of pollen grains for the cretan pollen dataset v1 (CPD-1)[J]. Applied Sciences,11(14):6657.

VASWANI A,SHAZEER N,PARMAR N,et al,2017. Attention is all you need[J]. Advances in Neural Information Processing Systems,30:5998-6008.

WANG Q,LI J,JU F,et al,2021a. Automatic pollen detection based on feature fusion and self-attention mechanism[C]//Frontier Computing:Proceedings of FC 2020. Springer Singapore:93-101.

WANG W,XIE E,LI X,et al,2021b. Pyramid vision transformer:A versatile backbone for dense prediction without convolutions[C]//Proceedings of the IEEE/CVF International Conference on Computer Vision:568-578.

WANG X,ZHANG X,CAO Y,et al,2023. Seggpt:Segmenting everything in context [J]. Preprint ArXiv:2304. 03284.

WOJKE N,BEWLEY A,PAULUS D,2017. Simple online and realtime tracking with a deep association metric [C]//2017 IEEE International Conference on Image Processing (ICIP). IEEE:3645-3649

XIE S,GIRSHICK R,DOLLÁR P,et al,2017. Aggregated residual transformations for deep neural networks [C]//Proceedings of the IEEE Conference on Computer Vision and Pattern Recognition:1492-1500.

XIE S,ZHENG X,SHAO W Z,et al,2019. Non-blind image deblurring method by the total variation deep network[J]. IEEE Access,7:37536-37544.

YANG C,COLLINS J,2019. Deep learning for pollen sac detection and measurement on honeybee monitoring video[C]//2019 International Conference on Image and Vision Computing New Zealand (IVCNZ). IEEE:1-6.

YUAN L,CHEN Y,WANG T,et al,2021. Tokens-to-token vit:Training vision transformers from scratch on imagenet[C]//Proceedings of the IEEE/CVF International Conference on Computer Vision:558-567.

ZHANG K,ZUO W,GU S,et al,2017. Learning deep CNN denoiser prior for image restoration[C]//Proceedings of the IEEE Conference on Computer Vision and Pattern Recognition:3929-3938.

ZHANG H,DAI Y,LI H,et al,2019. Deep stacked hierarchical multi-patch network for image deblurring [C]//Proceedings of the IEEE/CVF Conference on Computer Vision and Pattern Recognition:5978-5986.

ZHENG A,CASARI A,2018. Feature Engineering for Machine Learning:Principles and Techniques for Data Scientists[M]. O'Reilly Media,Inc.

ZHU J Y,PARK T,ISOLA P,et al,2017. Unpaired image-to-image translation using cycle-consistent adversarial networks[C]//Proceedings of the IEEE International Conference on Computer Vision:2223-2232.

ZOU X,YANG J,ZHANG H,et al,2024. Segment everything everywhere all at once[J]. Advances in Neural Information Processing Systems,36.

第6章　北京市花粉浓度贡献率评估探索

园林植物是城市中有生命的绿色基础设施，承担着改善城市生态环境、维护公众健康、优化人居环境等重要功能，然而有些植物的花粉却含有特殊的抗原蛋白，能够诱发人体的过敏反应。北京地区秋季主要致敏花粉是葎草属、蒿属、藜科和苋科等杂草花粉，这些杂草繁殖力极强、适应性非常广，是绿地养护工作中主要的清除对象，在园林绿地中的数量较少，其主要存在于无人管理的闲置荒地上，与绿化植被的选择无关，要消减过敏原主要是从提升城市精细化管理水平入手，治理闲置荒地，减少杂草的数量。北京地区春季主要致敏花粉是柏树花粉，柏树是北方主要的常绿树种，在北京地区栽植历史悠久，它们大多种植于辽金时期至明代，最早的可追溯到唐代，这些古柏树承载着北京的历史、人文和环境的变迁，体现了古都的历史风韵，已经成为了北京悠久历史的名片（李志启，2014），因此，将这些柏树从绿地中全部去除是不可行的。

高大乔木生长缓慢、生命周期较长，一旦种植，对城市环境的影响是稳定持久的。因此，园林绿化树种的选择是"百年大计"或"千年大计"，必须慎重对待。只有加强园林绿地设计方案的审核把关，坚持以人为本，强化源头管控，严格限制在城市新建绿地中大量使用致敏花粉源树种，并结合老化树木更新、绿地提升改造、危险树木隐患排查清理等工作，逐步解决花粉过敏的问题。要对园林绿地设计方案进行审核，就需要根据设计方案中的植被组成情况对其潜在的花粉污染风险进行评估，本研究对北京地区主要绿化树种的潜在花粉污染风险评估方法进行了探索。

6.1　花粉污染评价方法

花粉过敏症在许多国家已经成为一种季节性流行病，严重危害人体健康（Makra et al.，2011），因此，许多研究者建议将致敏花粉作为一种植物源性空气污染物进行治理（廖凤林，1991；王成，2003）。花粉污染评价是花粉污染研究的重要内容，也是正确认识和处理花粉污染问题的前提条件。廖凤林（2000）提出了致敏花粉种类含量评价法、空气花粉污染指数评价法和花粉症发病率评价法。

6.1.1　致敏花粉种类含量评价法

根据空气中致敏花粉的种类和含量来评价花粉污染的状况，当致敏性强的花粉种类在空气中含量高时，表示污染重；反之，污染轻。该方法基于逐日空气花粉监测数据，简单易行，是目前花粉浓度预报中采用的方法。其缺点在于植被分布不均匀的区域，监测点附近的数据不能反映其他区域的花粉污染程度。

6.1.2　空气花粉污染指数评价法

花粉污染指数计算模型：

$$E_p = \sum_{i=1}^{n} \frac{C_i}{C_{si}} \tag{6-1}$$

式中：E_p 为花粉污染指数；C_i 为某主要致敏花粉的含量；C_{si} 为某主要花粉的致敏性评价指标；n 为主要致敏花粉的种类。

其中，主要致敏花粉是指致敏性较强，在空气中含量较高，对空气花粉污染影响较大的致敏花粉。

根据花粉浸液皮内试验阳性率(α)，将花粉的致敏性评价指标定义为：$\alpha \geqslant 50\%$，$C_{si}=100$；$40\% \leqslant \alpha < 50\%$，$C_{si}=200$；$30\% \leqslant \alpha < 40\%$，$C_{si}=300$。

同时，将花粉污染指数分为 6 级(表 6-1)：

表 6-1　花粉污染指数分级标准

等级	等级描述	E_p 值
Ⅰ	无污染	<0.1
Ⅱ	微污染	0.1～0.4
Ⅲ	轻污染	0.5～0.9
Ⅳ	中污染	1.0～4.0
Ⅴ	重污染	5.0～9.0
Ⅵ	严重污染	≥10.0

6.1.3　花粉症发病率评价法

花粉症发病率的高低与吸入的花粉种类和数量有密切的关系，可以用人群中花粉症发病率(P)的高低作为评价花粉污染程度的指标：

$$P = \frac{D}{A} \times 100\% \tag{6-2}$$

式中：D 为某一年调查的花粉症患病人数；A 为调查总人数。

将花粉症发病率分为 6 级(表 6-2)：

表 6-2　花粉症发病率分级标准

等级	等级描述	P/%
Ⅰ	无污染	<0.05
Ⅱ	微污染	0.05～0.09
Ⅲ	轻污染	0.1～0.9
Ⅳ	中污染	1.0～4.9
Ⅴ	重污染	5.0～9.9
Ⅵ	严重污染	≥10.0

前两种方法是基于已建成绿地的逐日空气花粉监测数据，而第三种方法则是基于医院门诊数据或市民的问卷调查数据。这 3 种方法均无法在规划设计阶段对新建绿地的潜在花粉污染风险进行评估。

6.2 植被组成对空气中花粉浓度的影响

空气中花粉污染的程度主要与空气中花粉的种类和含量有关，而植被组成则是影响空气中花粉种类和含量的主要因素。不同植物的花粉在数量、外表面结构及传播方式等方面的差异，导致花粉的致敏性不同。靠风传播花粉的植物称为风媒花植物，一般没有颜色鲜艳的花被，也没有蜜腺和香味，其花粉量大、细小光滑、干燥而轻，适合长时间飘浮在空气当中，是引发过敏症的主要花粉类型（图 6-1）。

(a) (b)

图 6-1　风媒花植物（榆树）的花(a)和花粉(b)形态

靠昆虫传播花粉的植物称为虫媒花植物，一般具有鲜艳美丽的花被，有蜜腺和芳香气味，其花粉粒大、量少，表面常具有凸起的刺，并且常黏集成块、不适合长时间在空气中飘浮，一般不会引发过敏症状（图 6-2）。

(a) (b)

图 6-2　虫媒花植物（日光菊）的花(a)和花粉(b)形态

6.3 花粉浓度贡献率评估方法初探

不同树种开花量不同、同一树种的不同植株开花量也不同、同一植株不同年份开花量也不同;春季开花的风媒花树木的花期较短,一般为 7～10 d,且要经历始花期、盛花期和末花期,其中盛花期产生的花粉数量最多,对过敏人群的影响最大。其花粉粒较小,一般直径在 10～30 μm,一个花药中的花粉量超过数千粒(吴硕 等,2017;叶正文 等,2010;魏国芹 等,2010)。所以,要准确测算一株风媒花树木所产生的花粉总量是难以实现的。但是,根据不同树种种植密度和空气中最大花粉浓度,对各树种在盛花期时单株可产生的最大花粉浓度进行估算是可行的。因此,本研究利用各树种的最大花粉浓度与种植密度建立回归方程,根据规划设计方案中各树种的种植密度估算其在盛花期可能达到的最大花粉浓度,从而对其潜在花粉污染风险进行评估。

6.3.1 各试验地点不同树种的种植密度

颐和园是中国现存最大的古典皇家园林,全园总面积 290 hm^2,现有常绿乔木 10 种 2.2 万株;落叶乔木 82 种 1.3 万株。万寿山前山以侧柏和圆柏为主,后山则以松树为主,昆明湖沿岸则种植有大量桃树和柳树(赵京城 等,2017)。其中柏树的种植密度最高,为 47.03 株/hm^2;其次是柳树,为 12.19 株/hm^2;第三是松树,为 11.68 株/hm^2;杨树和榆科树木的种植密度均为 2.61 株/hm^2,桑科树木、白蜡和银杏的种植密度分别为 1.40 株/hm^2、0.66 株/hm^2 和 0.23 株/hm^2(表 6-3)。

天坛公园是中国保存最为完整的祭坛园林,全园总面积 273 hm^2,为了从整体上营造静谧、肃穆、庄重的祭祀氛围,自明清时期坛域内便广泛种植柏树和松树,树木总数达 5.6 万余株,其中侧柏 1.1 万株、桧柏 2.0 万株、松树 0.4 万株(王晶晶,2011)。柏树的种植密度是 117.43 株/hm^2,松树的种植密度是 17.66 株/hm^2,银杏的种植密度是 4.66 株/hm^2,杨树的种植密度是 4.08 株/hm^2,柳树、白蜡、榆科和桑科树木的种植密度均小于 1 株/hm^2(表 6-3)。

表 6-3　三个试验点产生气传花粉树种的种植密度　　单位:株/hm^2

树种	颐和园	天坛公园	北京市园林绿化科学研究院
柏科	47.03	117.43	4.03
榆科	2.61	0.22	0.14
杨属	2.61	4.08	4.45
柳属	12.19	0.27	7.13
白蜡属	0.66	0.13	5.23
银杏科	0.23	4.66	9.82
松科	11.68	17.66	9.75
桑科	1.40	0.09	0.35

北京市园林绿化科学研究院总面积 14.16 hm^2,设有城市绿地生态系统科学观测研究站,包含 6 种典型植物配置群落,银杏种植密度最大,为 9.82 株/hm^2;松树、柳树、白蜡、杨树和柏树种植密度分别是 9.75 株/hm^2、7.13 株/hm^2、5.23 株/hm^2、4.45 株/hm^2 和 4.03 株/hm^2;榆科和桑科树木的种植密度均小于 1 株/hm^2(表 6-3)。

6.3.2 树木花粉浓度等级划分标准

树木气传花粉浓度(污染风险)等级的划分参照美国国家过敏症研究总署的树木花粉浓度

划分标准(周晓平 等,2007),见表 6-4。

表 6-4 树木气传花粉浓度(污染风险)等级

等级	低	中	高	极高
花粉浓度/(粒/m^3)	≤14	15~89	90~1499	≥1500

Burkard 采样器的花粉浓度计算公式为:

$$N=\frac{A}{1000}\times\frac{B}{E} \tag{6-3}$$

式中:N 为空气中花粉浓度(单位:粒/m^3),A 为 1000 mm^2 计数点内花粉个数,B 为 Burkard 采样器采样区域面积($B=28\ mm^2$),E 为 Burkard 采样器每小时采样空气体积($E=0.6\ m^3$),因此,花粉浓度 N(单位:粒/m^3)与 A(单位:粒/1000 mm^2)换算公式为:

$$A=\frac{N}{46.67}\times 1000 \tag{6-4}$$

6.3.3 各试验地点的空气中最大日花粉浓度

2019—2021 年每年 3—4 月,颐和园的桑科(Moraceae)、柏科(Cupressaceae)和柳属(*Salix*)树木的最大日花粉浓度平均分别为 1205.51 粒/m^3、436.34 粒/m^3 和 205.44 粒/m^3,属于高浓度等级;杨属(*Populus*)、白蜡属(*Fraxinus*)、银杏科(Ginkgoaceae)和松科(Pinaceae)树木的最大日花粉浓度平均在 15~89 粒/m^3,属于中浓度等级;榆科(Ulmaceae)树木最大日花粉浓度平均低于 14 粒/m^3,属于低浓度等级(表 6-5)。

2019—2021 年每年 3—4 月,天坛公园的柏科树木的最大日花粉浓度平均为 1249.43 粒/m^3,其中 2019 年和 2020 年柏树最大日花粉浓度均超过 1500 粒/m^3,达到极高浓度等级;桑科树木最大日花粉浓度平均为 98.67 粒/m^3,属于高浓度等级;其余树木的最大日花粉浓度平均均在 15~89 粒/m^3,属于中浓度等级(表 6-5)。

2019—2021 年每年 3—4 月,北京市园林绿化科学研究院的柳属、桑科树木和银杏的最大日花粉浓度平均分别为 238.48 粒/m^3、104.75 粒/m^3 和 90.21 粒/m^3,属于高浓度等级;其余树木的最大日花粉浓度平均均在 15~89 粒/m^3,属于中浓度等级(表 6-5)。

表 6-5 不同树种的最大日花粉浓度(2019—2022 年每年 3—4 月) 单位:粒/m^3

树种	颐和园				天坛公园				北京市园林绿化科学研究院			
	2019 年	2020 年	2021 年	平均	2019 年	2020 年	2021 年	平均	2019 年	2020 年	2021 年	平均
柏科	756.82	435.68	116.51	436.34	1752.39	1525.97	469.31	1249.43	113.07	58.35	46.90	72.78
榆科	24.74	12.50	1.11	12.78	158.95	17.86	3.63	60.15	9.39	37.59	7.93	18.31
杨属	14.93	93.74	86.22	64.97	26.03	13.21	25.04	21.03	31.09	120.40	20.58	57.36
柳属	38.29	559.59	18.43	205.44	13.15	93.99	6.49	37.78	45.36	589.24	80.83	238.48
白蜡属	26.51	113.67	73.96	71.38	86.03	35.50	76.34	65.96	60.79	41.58	30.93	44.44
银杏科	8.57	45.74	18.55	24.29	54.50	66.41	43.58	54.83	112.59	84.16	73.86	90.21
松科	60.07	29.14	22.56	37.25	21.74	35.66	69.99	42.46	87.60	10.00	18.70	38.77
桑科	1376.56	1233.40	1006.57	1205.51	50.82	104.43	140.75	98.67	110.60	11.25	192.40	104.75

6.3.4 不同树木的种植密度与最大日花粉浓度的回归分析

根据 8 类树木最大日花粉浓度与种植密度的回归方程，当柏科、榆科、杨属、柳属、白蜡属、银杏科、松科和桑科树木的种植密度分别超过 8.28 株/hm^2、15.35 株/hm^2、7.00 株/hm^2、2.63 株/hm^2、0.86 株/hm^2、9.77 株/hm^2、41.00 株/hm^2 和 0.28 株/hm^2 时，各类树木的最大日花粉浓度就可能超过 90 粒/m^3，达到高污染风险等级；当柏科、榆科、杨属、柳属、白蜡属、银杏科、松科和桑科树木的种植密度分别超过 143.08 株/hm^2、256.79 株/hm^2、118.64 株/hm^2、44.82 株/hm^2、14.40 株/hm^2、172.21 株/hm^2、706.09 株/hm^2 和 4.73 株/hm^2 时，各类树木的最大日花粉浓度就可能超过 1500 粒/m^3，达到极高污染风险等级(表 6-6)。

表 6-6　不同树木最大日花粉浓度(Y)与种植密度(X)的线性回归方程

树种	盛花期	回归方程	显著性(P 值)
柏科	3 月 15—25 日	$Y=3.41+10.46X$	0.045
榆科	3 月 15—25 日	$Y=0.37+5.84X$	0.018
杨属	3 月 15—25 日	$Y=1.58+12.63X$	0.049
柳属	3 月 25—31 日	$Y=2.22+33.42X$	0.049
白蜡属	4 月 1—10 日	$Y=0.28+104.14X$	0.049
银杏科	4 月 1—10 日	$Y=5.21+8.68X$	0.008
松科	4 月 15—30 日	$Y=3.08+2.12X$	0.049
桑科	4 月 15—30 日	$Y=0.28+317.14X$	0.006

北京地区榆科、柏科和杨属树木的花期重叠，盛花期均在 3 月 15—25 日，但新建绿地中很少有榆科树木栽植，因而此阶段的花粉污染风险评估只需考虑柏科和杨属树木。其花粉污染风险评估模型为：$Y=4.99+10.46X_1+12.63X_2$(X_1＝柏树种植密度、X_2＝杨树种植密度，$P<0.05$)，当柏树和杨树的种植密度分别小于 4.06 株/hm^2 和 3.37 株/hm^2 时，就能将 3 月 15—25 日的最大日花粉浓度控制在中、低污染风险等级。

盛花期在 3 月 25—31 日的只有柳树，其花粉污染风险评估模型为：$Y=2.22+33.42X$(X＝柳树种植密度，$P<0.05$)。

白蜡和银杏的盛花期均在 4 月 1—15 日，其花粉污染风险评估模型为：$Y=5.49+104.14X_1+8.68X_2$(X_1－白蜡种植密度、X_2＝银杏种植密度，$P<0.05$)，当白蜡和银杏的种植密度分别小于 0.41 株/hm^2 和 4.87 株/hm^2 时，就能将 4 月 1—15 日的最大日花粉浓度控制在中、低污染风险等级。

松科和桑科树木的花期重叠，盛花期均在 4 月 15—30 日，但新建绿地中很少有桑科树木栽植，因而此阶段的花粉污染风险评估只需考虑松科树木，其花粉污染风险评估模型为：$Y=3.08+2.12X$(X＝松树种植密度，$P<0.05$)。

6.4 讨论与建议

随着北京城市绿化率的不断提高，空气中花粉浓度和种类研究很难排除研究区域外树木花粉的影响。研究表明，虽然气传花粉的水平飞散距离很远，但在距离开花植物 50 m 以外浓度会急剧下降（王成 等，2020）。本研究的 3 个采样点中，颐和园和天坛公园面积均超过 200 hm^2，公园中心区域空气中的花粉浓度受周边绿地影响较小。因此，利用本研究结果进行花粉污染风险评估时，绿地面积在 100 hm^2 以上才能有效避免评估结果受到周边绿地的影响。

北京城市绿化建设所应用的乔木集中在少数常用树种，十大绿化骨干乔木中侧柏、圆柏、杨树、柳树、油松、银杏和白蜡的栽植数量占乔木总量的 40%左右（郑西平 等，2011；欧阳志云 等，2007；王成，2018），说明花粉致敏树种的种类和数量较多、分布较广。为了最大程度地减少致敏花粉对市民工作和生活的影响，全面提升城市绿地服务群众的能力和水平，城市绿化建设要坚持以人为本，把适地适树、生态文明、安全保健等科学观念融入树种选择和配置过程中（郄光发 等，2012）；加强对绿地规划设计方案的审核把关，强化源头管控，在人员活动密集场所，如居民区、学校、医院、广场等，尽量减少白蜡、杨树、柳树和柏树的栽植数量；适度增加松树的使用量，满足冬季对常绿树种的需求；同时多使用虫媒花乔木树种，如糠椴、楸树、文冠果、稠李、丝棉木和毛梾木等，不仅可以满足人们春季踏青赏花的需求，也能为蜜蜂和天敌昆虫提供食物，提高城市绿地的生物多样性指数，从而增强城市生态系统的稳定性，促进城市林业健康发展。

参考文献

李志启，2014. 承载历史文化，彰显古都风韵——北京古柏寻访[J]. 中国工程咨询(4)：90-92.

廖凤林，1991. 城市园林绿化中的花粉污染[J]. 城市环境与城市生态，4(2)：21-25.

廖凤林，2000. 城市空气花粉污染评价[J]. 城市环境与城市生态(3)：45-46.

欧阳志云，嘉楠，郑华，等，2007. 北京城区花粉致敏植物种类、分布及物候特征[J]. 应用生态学报(9)：1953-1958.

郄光发，彭镇华，王成，2012. 关于我国城市绿化树种植被选择的思考[J]. 中国城市林业，10(3)：1-7.

王成，2003. 城市森林建设中的植源性污染[J]. 生态学杂志，22(3)：32-37.

王成，2018. 城市花粉、飞絮飞毛等植源性污染特征及其防治[J]. 中国城市林业，16(1)：1-6.

王成，金佳莉，孙睿霖，等，2020. 城市植物源性污染及其防治[M]. 北京：中国林业出版社.

王晶晶，2011. Analysis of Plant Disposition of the Altar Gardens Based on the Temple of Heaven Park[C]//中国风景园林学会. 中国风景园林学会 2011 年会论文集(上册). 北京林业大学园林学院.

魏国芹，孙玉刚，安淼，等，2010. 甜樱桃 7 个品种花粉数量及花粉萌芽率测定[J]. 华北农学报，25(S2)：123-127.

吴硕，贾彦丽，智福军，等，2017. 18 个枣品种花粉数量与萌发率的研究[J]. 河北农业科学，21(1)：42-45.

叶正文，杜纪红，苏明申，等，2010. 桃 92 个品种的花粉量及其萌发特性的差异[J]. 园艺学报，37(4)：525-531.

赵京城，李杰，2017. 颐和园乔木资源及种植配置分析[J]. 绿色科技(19)：54-56.

郑西平，张启翔，2011. 北京城市园林绿化植物应用现状与展望[J]. 中国园林，27(5)：81-85.

MAKRA L，MATYASOVSZKY I，DEAK A J，2011. Trends in the characteristics of allergenic pollen circulation in central Europe based on the example of Szeged，Hungary[J]. Atmospheric Environment，45(33)：6010-6018.

第 7 章　北京市致敏花粉公众气象服务

7.1　公众服务效益评估

7.1.1　传播及舆论效益

7.1.1.1　传播情况分析

本节分析采用的数据来自于北京人民在线网络有限公司和新浪微博、微信公众号官方后台，统计分析时段为 2020—2022 年的致敏花粉气象服务时段(每年 3 月至 10 月中旬)。

(1)传播走势分析

2020—2022 年，随着北京市致敏花粉公众气象服务产品和形式丰富以及服务内容质量的不断提升，吸引了越来越多的北京市民和全国各地的花粉过敏人群的关注。本节分析内容中，以全网各类媒体平台发布的致敏花粉相关报道总篇数来表示致敏花粉公众气象服务传播量。从 2020—2022 年北京市致敏花粉公众气象服务传播量曲线(图 7-1)可以看出，这 3 a 间北京地区的致敏花粉公众气象服务传播走势呈上升趋势。

图 7-1　2020—2022 年北京市致敏花粉公众气象服务传播量曲线

传播走势整体呈周期性波动态势，于 2021 年 3 月达到最大峰值。具体来看，2020—2022 年每年全网致敏花粉相关文章的发布篇数会出现两次峰值，与北京地区春季和夏秋季两个花粉主要散播时段重合，达到峰值的主要原因有两种：一是当年花粉主要散播期开始，花粉气象服务新渠道上线；二是主要气传致敏花粉进入高峰期，花粉高峰期预报产品及花粉相关科普产品相继发布，相关内容吸引大量媒体聚焦，推动舆情热度飙升；同时，随着近两年花粉气象服务产品升级及新产品发布，北京气象服务中心发动气象部门微博、微信、网站等新媒体平台资源积极开展服务内容创新性和最新成果的宣传，使 2021 年和 2022 年致敏花粉气象服务期间相关内容发布的相关文章篇数得到明显提升（图 7-2）。

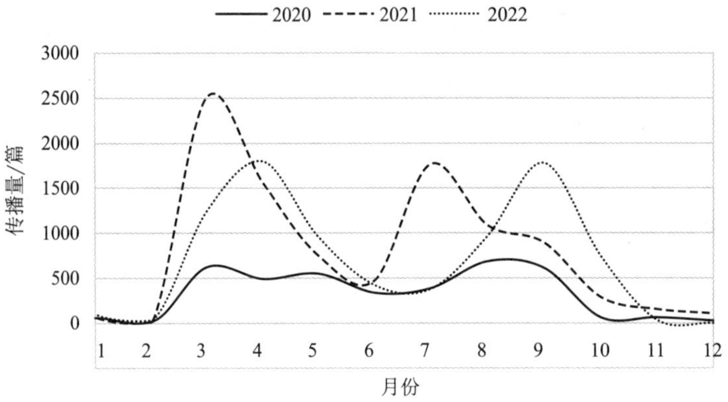

图 7-2　2020—2022 年逐年致敏花粉公众气象服务传播走势对比

（2）传播渠道分析

2020—2022 年的致敏花粉气象服务时段内，全网共监测到致敏花粉公众气象服务相关信息 21874 篇。按传播渠道进行分类统计得到，包含了客户端推文 7027 篇，占比 32.12%；微信公众号文章 6013 篇，占比 27.49%；网媒报道 4880 篇，占比 22.31%；微博信息 3747 条，占比 17.13%；论坛博客帖文 90 篇，占比 0.41%；数字报刊文章 91 篇，占比 0.42%；视频 26 个，占比 0.12%。由此可以看出，客户端、微信公众号、网媒和微博是致敏花粉气象服务相关信息的主要传播平台，4 个渠道的占比总和超过了 99%（图 7-3）。

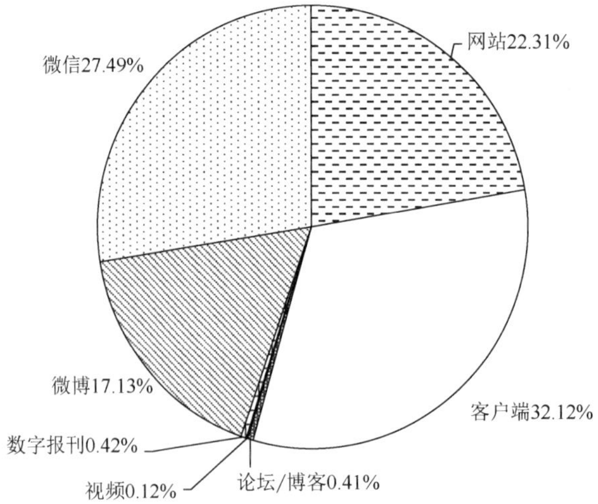

图 7-3　致敏花粉公众气象服务传播渠道分布情况

(3)传播热度分析

本节分析的传播热度是指媒体通过对某一内容进行转发或编辑加工后再次发布的行为，使该内容得到了较高的传播量即传播热度。分析过程中，采用具有高相似度的文章转发量数据来表征传播热度。它可以直观体现媒体的关注点和传播内容的选取偏好。

对全网与北京致敏花粉气象服务相关的高相似度文章的传播量数据进行统计分析后，整理得到排行前十位的传播热度的新闻内容(表 7-1)，其中《花粉浓度“爆表”！快收好这份〈花粉过敏全解答〉》《你的秋天，“鼻敏感”吗？盘盘换季时节的气候病！》《花粉过敏人数增多 科学脱敏迫在眉睫》等五篇文章，围绕花粉季开始、花粉过敏人数增多、花粉浓度“爆表”等高关注度的民生问题开展科普解读和花粉气象服务宣传推广；《气象服务助力经济社会高质量发展》则列举了北京地区花粉气象服务工作为实例，评价气象服务在推动经济社会高质量发展中起到了积极的作用；《重要通知：花粉监测预报搬家啦！》《花粉监测预报(2021-07-09)》两篇出自北京花粉气象服务信息原创发布平台，为新开设的致敏花粉监测预报获取渠道进行宣传推广，完成目标用户的迁移和引流，在夏秋季花粉浓度高峰期为花粉过敏人群提供花粉浓度监测、预报信息，指导过敏人群加强防护；《北京发布沙尘蓝色预警 预计明天大部分地区有沙尘天气》《沙尘主体已经移出 北京空气质量转好》两篇文章是将花粉浓度监测预报信息与当地高影响天气预报相结合的资讯类文章，同样获得了较高的关注度和转发量。

表 7-1　高传播热度文章前 10 位情况

序号	媒体	标题	传播量/篇
1	光明网	花粉浓度“爆表”！快收好这份《花粉过敏全解答》	254
2	人民日报	气象服务助力经济社会高质量发展	241
3	中国新闻网	北京发布沙尘蓝色预警 预计明天大部分地区有沙尘天气	216
4	“气象北京”微信	重要通知：花粉监测预报 搬家啦！	196
5	“健康时报”快资讯网	过敏性鼻炎高发季，你最关心的防治 8 问，名医解答	191
6	“花粉监测预报”微信	花粉监测预报(2021-07-09)	172
7	中国新闻网	沙尘主体已经移出 北京空气质量转好	152
8	光明网	你的秋天，“鼻敏感”吗？盘盘换季时节的气候病！	142
9	金台资讯	花粉过敏人数增多 科学脱敏迫在眉睫	134
10	千龙网	北京花粉浓度依然很高 过敏人群尽量减少外出	132

综合以上分析可以看出，花粉过敏相关知识科普、北京地区花粉浓度监测预报信息、花粉监测预报产品获取途径等内容更容易获得媒体的关注，各级媒体对相关情况具有更强的宣传意愿。

除此之外，媒体主动邀约进行专题采访，并通过电视节目播出也是提升传播热度的重要方式，同样能够直观且明确地体现出媒体的传播意愿。

2020 年花粉季北京广播电视台(BTV)科教频道《健康北京》节目组邀约同项目组专家参与录制了一期以过敏性鼻炎为专题的节目，节目中提及了合作推出的北京市花粉浓度监测产品，此期视频在北京时间 App 上的播放量累计达到 1679 万次(图 7-4)。

2020—2022 年中央广播电视总台新闻频道(CCTV13)《共同关注》节目分别在每年的春季和夏秋季两个北京市致敏花粉的高发时段内，多次对致敏花粉服务工作进行专题采访和报道，并通过节目对致敏花粉公众气象服务产品、致敏花粉种类、花粉浓度等级划分等知识进行了科普宣传(图 7-5)。

图 7-4 BTV 科教频道《健康北京》栏目录制花粉服务专访

图 7-5 CCTV13 新闻频道《共同关注》栏目对北京致敏花粉公众气象服务进行采访与宣传报道

(4)阅读量分析

阅读量的数值是评判传播效果好坏的重要数据之一,它可以直观反映文章内容的受众群体规模和公众的阅读偏好及关注度。下文将对两个致敏花粉公众服务信息的主要发布平台——微博和微信的阅读量数据分析内容及结论进行阐释。

① 微信平台

对致敏花粉气象服务相关的微信文章的阅读量进行统计后,整理得出了阅读量突破 10 万的 13 篇微信文章(表 7-2)。这些高阅读量文章的发布来源主要是像《人民日报》"央视新闻""新华网""北京本地宝"等中央级或北京地方级新闻资讯媒体的微信公众号,它们普遍拥有广泛的受众群体,依靠巨大的粉丝量创下了高阅读量;另外,也有医学类科普公众号"丁香医生"、花粉气象服务开创者的公众号"气象北京",它们收获高阅读量的原因则不仅是靠庞大粉丝群的支撑,也有一部分原因是它们对花粉过敏相关内容的剖析深度更具有专业性和创新性,从而吸引了大批公众前来阅读。积极运用微信平台渠道引用花粉气象服务产品发布推送文章,同时,对致敏花粉气象服务产品和花粉过敏相关知识开展宣传,营造了良好、积极的舆论氛围。

根据表 7-2 中的文章标题,可以进一步分析高阅读量文章的内容类型可以分为两大类。一是以《早啊！新闻来了》《国内 3 地调整为高风险！明天上班前北京还有这些事你要知道!》《来了！新闻早班车》《重要！这类人仍需做核酸检测！近期北京还有这些事抓紧了解!》等 4 篇文章为代表的生活资讯类推文,这类文章是将花粉气象服务内容作为一项生活资讯加入到新闻资讯集合推文中,从而获得高阅读量;与此相似的还有《暴雨局地大暴雨 今年以来最强降雨即将来袭》《风雨来袭！北京接下来开启"变脸"模式！另外还有三个重要提醒……》《冷空气来袭！风+雨+扬沙！北京的魔幻天气还有大反转吗？更刺激的是……》等 5 篇文章,它们是将当地高关注度的天气资讯与花粉气象服务内容合并转写推文,从而吸引了大批公众点击阅读。二是以《喷嚏,圆柏,以及过敏者的过春天》《我国患者超 2 亿人！这种病进入"高发期",门诊"一号难求"！医生提醒→》《"草"粉过敏》等 4 篇文章为代表的科普类推文,这类文章聚焦花粉过敏这一民生问题,以科普花粉过敏相关知识为主要内容,同时也推广了北京地区的致敏花粉气象服务工作开展情况及各类服务产品的获取途径,这类文章可以吸引具有致敏花粉气象服务需求的公众前来阅读,收获高阅读量的同时,对花粉气象服务的宣传推广也起到了积极作用。

表 7-2　阅读量破 10 万次文章

微信公众号	文章标题
央视新闻	早啊！新闻来了〔2021.03.15〕
北京本地宝	国内 3 地调整为高风险！明天上班前北京还有这些事你要知道!
人物	喷嚏,圆柏,以及过敏者的过春天
北京本地宝	重要！这类人仍需做核酸检测！近期北京还有这些事抓紧了解!
气象北京	暴雨局地大暴雨 今年以来最强降雨即将来袭
北京本地宝	请注意！北京开启"飞雪"疯狂模式！具体时间在……
北京本地宝	风雨来袭！北京接下来开启"变脸"模式！另外还有三个重要提醒……
央视财经	我国患者超 2 亿人！这种病进入"高发期",门诊"一号难求"！医生提醒→
新华网	我国患者超 2 亿人！这种病进入"高发期",医生提醒

续表

微信公众号	文章标题
北京本地宝	冷空气来袭！风＋雨＋扬沙！北京的魔幻天气还有大反转吗？更刺激的是……
人民日报	来了！新闻早班车
北京本地宝	搞事！北京部分地区将有雷阵雨＋大风＋冰雹！在这个时段
丁香医生	“草”粉过敏

除了对单篇微信文章的阅读量统计分析之外，还对微信平台整体的阅读量进行了逐年的统计分析。结果得出，2020—2022 年微信平台渠道监测到花粉气象服务相关推送文章的累计阅读量达到 1047.6 万次，阅读量呈现逐年提升的趋势。其中，2021 年受到产品升级、新产品推出以及媒体曝光率提高等多方面因素的影响，阅读量相比 2020 年提升了 259.9%，一跃突破了 440 万次，2022 年阅读量依然保持提升势头，达到了 477.1 万次（图 7-6）。

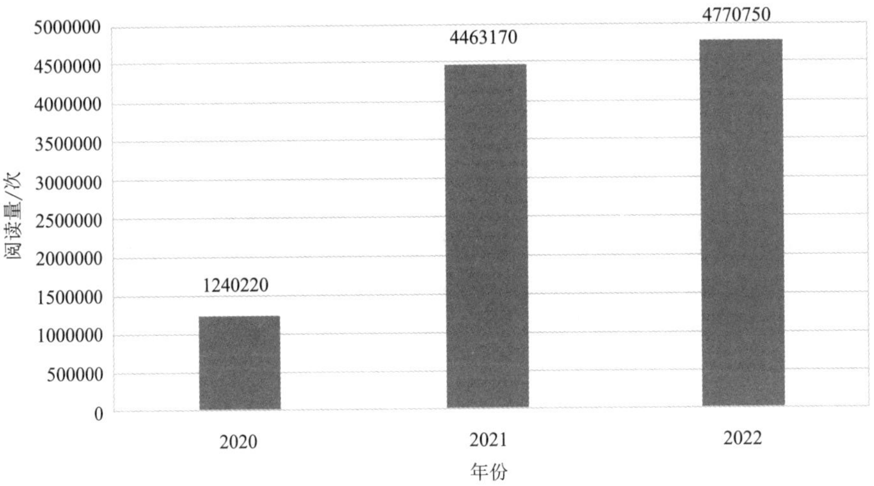

图 7-6　2020—2022 年致敏花粉气象服务相关微信推文逐年累计阅读量对比

② 微博平台

对致敏花粉气象服务相关的微博阅读量也进行了统计，整理得到了累计阅读量位居前十的微博账号（表 7-3）。其中包含《北京日报》《北京青年报》《北京晚报》3 家北京地方知名媒体官方微博，“北京发布”“平安北京”两家北京市属机关单位官方微博，“中央气象台”“中国天气”两家国家级气象单位官方微博，“央视网”一家央级新闻媒体官方微博，“北京朝阳”一家北京的区级机关单位官方微博，以及北京市气象局官方微博“气象北京”。其中“气象北京”微博作为北京市致敏花粉公众气象服务的原创发布渠道，相关微博的发布条数及累计阅读量均占据榜首，且远远超越其他微博平台。

表 7-3　累计阅读量 TOP10 微博平台

微博号	发布条数	累计阅读量/万次
气象北京	833	3263.40
《北京日报》	8	104.57

续表

微博号	发布条数	累计阅读量/万次
《北京青年报》	2	56.86
《北京晚报》	2	51.96
北京朝阳	78	35.35
中央气象台	2	33.45
央视网	1	30.63
北京发布	4	17.09
中国天气	4	16.72
平安北京	2	14.76

同样地，通过对微博平台整体的阅读量进行逐年统计分析。结果得到2020—2022年微博平台渠道监测到致敏花粉气象服务相关微博的累计阅读量达到3824.6万次，阅读量呈现波动上升的趋势。其中，2021年受到“花粉监测预报”微信平台和“花粉健康宝”小程序两大新发布渠道的分流影响，阅读量相比2020年明显下降，不过2022年微博再次成为致敏花粉气象服务信息阅读量最大的发布渠道，收获了1803万次的累计阅读量，这一数值远超微信平台（图7-7）。

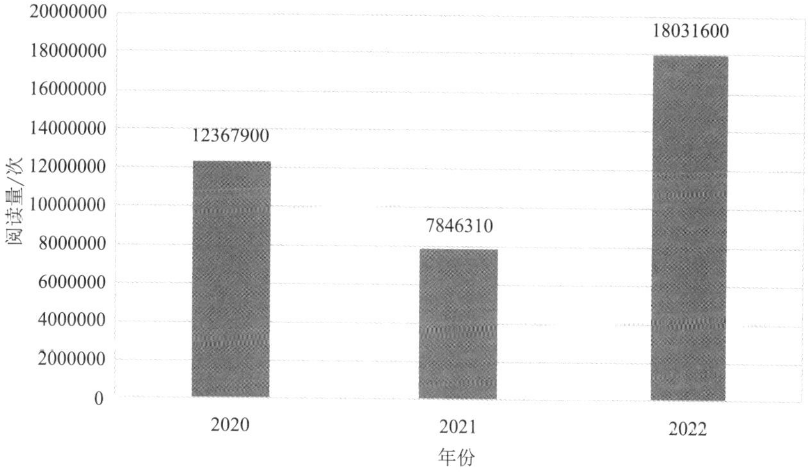

图7-7　2020—2022年致敏花粉气象服务相关微博逐年累计阅读量对比

对比之下，可以发现微博平台不仅粉丝量巨大，而且平台本身具有更高的活跃度，通过热门话题、同城关注等信息广场，能够极大程度地提升网友的流动性，让更多的网友有机会看到致敏花粉气象服务的相关信息，从而更好地达到高效、广泛的传播效果。

7.1.1.2　舆论反馈分析

（1）媒体观点

自北京花粉公众气象服务开展以来，全网各类媒体为此项工作的宣传推广作出了不可磨灭的贡献，不仅有效扩展了花粉气象服务的受众群体，提升了相关产品的曝光度，还使花粉气象服务工作在社会初步建立起了积极正向的形象，营造出了良好的舆论氛围。

通过网络调研的方式，对评议花粉气象服务的相关文章报道进行了收集，并整理得到了部分传播量较高的中央级媒体报道（表 7-4），在精读这些文章后，可以归纳得出主流媒体对于北京花粉公众气象服务的部分核心观点。

表 7-4　2020—2022 年部分中央级媒体报道

发布媒体	报道题目
《人民日报》	潜心破解过敏难题（讲述·一辈子一件事）
《人民日报》客户端北京频道	过敏人群注意！北京明天花粉过敏风险很高，请减少外出
央广网	春季花粉过敏怎么办？收好这份花粉症预防指南
新华社	气温回升花粉浓度升高 专家建议可预防性治疗
新华社-半月谈	生态环境趋好，要警惕新的烦恼：这种病症的发病率，在春天持续上升！
中国新闻网	“春天的烦恼”来了 防治花粉过敏有这几招
《科技日报》	当抗疫遇上过敏季，口罩的任务更重了
人民政协网	任风云变幻 气象服务如影随形
中国青年网	站住，你这粒花粉！
搜狐新闻客户端-光明网	花粉过敏人数增多 科学脱敏迫在眉睫

一是致敏花粉气象服务工作得到北京市政府高度重视和大力支持，相关产品宣传介绍被译为外文发布于政府门户网站，具有一定的国际传播度。北京市人民政府网国际版发布了“花粉健康宝”小程序和花粉监测预报公众号的英、日、韩文等多语种介绍（图 7-8），让致敏花粉气象服务工作走出国门，走向国际。

二是高度评价致敏花粉气象服务工作助力经济社会高质量发展，符合紧贴国家和人民需求的发展理念。如 2022 年 5 月《人民日报》在“气象服务助力经济社会高质量发展”报道中提到，气象服务已融入生产、生活，日益适应新时代需要。气象服务不再只是提醒阴晴冷暖，而是为广大公众、各行各业提供更加精细化、专业化、多元化的服务，助力经济社会高质量发展，并且以北京市气象局与同仁医院合作开展的北京地区致敏花粉气象服务工作为实例，给予了“早是前提，快是关键，准是根本”的总结性评价，肯定了致敏花粉气象服务工作的价值。该报道得到广泛转发，位居高热度文章榜第二位，转发媒体包括新华网、海外网、东南网等大体量网站媒体。

三是充分肯定致敏花粉气象服务工作的创新性和示范性，对推动气象与其他专业领域合作开展应用类科研及专业服务工作具有突出贡献。气象部门内部媒体（中国气象局网、《中国气象报》）多篇文章对致敏花粉气象服务业务工作的开展情况进行跟踪报道，先后介绍了北京市气象局与北京市园林绿化局、北京市园林科学研究院、北京同仁医院、北京工业大学、墨迹天气公司深化合作，服务内容和形式持续优化升级，持续推进科研成果的应用与转化工作，加强气象与健康医疗、生态治理等领域的合作力度，融入政企联动的商业化气象服务模式，充分体现了开拓创新的新发展理念。

四是高度关注花粉过敏这一民众生活健康话题，对花粉过敏防治、花粉监测工作进行科普解读，并对致敏花粉气象服务相关产品和服务获取渠道进行宣传推广。如《人民日报》、央广网、中国新闻网、中国青年网分别发文指出，全国多地因花粉过敏而发病的人群数量有增加趋

图 7-8　“花粉健康宝”微信小程序和“花粉监测预报”微信公众号外文版

势，病痛的折磨加之持续的治疗花销对过敏人群生活造成严重影响，并围绕这一受到关注的健康问题，特邀医学和气象专家进行专访，并撰写专题文章，解答花粉过敏相关问题，介绍致敏花粉气象服务产品，为人们科学应对过敏性鼻炎提供参考。其中新华网发布"'春天的烦恼'来了，这几件法宝一定要拿好"，详细介绍了北京市气象服务中心建立的"花粉监测预报"微信公众号、"花粉健康宝"小程序等可以掌握未来 24 h 花粉浓度等级预报及相关提示信息的渠道；中国青年网发布"站住，你这粒花粉！"介绍了花粉气象监测和预报产品制作幕后的过程。

(2)民众(网友)观点

2020—2022 年致敏花粉气象服务时段内，通过"花粉监测预报"微信公众号的每日推送，进行了致敏花粉服务满意度调查。统计结果显示，公众对致敏花粉气象服务的满意度一直保持在较高水平，3 a 间逐月的公众满意度均在 85%以上，3 a 的平均公众满意度为 93.3%，其中 2020 年最高，年均满意度达到了 98%(图 7-9)。

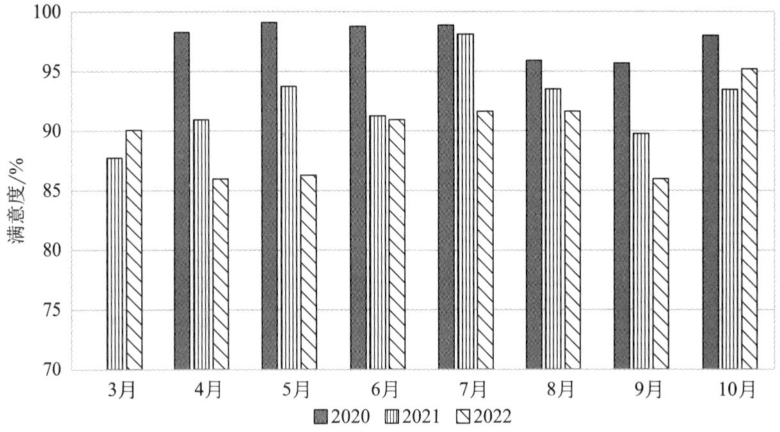

图 7-9　2020—2022 年致敏花粉气象服务时段逐月公众满意度统计结果

另外，从微博、微信等致敏花粉气象服务信息发布平台上的网友留言中，可以看出绝大部分的民众(网民)对致敏花粉公众气象服务工作都给予了正面、积极的反馈。

通过调研网友的留言，可以大致分类总结出四个方面的反馈内容，一是网民对致敏花粉气象服务工作的开展表示支持，对资讯的及时更新发布表示感谢。

【网民评论摘编】

@gjy：真好！过敏者就希望研究一下这些。谢谢！

@门德尔松_边宏伟：感谢气象科学家和医学家的共同努力，为我们这些花粉过敏者及时送来福音。

二是网民对致敏花粉气象服务内容形式上的不断完善、丰富纷纷表示称赞。

【网民评论摘编】

@郑勇：太棒了！"气象北京"(微信公众号)花粉报告越来越好！

@大象：大赞！好多年前就提过建议，如今终于实现预报了！希望进一步提供每日预报！

@newff：特别好！给出花粉的种类、时间，专业，用心！

三是网民对致敏花粉气象服务的专业性和及时性给予了高度肯定，以亲身经历肯定花粉预报信息对防范花粉过敏起到了帮助作用。

【网民评论摘编】

@宝欣：现在的花粉浓度预报真的很棒！对于一个过敏星人来说可以做好防护以及尽可能避免，很贴心！

@珍惜：这个花粉播报太有用了！非常感谢医务工作者和科学家们的努力，这是真正为过敏考虑！实时播报花粉情况有助于我们提前、有效、有针对性地进行自我防范，大大减轻过敏的痛苦。太感谢了！

@微信网友：以往鼻子、眼睛过敏，到了无法控制的时候才用药，今年关注了"气象北京"微信公众号，能在花粉浓度升高之前得到预警，可以提前用药，基本已经可以控制住过敏、不发作了。

四是网民关心花粉监测工作的幕后流程，对花粉过敏相关专业知识表现出较高的求知欲，引起了科普热潮。

【网民评论摘编】

@Lisheng：终于介绍工作过程了，读数专家辛苦了！

@石头妈咪：希望有更多的科普知识！

7.1.2　节"药"效益

全球范围内超过 10%的成人和 40%的儿童受到花粉过敏的影响，中国 9%的人口患有花粉过敏症，随着城市化进程的加快，过去十年中国的花粉过敏症的发病率从 5%上升到了 17.8%，北京的花粉过敏发病率则超过了 47%，而且仍在持续上涨(Lou et al.，2017)。花粉过敏症患者的增多给个人和国家带来沉重经济负担，仅美国每年就为花粉症治疗花费 180 亿美元(魏庆宇，2012)；中国估计每年花费在 1000 亿元人民币以上。考虑到花粉过敏患者的患病率和发病率逐年攀升，造成的医疗开支将会更加惊人。而对于花粉症治疗最有效的措施就是避免接触花粉，所以准确适时的花粉预报至关重要。2020—2022 年花粉过敏患者通过新媒体平台获得花粉气象服务，以提醒花粉症患者做好预防措施，期待能在降低致敏花粉患病风险的同时，减少患者就医及用药方面的花销。

为了验证致敏花粉气象预报服务的实际效益，北京同仁医院课题组对 169 位志愿者开展了季前干预治疗试验，其中对照组为不了解花粉预报的患者，报告组为了解花粉预报的患者。通过问卷调查获知他们一年花粉季的所用药费，并将患者按药费划分为 4 级(其中 1 级为 100～500 元，2 级为 500～1000 元，3 级为 1000～2000 元，4 级为＞2000 元)，分别计算每一级的最低药费和最高药费情况下 100 位患者所节约的药费，最终得到平均后人均节约的药费，即了解花粉气象预报信息的患者平均每人每年用药费用可节约 491.5 元，详见表 7-5。

表 7-5　花粉过敏人群季前干预治疗志愿者节约用药评估表

	最低药费				最高药费			
药费级别	1 级	2 级	3 级	4 级	1 级	2 级	3 级	4 级
对照组人数/人	17	36	36	11	17	36	36	11
每年花粉季药费/(元/人)	100	500	1000	＞2000	500	1000	2000	＞2000
分级药费合计/元	1700	18000	36000	22000	8500	36000	72000	22000

续表

	最低药费				最高药费			
药费级别	1 级	2 级	3 级	4 级	1 级	2 级	3 级	4 级
最低/最高药费合计/元	77700				138500			
报告组人数/人	59	31	4	6	59	31	4	6
每年花粉季药费/(元/人)	100	500	1000	>2000	500	1000	2000	>2000
分级药费合计/元	5900	15500	4000	12000	29500	31000	8000	12000
最低/最高药费合计/元	37400				80500			
每年花粉季节约药费/(元/100 人)	40300				58000			
每年花粉季节约药费平均值/(元/人)	491.5							

按人均每年减少用药 491.5 元计算，花粉健康宝小程序和花粉监测预报公众号 2021—2023 年累计用户数为 100 万，服务的节约用药开支 4.91 亿元；按北京花粉过敏人数 270 万计算，每年可节约用药开支 13.27 亿元。

7.1.3 小结

通过前面的分析，发现花粉公众气象服务工作产生了诸多正向的社会效益，具体概括为：

一是通过中央级、地方级和气象部门媒体的多层次联动报道，致敏花粉公众气象服务工作收获了较高的社会关注度。致敏花粉气象服务开展以来，宣传推广工作不断推进。各级媒体充分发挥自身优势，形成联动，打造立体化传播。中央级媒体凭借自身强大的舆论影响力，主动设置议题，通过图文、视频、电视节目等多种方式，吸引大量媒体进行转发，进一步扩大舆论影响力。地方媒体充分发挥本土用户和信息资源优势，将花粉气象服务信息纳入每日地方生活资讯等高阅读量推送中，并对当地气象部门开展花粉气象服务工作的过程进行了实地采访，让更多当地民众了解获取相关信息的渠道，提升了致敏花粉气象服务的关注度。气象部门媒体充分利用同行专业知识优势，对气象工作者开展花粉监测、预报的方法、原理及行业标准等知识进行了科普解读，并采用图文、小视频、微博直播等互动性强的融媒体手段，提升参与感，持续制造舆论热点。

二是致敏花粉公众气象服务聚焦民生问题，为民众提升生活质量提供了科学指引，同时强化了花粉相关知识的科普宣传力度，有助于提升公民的科学素养。近年来，花粉过敏人群数量不断增加，民众健康意识不断提升，健康气象服务需求有所增加，致敏花粉气象服务工作恰好满足了公众的需求，在推出服务产品的同时，借助媒体平台邀约医疗、气象等相关领域专家进行全方位、深度的科普解读，让更多的民众了解花粉过敏的来龙去脉，同时也可为花粉过敏患者提供科学的预防及治疗指导。

三是致敏花粉气象服务工作属于多学科交叉的研究领域，是顺应时代发展需求的复合型科研工作，有助于提升科研创新，同时也可为国家节约医疗费用支出，可以取得一定的社会经济效益。每一个致敏花粉公众气象服务产品都集合了气象、医学、园林、工程专业领域的研究内容，是创新性科研成果，有助于推动相关产业的发展和新技术的研发。另外，产品的发布可以有效遏制花粉症产生的医疗费用支出的增长。

7.2　服务产品模板介绍

7.2.1　北京市每日花粉播报

北京市每日花粉播报是北京致敏花粉公众气象服务实现业务化的首批产品之一，该服务产品会在每天中午 12 时前发布，发布渠道包括“气象北京”微博和“花粉监测预报”微信公众号。发布内容包括昨日北京分区及全市平均花粉总浓度监测结果、昨天分类花粉浓度的监测结果及主要致敏花粉种类，明天北京分区花粉浓度等级预报图和北京全市平均花粉浓度预报。另外，还有北京同仁医院医生提供的花粉过敏防护提示。

产品发布时，包含文字和图片两部分，以两种不同的形式提供花粉预报信息。下面为两种形式的产品模板。

(1)文字模板

10 月 13 日本市的花粉浓度监测结果为：平均每千平方毫米 12 粒，浓度很低，主要种类为：菊科蒿属和藜科。预计 10 月 15 日城区的花粉颗粒数每千平方毫米为 10～30 粒，仍为很低水平。明天天空晴朗，风力稍大，预计花粉浓度为很低水平，夏秋季花粉致敏性强，敏感人群出行请适当做好健康防护。

(2)图片模板

本产品的图片模板共有三种，根据北京地区致敏花粉的散播高峰期分布时段，分别设置了适用于春季高峰期(3 月初到 5 月底)、夏季波谷期(6 月到 8 月上旬)以及夏秋季高峰期(8 月上旬—10 月中旬)的底图和服务内容。春季和夏秋季高峰期的服务内容一致，包含了前面介绍的全部发布内容，而夏季波谷期的产品内容做了大量的精简，只保留昨日花粉总浓度及等级监测结果、明天全市平均花粉总浓度及等级预报和花粉过敏防护提示，样例见图 7-10。

7.2.2　北京市致敏花粉浓度等级预报

7.2.2.1　致敏花粉总浓度等级预报

北京市致敏花粉总浓度等级预报是北京致敏花粉公众气象服务实现业务化的核心产品之一，该产品在每日 08 时和 20 时更新两次，产品以北京市行政区划图的形式呈现，展示了未来 24 h、48 h 和 72 h 的北京市分区花粉总浓度等级预报结果，产品样例见图 7-11。

7.2.2.2　分类花粉浓度等级预报

北京市分类花粉浓度等级预报是北京致敏花粉公众气象服务的主要创新性产品之一，该产品每日上午、下午各更新一次，通过“花粉健康宝”小程序向公众发布。产品以色斑图的形式展示当下主要科属的气传致敏花粉未来 24 h、48 h 的分类花粉浓度等级预报结果，在春季发布柏科、松科、杨柳科的花粉浓度等级预报，夏秋季则会换成藜科、禾本科、桑科、菊科蒿属的花粉浓度相应预报产品。图 7-12 和图 7-13 分别为春季和夏秋季的分类花粉浓度等级预报产品模板。

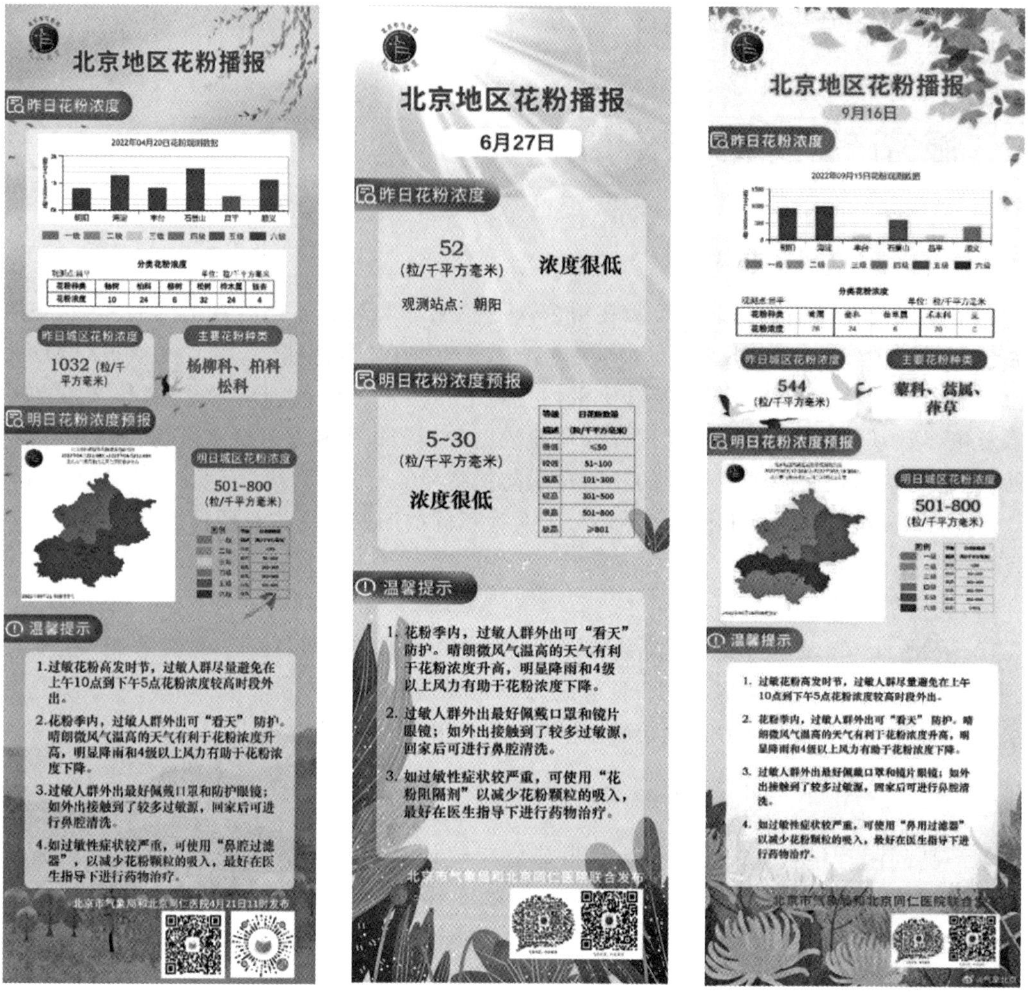

图 7-10　北京地区花粉播报产品图文模板样例

（由左至右分别为春季高峰期、夏季波谷期、夏秋季高峰期）

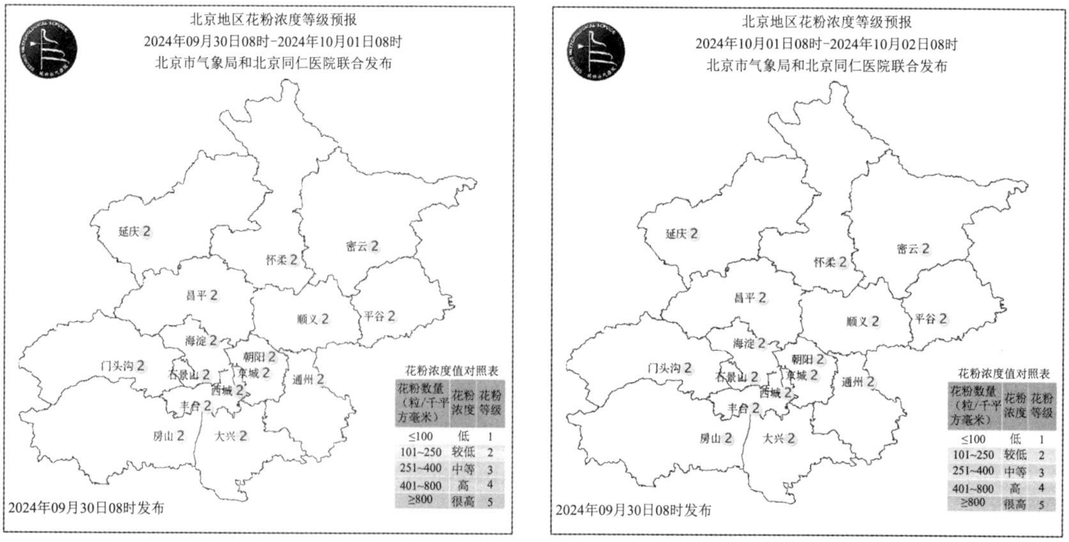

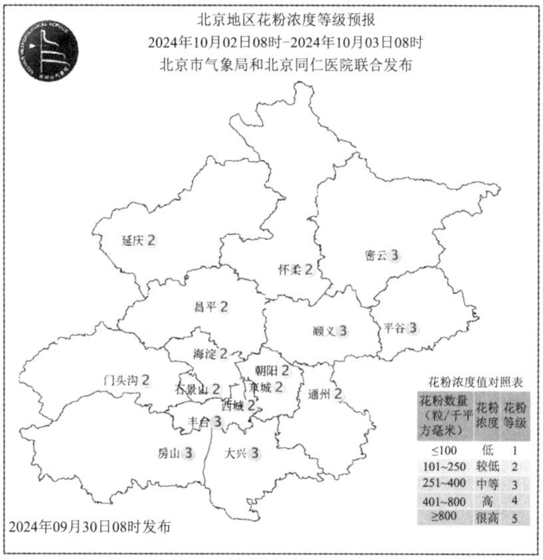

图 7-11　北京地区花粉总浓度等级预报产品样例

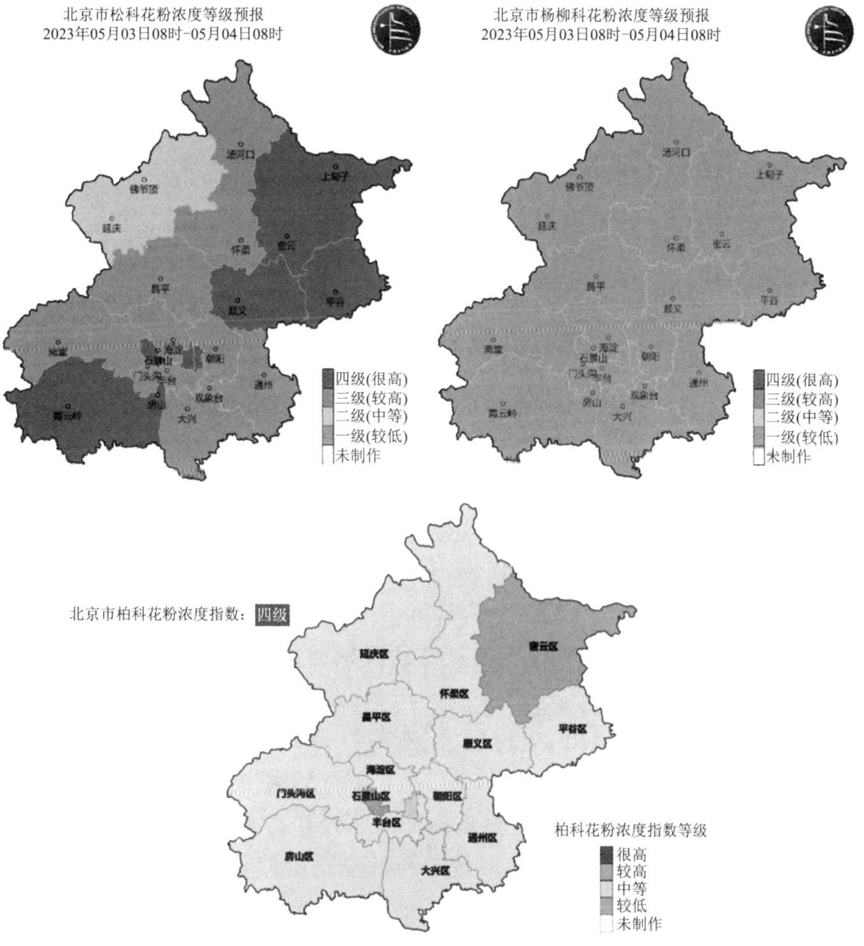

图 7-12　春季分类花粉浓度等级预报产品模板样例

（对应彩图见本书 224 页）

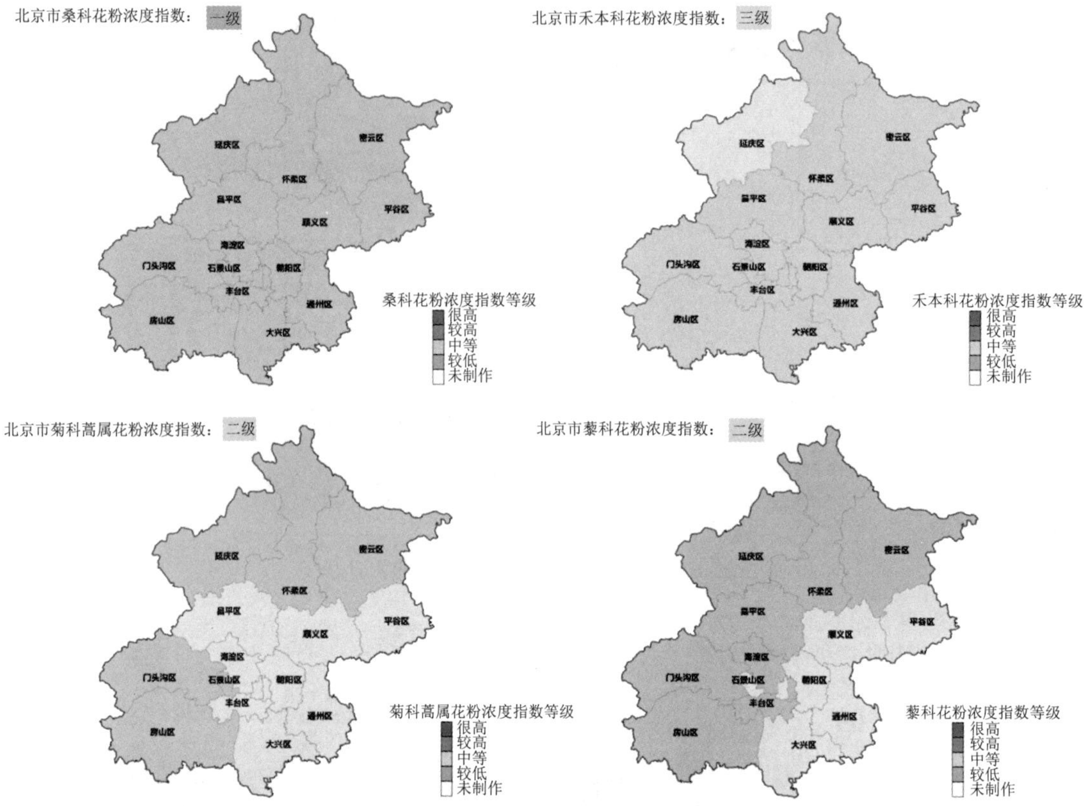

图 7-13 夏秋季分类花粉浓度等级预报产品模板样例

（对应彩图见本书 223 页）

7.2.3 北京市主要气传致敏植物花粉的花粉期预报

基于建立的主要气传致敏植物花粉的花粉季起止日期、高峰期和花粉季长度预报模型，北京市气象服务中心开发了北京市主要气传致敏花粉的花粉期预报可视化长图产品，用以向大众提供预报服务和进行科普宣传。

7.2.3.1 开始期预报

北京市主要气传致敏植物花粉开始期预报产品共有七期，按发布时间排序分别为榆科花粉开始期预报、杨柳科花粉开始期预报、松科花粉开始期预报、柏科花粉开始期预报、藜科花粉开始期预报、菊科蒿属花粉开始期预报和桑科花粉开始期预报（具体时间顺序可能会根据当年具体花粉季起始时间变化）。

开始期预报产品大体分为导语、花粉预报、花粉特点科普及花粉过敏防护提示 4 个板块（图 7-14）。导语部分主要介绍了产品内容；花粉预报部分则通过在北京地图中采用不同区不同色块的方式来表现花粉起始期的早晚，更直观简洁地将公众需要的预报信息呈现出来。花粉特点科普则是包含了产生花粉的植物介绍，通过花粉的电镜照片等方式来介绍花粉的相关特点。最后过敏防护提示则是针对花粉过敏患者给出相应的提示，方便花粉过敏患者的日常生活。

开始期预报产品是由北京市气象服务中心业务人员在确定开始期数据后交由相关人员制作。制作完成并通过审核后通过“气象北京”官方微博和微信公众号及由北京市气象服务中心

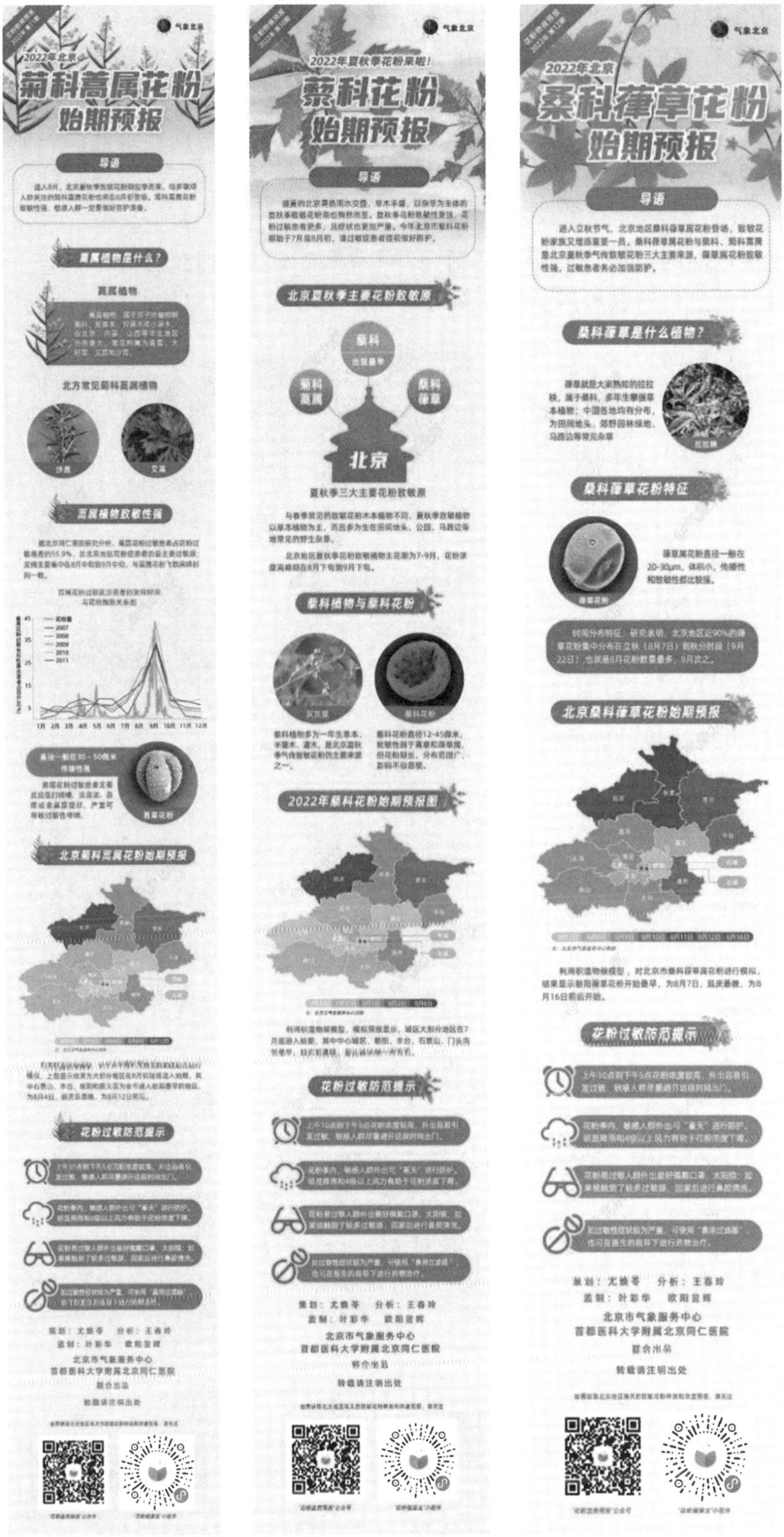

图 7-14　北京市主要气传致敏花粉开始期预报产品样例

独立运营的“花粉检测预报”微信公众号发布，一直发布至开始期结束。该系列产品自 2020 年开始发布，取得了很好的科普服务效果，受到广泛好评，同时也被多家知名媒体转发报道。

7.2.3.2　高峰期预报

北京市主要气传致敏花粉高峰期预报产品共有七期，同开始期预报产品一样，具体时间顺序可能会根据当年具体花粉季高峰期变化，当两种花粉高峰期接近或重叠时，会将两期产品合成一期，方便公众查看。

高峰期预报产品的结构较起始期相对简单，有两个模块，即预报地图及花粉过敏防范提示。公众可以更加直观地获取所关注花粉高峰期的具体情况及相关的防范措施(图 7-15)。

图 7-15　北京市主要气传致敏花粉高峰期预报产品样例

高峰期预报产品是由北京市气象服务中心业务人员在确定高峰期数据后交由相关人员制作。制作完成并通过审核后通过“气象北京”官方微博和微信公众号及“花粉监测预报”微信公众号发布，一直发布至高峰期结束。该系列产品发布始于2021年，旨在为严重过敏患者做出更细致的服务，受到了花粉过敏患者用户的广泛好评，取得了很好的服务效果。

7.2.3.3　结束期预报

北京市主要气传致敏花粉结束期预报产品共有七期，同开始期预报产品一样，具体时间顺序可能会根据当年具体花粉季结束期变化，当两种花粉结束期接近或重叠时，会将两期产品合成一期，方便公众查看。

结束期预报产品有3个模块，即预报地图、花粉季持续时间统计介绍及花粉过敏防范提示。公众可以更加直观地获取所关注花粉结束期的具体情况及相关的防范措施（图7-16）。

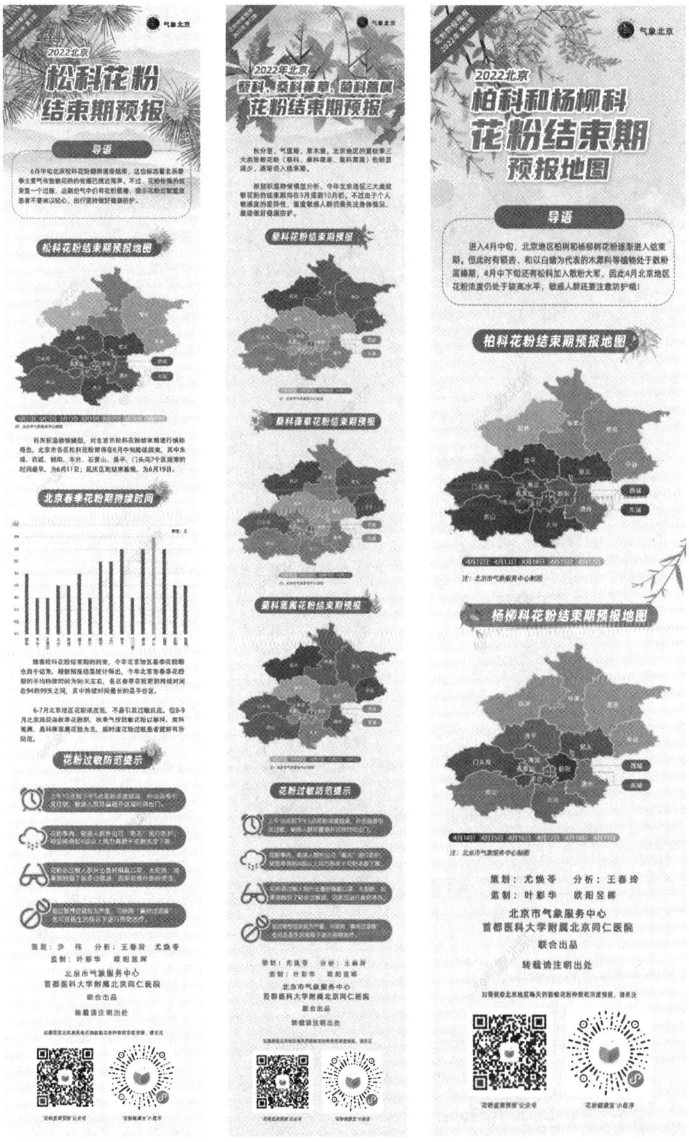

图7-16　北京市主要致敏花粉结束期预报产品样例

结束期预报产品是由北京市气象服务中心业务人员在确定结束期数据后交由相关人员制作。制作完成并通过审核后通过“气象北京”官方微博和微信公众号及“花粉监测预报”微信公众号发布，一直发布至结束期结束。该系列产品发布始于 2020 年，受到了花粉过敏患者用户的广泛好评，取得了很好的服务效果。

7.2.4 北京市花粉过敏风险等级预报

北京市花粉过敏风险等级预报产品由北京市气象局和北京同仁医院在 2023 年联合推出，每天早、中、晚各发布一次，发布于“气象北京”官方微博及“花粉监测预报”微信公众号，产品包括根据近 3 天花粉浓度预测次日花粉等级情况，在产品末尾会有花粉等级情况对照表，方便过敏患者进行查看。“气象北京”官方微博一天三次高频率发布，能够更精确、更快速地给公众提供花粉等级预报信息，样例见图 7-17。产品发布后得到了公众的一致好评。

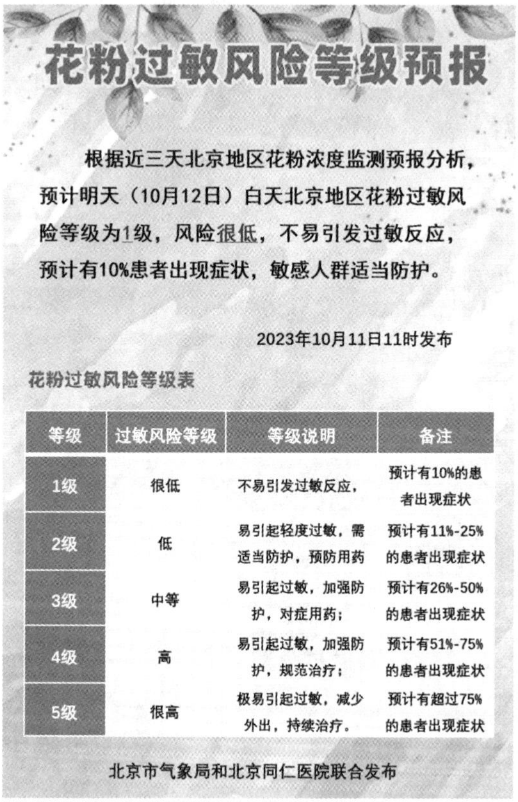

图 7-17 花粉过敏风险等级预报产品样例

7.2.5 花粉知识科普产品

7.2.5.1 图文类产品

如何观测空气中的花粉图文产品发布于 2020 年，发布平台为“气象北京”官方微博及微信公众号。它作为“气象北京”可视化科普专栏的第 5 期发布，发布时间为 20 d，主要介绍了花粉的采集、花粉观测的流程、花粉浓度的定义和等级、花粉的种类及获取花粉预报的方式。产品生动形象，文字通俗易懂，结合北京市气象服务中心推出的相关产品对公众进行了一次有效的花粉知识科普(图 7-18)。该产品一经发布就获得了较大的关注度，公众也给予了非常正面的评价，总阅读量超过 10 万次，取得了很好的科普宣传效果。

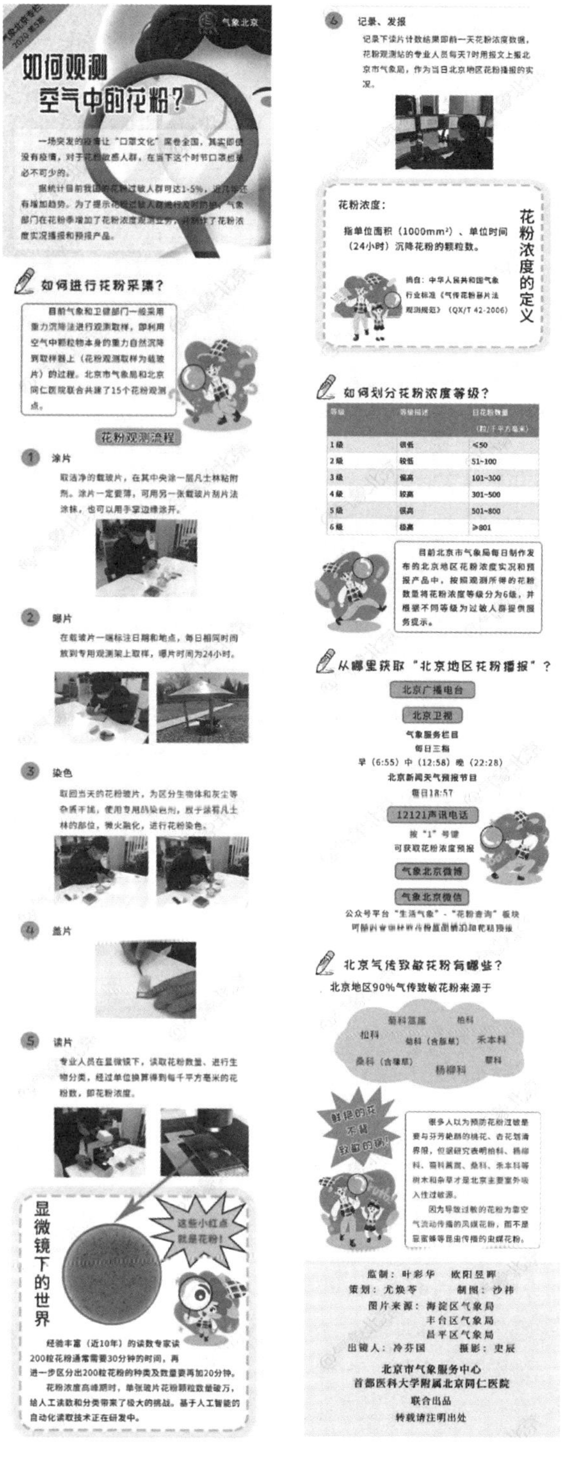

图 7-18　花粉科普图文产品《如何观测空气中的花粉》

7.2.5.2 H5 产品

花粉科普 H5 产品发布于“花粉健康宝”微信小程序上，可在小程序的科普页面中点击查看。

(1)带您开启电镜下的易敏花粉世界

本篇 H5 主要包含了花粉颗粒的电镜照片，通过点击开启进入 H5 产品，可以选择的花粉种类有北京市主要的 14 种常见气传致敏花粉，包括杨属、柳属、柏科、榆科、银杏科、桦木科、木樨科、松科、胡桃科、藜科、苋科、蒿属、葎草属和禾本科的花粉，点击相应花粉种类按钮，即可查看该科属花粉电镜照片及相关介绍(图 7-19)。

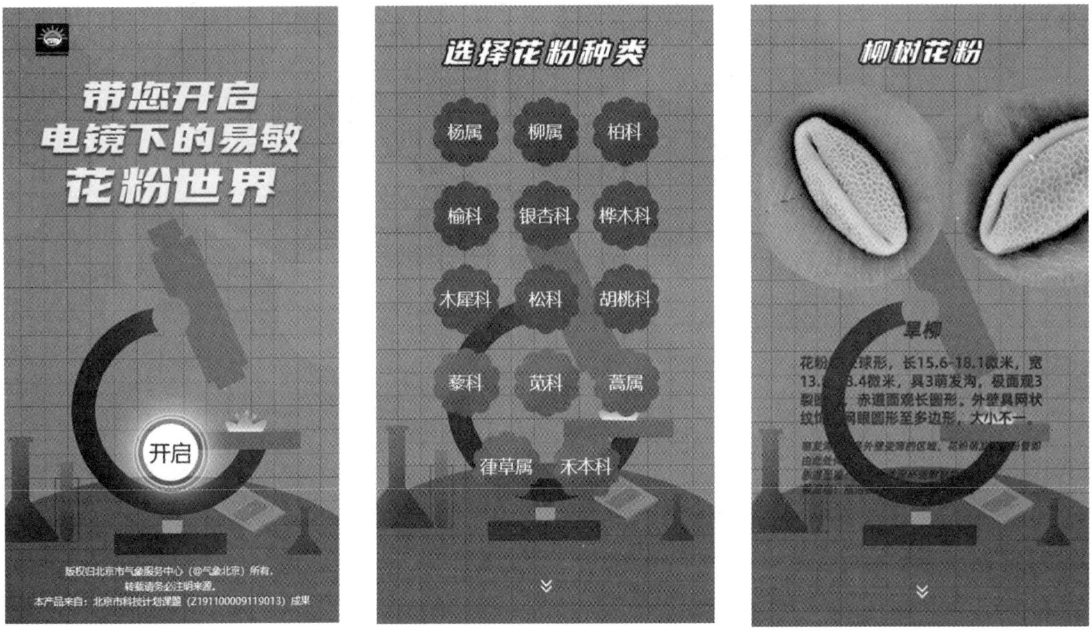

图 7-19　H5 产品——带您开启电镜下的易敏花粉世界内容展示

(2)北京致敏花粉查询

本篇 H5 主要包含了北京地区花粉情况总览和分区分月花粉情况查询。花粉情况总览主要展示形式为全年花粉季的花粉粒数折线图，可清晰直观地看出花粉粒数随日期的变化；分区分月花粉情况查询，可以选择对应月份，不同区的花粉情况，包括不同科属的花粉情况，可以更细致地为公众提供服务(图 7-20)。

(3)全国主要城市致敏花粉查询

本篇 H5 包含了全国 18 个主要城市致敏花粉情况，这些城市分布在中国的南北方，通过此产品可以获知不同地域的植被状况下不同的致敏花粉种类和花粉季分布情况。每个城市的致敏花粉查询内容包括全年花粉浓度的月变化情况，可以直观了解到一年中花粉高峰期的时段；分类致敏花粉浓度的月变化情况，可以了解不同种类的致敏花粉在各月的花粉浓度等级变化趋势，能够指导过敏患者根据自己的致敏原种类开展有针对性的预防(图 7-21)。

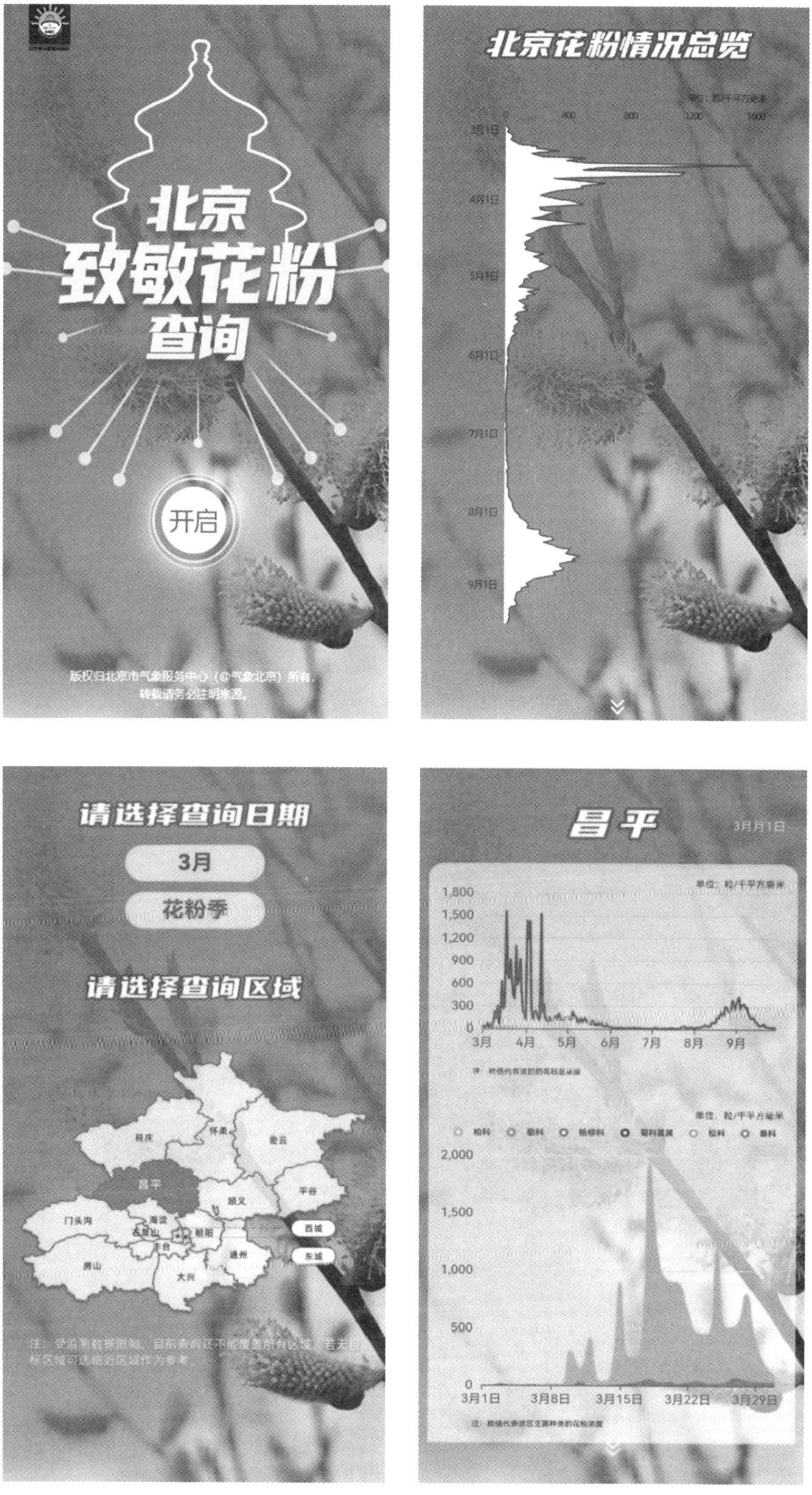

图 7-20　H5 产品——北京致敏花粉查询内容展示

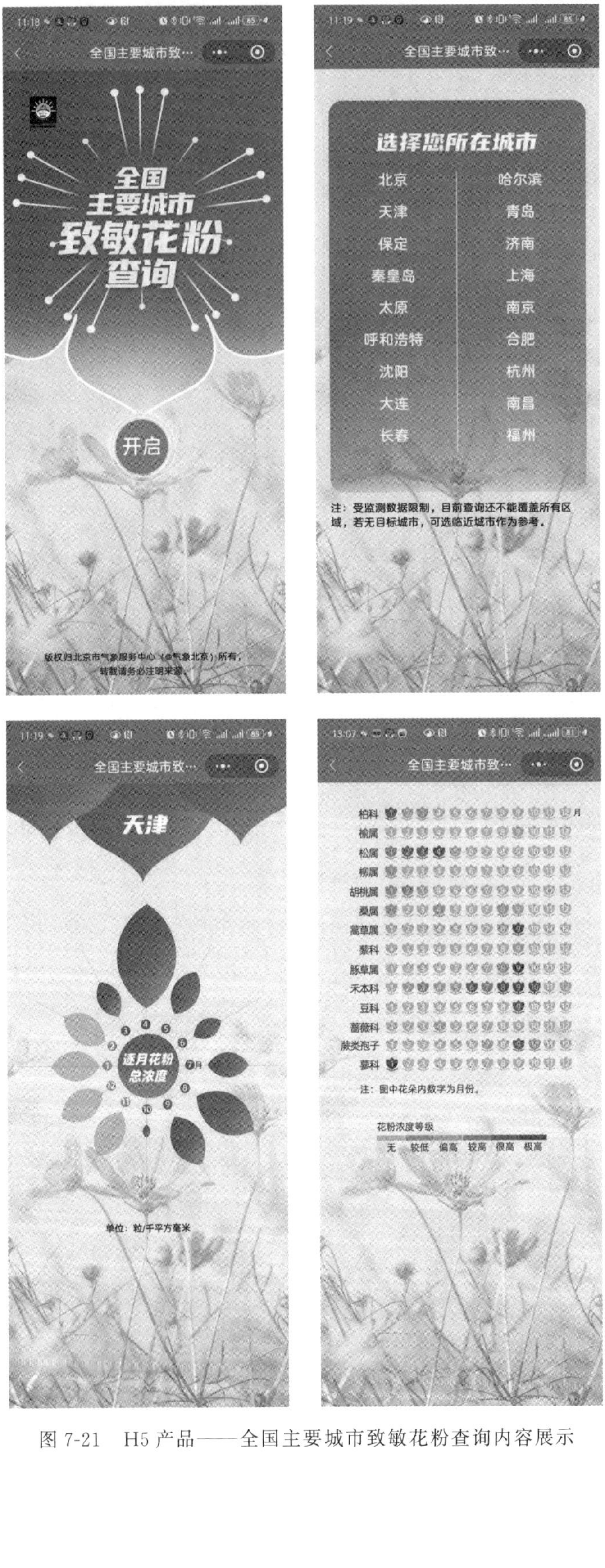

图 7-21　H5 产品——全国主要城市致敏花粉查询内容展示

7.3　致敏花粉健康公众气象服务平台

7.3.1　背景

致敏花粉健康公众气象服务平台是传播花粉监测、预报、健康提示等信息的主要发布渠道。该平台旨在提供与花粉过敏相关的气象信息和健康建议，帮助有花粉过敏症的用户更好地管理花粉过敏症状。该平台定位为专业的致敏花粉健康气象服务信息发布系统，致力于为公众提供精准、及时、个性化的致敏花粉健康气象服务信息。

北京市气象服务中心联合北京同仁医院开展花粉监测和预防的服务工作已经有十多年的历史，同时北京市气象服务中心是北京地区气象服务的窗口单位，承担着为社会公众提供气象信息服务的重要职能。近些年，花粉过敏患者呈上升趋势，公众对花粉浓度的监测、预报和预防信息的需求与日俱增。在2021年之前，花粉浓度的监测和预报信息主要通过电视、报纸、电台以及微信、微博等媒体平台进行传播，信息传播比较分散，对公众查询的针对性较弱，因此，2021年首次推出了微信小程序“花粉健康宝”和“花粉监测预报”的微信公众号，作为花粉健康气象服务信息的主要发布平台。

7.3.2　服务产品加工制作

致敏花粉健康气象服务产品的加工制作非常重要，是公众发布平台的主要技术支撑。通过产品开展花粉健康气象服务，首先可以提高公众健康意识。通过花粉健康气象服务产品，公众可以及时了解花粉浓度的变化和气象条件的影响，从而采取相应的预防措施，降低花粉过敏的风险。花粉健康气象服务产品可以根据用户的不同需求和过敏程度，提供个性化的健康建议。用户可以根据平台提供的信息，合理安排出行、佩戴口罩、使用抗过敏药物等，以减轻过敏症状和预防过敏发生。花粉健康气象服务产品可以为医疗机构提供有价值的数据和信息，辅助医生进行医疗诊断和治疗。医生可以根据平台提供的历史花粉浓度数据和气象条件分析，更准确地判断患者的过敏原因和病情，制定相应的治疗方案。同时，花粉健康气象服务产品还可以为科研和学术界提供大量的数据和信息，促进科研与学术交流。花粉健康气象服务产品还可以为政府相关部门提供决策依据，提高政府公共管理效率。政府部门可以针对花粉过敏高发地区采取措施，如加强环境保护、控制花粉污染等，以降低公众的健康风险。基于以上的重要因素，要做好花粉健康气象服务，首先要进行致敏花粉健康气象服务产品的加工制作。

产品的加工制作是一个由简单到复杂逐渐演进的过程，是随着花粉浓度监测站点与科研成果的不断增加而增加。早期的产品种类很少，只有一个站的花粉监测数据，因此，只能制作一类花粉总浓度预报和简单的花粉健康提示产品。现如今，可以制作出北京全市各区的花粉总浓度预报以及不同种类的花粉浓度预报，还可以根据发布平台的不同制作更适合的服务产品。例如在电视节目中（图7-22）和在微博、微信中（图7-23）的呈现方式是不一样的，就需要根据媒体平台的特点加工制作不同的服务产品，以满足不同用户的需求。

除了产品呈现方式上的不同，致敏花粉健康气象服务产品都需要加工和制作哪些内容呢？主要有三大类：花粉浓度监测、花粉浓度预报、花粉过敏预防提示，其中最重要的信息就是花粉

图 7-22　电视节目中的花粉健康气象服务产品

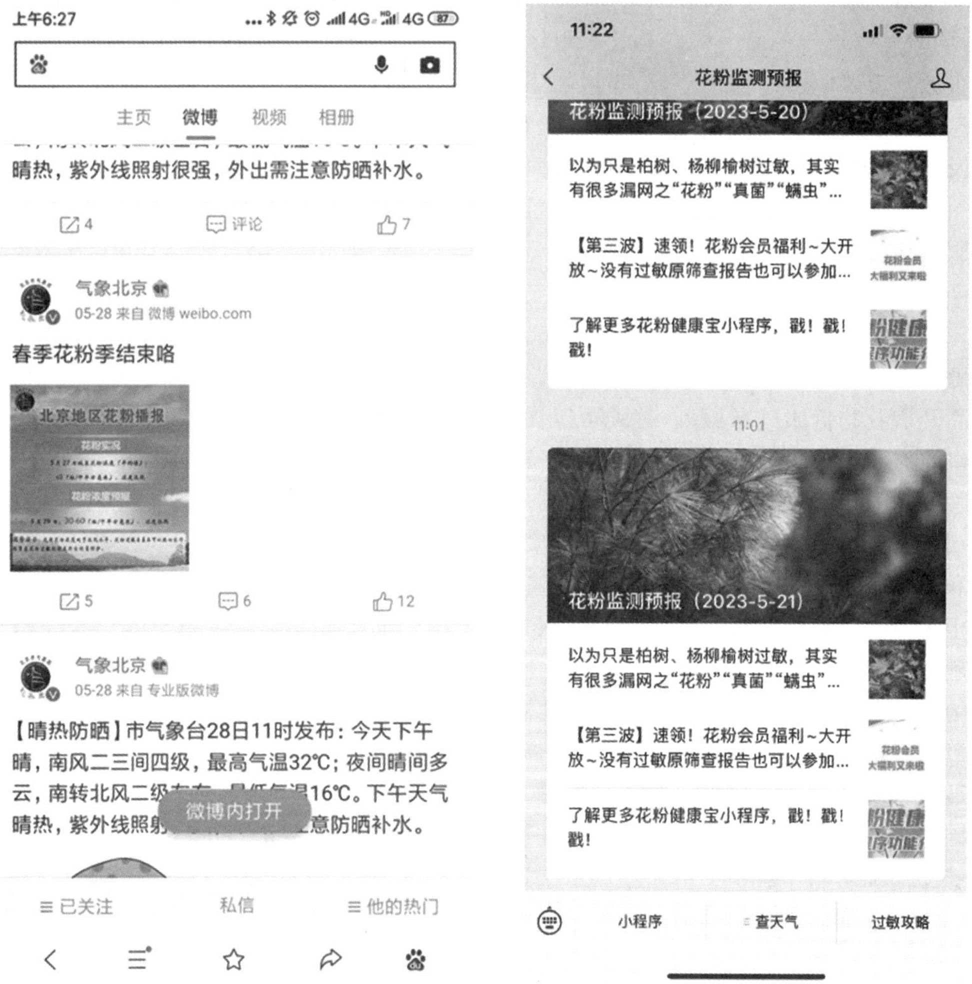

图 7-23　微博和微信中的花粉健康气象服务产品

浓度监测数据，这是制作另外两类服务产品的基础。每年北京花粉季期间都需要区气象局开展逐日花粉数据的采集、计数、分类识别以及监测数据的存储及上传等一系列工作，之后由北京市气象服务中心的业务值班人员进行人工分析订正，再代入产品的算法模型中加工成一次服务产品，并根据发布平台的特点制作成二次服务产品，最后会通过多种媒体平台进行发布传播（图 7-24）。

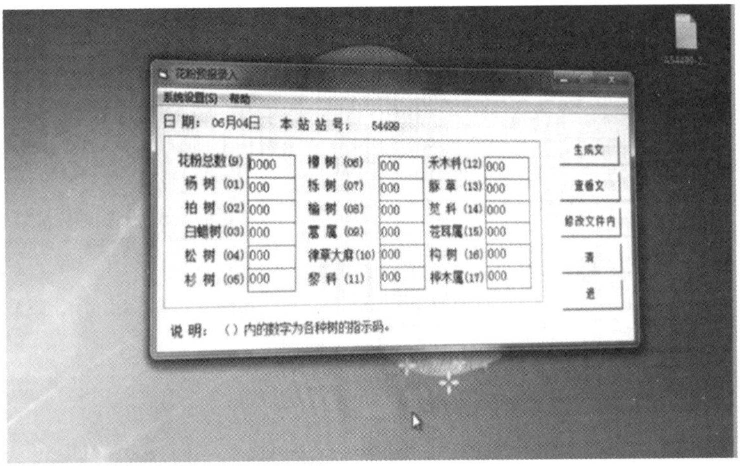

图 7-24　花粉浓度观测数据的采集软件界面

7.3.3　发布平台

致敏花粉健康公众气象服务发布平台由两部分组成，分为“花粉监测预报”微信公众号和“花粉健康宝”微信小程序（图 7-25），由北京市气象服务中心官方开发并运营，该平台能够为公众提供权威的花粉浓度监测、预报和预防提示。2021 年 3 月 4 日推出了“花粉监测预报”微信公众号，同年的 3 月 10 日推出了“花粉健康宝”微信小程序（图 7-26）。发布平台一上线，就吸引了大量用户的关注，公众号的阅读量每天都超过 5000 人・次，花粉浓度高发期的阅读量更是超过 10000 人・次。“花粉健康宝”微信小程序是国内首个专门提供花粉健康气象服务的微信小程序，由于微信小程序的轻量级、更新快等优势，用户数量增长很快，2021 年的花粉季（3 月 10 日—10 月 15 日）吸引了 6 万多粉丝的关注。公众号和微信小程序同时运营，面向不同喜好的用户，在功能上互为补充。“花粉监测预报”公众号每天推文一篇，由健康气象服务的专业编辑人员撰写并发布，中午前完成发布，延续了气象信息服务的特点，适合每天获取一次花粉健康信息的用户群。“花粉健康宝”微信小程序数据可实时更新，并且具备查询和互动功能，更适合年轻人使用。

图 7-25　微信小程序和公众号二维码

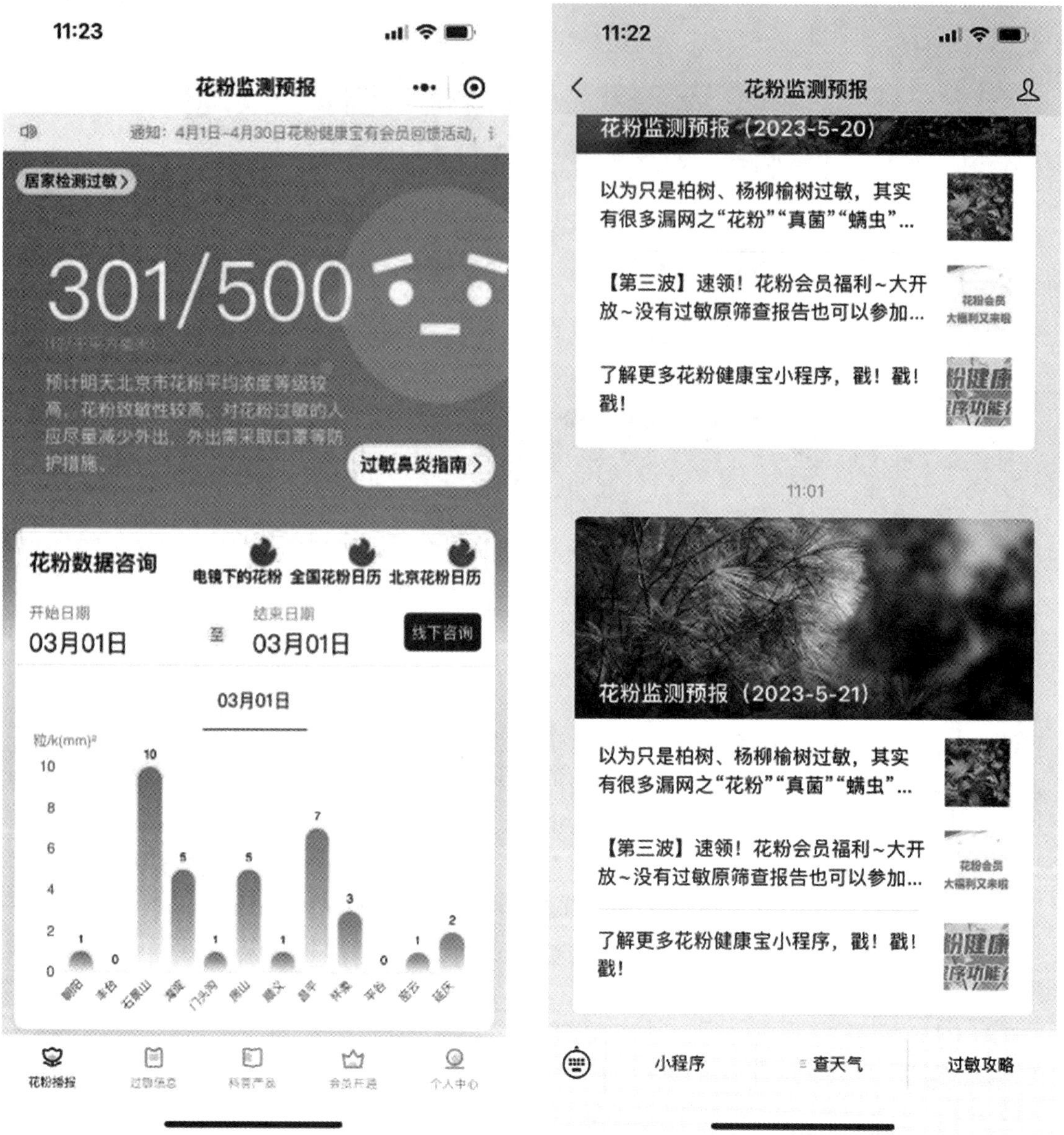

图 7-26 “花粉健康宝”微信小程序与“花粉监测预报”微信公众号

“花粉健康宝”微信小程序由五个功能模块组成：花粉播报、过敏信息、科普产品、会员开通、个人中心。下面对这些功能进行详细介绍。有兴趣的读者也可以扫码访问微信小程序。

(1)花粉播报功能：微信小程序的首页，是用户访问最多的页面。由每日花粉播报、花粉浓度对比图、分类花粉浓度预报、总花粉浓度预报 4 部分组成。每日花粉播报主要显示第二天北京全市的花粉平均浓度指数和预防提示信息。花粉浓度对比图包含周对比图、年对比图、电镜下的花粉、全国花粉、北京花粉 5 个部分，分别显示近一周与去年同期花粉平均浓度逐日变化图、近一年与前一年花粉平均浓度逐日变化图、电镜下不同花粉的高清图、全国主要城市致敏花粉查询、北京地区致敏花粉查询。分类花粉浓度预报可查询未来 3 d 杨柳科、松科、柏科、禾本科的花粉浓度分级指数。总花粉浓度预报可以查询北京各个区未来7 d 花粉总浓度的分级指数。

(2)过敏信息功能:该功能的主要特点是能够与用户互动。由过敏分布、过敏原排查和花粉期预报 3 部分组成。过敏分布依托腾讯地图标注出了用户位置的过敏植物,并绘制出该区域过敏人群的热点图,显示出过敏人群的分布特征。在过敏植物页面,还嵌入了一个“识别植物”的图片识别功能,让用户可以通过手机拍照或者相册中已有的图片识别出可能的植物名称。过敏原排查为用户提出了可进行选择的两个问题:您的过敏原是什么?持续反馈让结果更准哦,您今日的过敏症状为?两个问题下面列出了可选项,由用户自行选择并提交反馈,为过敏分布提供用户反馈数据。花粉期预报根据时间显示不同花粉种类的初始日期、高发日期和结束日期的预测信息。

(3)科普产品功能:由花粉健康科普视频、花粉期日历、科普常识三部分组成。花粉健康科普视频定期更新 2～3 分钟的视频讲解,用户可播放观看。花粉期日历可以查询柏科、杨柳科、松科、藜科、桑科、菊科蒿属 6 类花粉传播的开始日、结束日和高峰日时间,并且是分区显示。科普常识定期更新花粉过敏相关的小知识。

(4)会员开通功能:由开通服务、支付方式、常见问题组成。该功能对微信小程序中未来 4～7 d 花粉浓度预报、花粉期预报、花粉浓度对比图三种产品每月收取 0.99 元的服务费,只支持微信支付方式。常见问题罗列出了会员收费标准、会员开通和人工客服的说明。

(5)个人中心功能:由我的权益、关于我们、联系我们、人工客服、意见反馈 5 个部分组成。“我的权益”列出了用户的付费权益和服务期限。“关于我们”介绍了“花粉健康宝”微信小程序说明。“联系我们”提供了数据下载查询和商务合作的联系人信息。“人工客服”提供了线上客服会话功能。“意见反馈”为用户提供了问题描述和图片反馈的功能。

花粉健康公众气象服务发布平台已经平稳运行 3 个花粉季了,该平台为每年的 3 月 1 日—10 月 15 日运行。截至 2023 年花粉季结束,“花粉监测预报”公众号有 8 万用户订阅,“花粉健康宝”微信小程序有 22 万用户关注(图 7-27)。

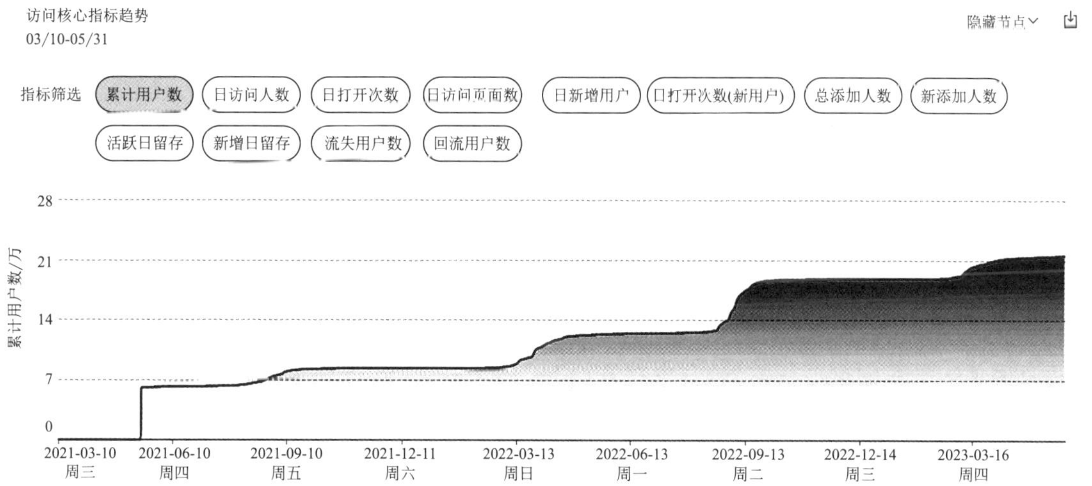

图 7-27　小程序用户增长数据

随着花粉健康气象服务产品的不断丰富,“花粉健康宝”微信小程序功能也在不断升级。

2022年花粉季，微信小程序的用户关注数量迎来了高峰，全年新增用户超过了10万，是2021—2023年用户增量最大的年份(图7-28)。

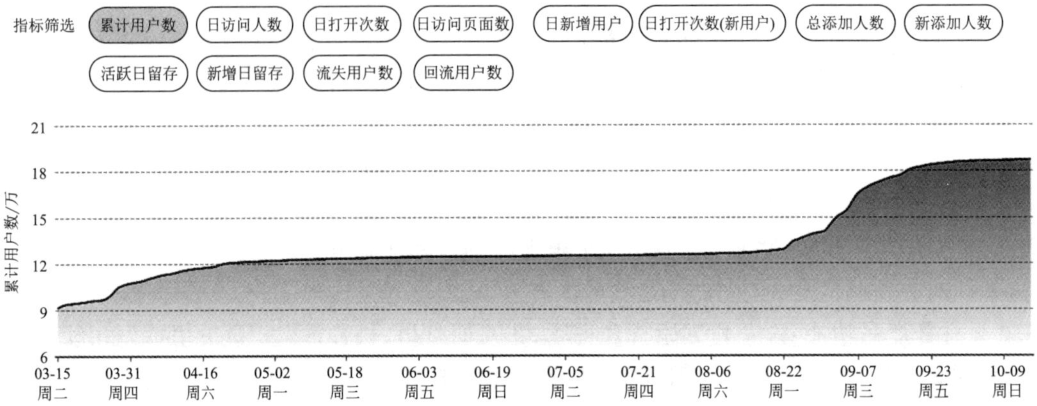

图7-28　2022年用户增长数据

微信小程序的访问量和花粉的传播趋势是一致的，一般在每年的3—4月和8—9月会出现高峰，这也是由于北京每年的春季和秋季正是花粉散播正盛的时候。用户的男女比例差不多，女性略高于男性。用户群中年龄占比最大的是30～39岁。

7.3.4　平台改进思考

致敏花粉健康公众气象服务发布平台目前主要是基于微信平台，对微信系统有严重的依赖，必须在微信固有的技术体系和架构下开发应用，自主性不够。随着花粉健康用户的不断增加，一个运行稳定、功能强大的花粉健康公众服务平台显得越来越重要。在不断打磨服务产品的同时，对平台的升级改进做了以下思考。

(1)深入了解和分析用户需求，通过调查问卷、用户反馈等方式收集用户对平台的期望和建议，根据用户需求不断调整和完善平台的功能与服务。

(2)关注用户体验，优化平台界面设计、操作流程和交互效果。不断提高平台的易用性和友好性，使用户更愿意使用平台获得致敏花粉健康气象服务。

(3)加强平台数据安全措施，保障用户数据的安全和隐私保护，确保用户数据不被泄漏或滥用，建立用户对平台的信任。

(4)积极寻求与医疗机构、科研机构、政府部门的合作，整合更多优质资源，提高平台的专业性和权威性，通过合作实现平台服务的拓展和提升。

(5)积极构建一个花粉健康主题的社区交流平台，使用户能够分享经验、互相帮助，提高平台的互动性和社交性。通过主题社区交流增强用户的归属感和参与感。

(6)加大平台的推广与营销，制定有效的推广和营销策略，提高平台的知名度和影响力，通过线上和线下渠道宣传平台的价值和服务，吸引更多用户使用和关注。

(7)建立一个持续改进和创新的机制，不断关注用户需求变化和技术发展趋势，对平台进行持续优化和更新，保持平台的竞争力和活力。

致敏花粉健康公众服务发布平台致力于为用户提供更好的致敏花粉健康气象服务，不断提升服务质量，发挥公众服务应有的效益，是平台未来的发展方向和目标。

参考文献

魏庆宇，2012. 花粉症的诊治及预防[J]. 中国实用内科杂志，32(2)：89-91.

LOU H，MA S，ZHAO Y，et al，2017. Sensitization patterns and minimum screening panels for aeroallergens in self-reported allergic rhinitis in China[J]. Sci Rep，7，9286.

第8章 北京市致敏花粉业务服务体系建设初探、存在问题与挑战及对未来工作的思考

8.1 致敏花粉业务服务体系建设初探

据报道，2023年世界气象组织（WMO）第19届世界气象大会的多项决议，特别是全民早期预警倡议的落实等，都要求提升气象观测质量和观测要素种类，以支持地球系统模拟相关的气象业务和服务。花粉为生态环境的一个要素，长期存在，致敏花粉对人类健康造成了较大的危害，有必要长期观测其空气中的含量和时空分布规律，为开展花粉浓度早期预警服务提供基础支撑。

8.1.1 花粉观测

为保证花粉观测及服务工作有序进行，最大限度发挥花粉观测的效益，做好花粉预报服务工作，北京市气象局的花粉观测业务由预报处统一管理，未纳入本局观测业务。

8.1.1.1 花粉观测站点布局

北京市花粉观测站点布局有一个发展的过程，站点布局可分为三个阶段：第一阶段为1997年至2012年，1997年开始花粉观测站建设与试运行，布点在海淀、朝阳、丰台、石景山、昌平、顺义6个区，1998年正式列入业务；第二阶段为2012—2019年，2012年开始与北京同仁医院合作，将花粉观测点由原来的6个区扩充到12个区，即增加门头沟、延庆、怀柔、密云、平谷和房山6个区，12个区的花粉分类浓度数据由北京同仁医院承担；第三阶段为2020年至2024年，2019年由于北京市气象局承担北京市科技项目，花粉观测站下半年开始根据需要增加了大兴、通州两个区，经半年试运行，2020年至2024年花粉观测站点共计14个区，覆盖了北京市现有设气象局的14个区，东城区和西城区由于没有设气象局，花粉观测暂时未开展。随着北京市气象局花粉自动观测仪器的研发和应用，根据北京气象“十四五”发展规划，未来花粉观测将由花粉自动观测仪替代，陆续将在北京市国家级气象观测站、学校、商业区、大规模的社区等人员密集场所和重要场所进一步布点，以满足过敏人群越来越多、服务越来越精细的需求。

8.1.1.2 花粉观测时间

根据北京花粉季的特点，规定了每年花粉观测时间。花粉观测时间为每年3月1日—10月15日，每日19时—次日19时。即每年2月28日（闰年为29日）19时开始放采样片，3月1日19时开始取片，10月14日19时后停止放采样片。

8.1.1.3 花粉观测方法

依据2006年4月3日中国气象局发布、2006年9月1日执行的气象行业标准《气传花粉

暴片法观测规范》开展花粉观测。

8.1.1.4　花粉业务各单位职责

承担花粉观测的气象局观测时间内每天进行花粉样本采集、读数和数据编码上报工作。

北京市气象服务中心做好相关花粉耗材发放，所有花粉观测数据汇交、可视化设计和开展花粉服务工作。

北京市气象信息中心负责花粉观测数据实时传输、存储、共享及可视化显示等工作。

8.1.2　花粉预报

北京花粉预报主要分为花粉浓度预报、花粉期预报、花粉过敏症发生的风险等级预报及花粉季长度预报 4 种。花粉浓度预报主要开展分区的未来 7 d 逐日气传花粉总浓度等级预报、气传致敏花粉分区未来 7 d 分种类的总浓度等级预报；还有主要气传致敏花粉的分区分种类的花粉开始、高峰和结束期等花粉期预报；再有就是夏秋季气传致敏花粉引起的花粉症发生的风险等级预报及春季、夏秋季花粉季长度预报。

8.1.3　致敏花粉服务

北京致敏花粉服务时间每年从 3 月 1 日至 10 月 15 日。致敏花粉服务产品有北京市城区花粉总浓度预报及北京市、各区花粉浓度等级预报；松、柏、杨柳、桑科、菊科蒿属、藜科、禾本科等分类花粉浓度的等级预报；松、柏、杨柳、桑科、菊科蒿属、藜科分类花粉的散粉开始期、高峰期、结束期预报；还有一系列的科普产品，如 H5 产品有《带您开启电镜下的易敏花粉世界》《全国主要城市致敏花粉查询》和《北京致敏花粉查询》，图文产品有《如何观测空气中的花粉》和视频产品《花粉观测的台前幕后》。

致敏花粉产品公众服务发布渠道较多，浓度高峰期能实现全媒体发布。根据需要安排在北京电视台北京新闻天气预报节目、北京人民广播电台交通台、新闻台节目中播出；还在“气象北京”微博、“气象北京”微信、北京气象抖音和北京气象快手中播出花粉浓度预报和服务提示。

8.1.4　工作创新点

工作创新主要来源于北京市气象服务中心牵头，北京工业大学、北京同仁医院、北京园林绿化科学研究院共同承担的 2019 年 4 月立项，2022 年年底结题的北京市科技计划课题《北京地区主要气传致敏花粉浓度智能监测及预报技术研究》核心成果的业务转化。本着边研究边业务应用的原则，研究与成果应用衔接紧密，成果产生了一系列业务化应用服务产品、平台、专利、专著和论文等。成果也有一定的创新，得到了公众和管理部门的认可。

2023 年 3 月 2 日北京市委刊物《综合快报》报道：“我市花粉季将至，市气象局四个‘首次’破解花粉过敏人群健康问题。首次开发国内花粉颗粒自动识别与计数系统，提升花粉监测业务自动化水平；首次将花粉气象预报融入城市规划，研究城市新建绿地潜在花粉污染定量评估，提出‘加强树种合理种植和养护，推进致敏花粉治理’；首次研发个性化、定制化的系列分众化服务产品，提升公众花粉健康科普水平；首次开展国内花粉致敏预报研究，季节性过敏早期干预治疗取得了良好疗效。”

8.2 存在的问题与挑战

目前，北京市气象局从智能监测、精准预报、精细服务等三个方面初步建立起北京地区较为完善的花粉监测与预报服务体系，并在北京市各辖区开展示范应用，为过敏人群提供了触手可及的致敏花粉预报服务，取得了较好的社会、经济和生态效益，走在了国内花粉监测、预报服务的前列。但是，目前中国花粉业务服务体系总体上还存在诸多问题和挑战。

首先，花粉观测站点不足和大部分建站时间短，观测数据积累不够。西方国家自 1873 年 Blackely 首次制作花粉采集仪器并在显微镜下鉴别花粉种类和数量以来就开始了长期的持续性研究，依托较为完善的生物气溶胶观测网，欧洲大部分地区的花粉优势种及其高发期得以确定，而国内北京协和医院的叶世泰等于 1984 年开展了中国有史以来第一次大规模的气传致敏花粉分布状况的调查，依据调查结果出版了首部《中国气传致敏花粉调查》一书，书中列出了全国大部分地区的各种致敏花粉的种类、散播数量及其季节分布规律等。致敏花粉在中国大部分区域都存在，由于利于花粉飘散的气候条件和过敏植物分布不一，花粉过敏存在地域性差异，北方过敏程度比南方表现明显。以需求为牵引的花粉观测站点也存在地域差异，北方观测点多于南方，观测时序长的有中国科学院生态环境研究中心布设的观测点，还有一些以医疗部门布点为主，如北京同仁医院、北京协和医院、北京世纪坛医院主导的布点等，其他大部分观测以科研为目的，连续性、持久性和多样性不足，观测方法和观测标准不统一，数据可比性差。从全国花粉观测站点分布来看，还存在数量不足问题，没有形成全国性的精密花粉观测业务网，不能满足大量增加的过敏人群的精细化服务需求。

其次，现有花粉观测方法自动化水平不足。目前花粉观测多以重力沉降法收集 24 h 的花粉沉降量，也有少量安装进口的 7 d 为周期的逐时收集花粉浓度的仪器，但都需要用光学显微镜进行花粉人工计数，人工成本较高，同时对镜检计数人员要求较高，需要有一定的过敏花粉特征识别的专业技能，这些也是花粉观测站点难以普及的原因之一。若要推动花粉观测站点普及，就需要大量安装花粉自动观测仪器来代替人工观测，由于德国、瑞士进口和国产的花粉自动化观测仪器价格昂贵，影响了花粉观测的自动化普及程度。国产自动化仪器目前能观测分钟级的总花粉浓度，但大多数不能自动进行花粉分类浓度观测；瑞士、德国进口花粉自动化观测仪器虽可以观测分类花粉，但是每台售价几百万元。由于国产多无自动分类和国外进口仪器的价格高昂都限制了分类花粉自动化观测的普及，使得花粉观测中观测要素达不到“精”；同时观测布点数量也达不到“密”，观测花粉的时间分辨率多以 24 h 为主，还达不到观测精密要求。另外，不同高度花粉浓度的梯度观测受人工采集或自动观测等成本高昂的限制，尚未见到开展花粉梯度观测业务的报道。

第三，目前花粉的预报要素不够丰富。目前国内花粉浓度要素预报多数只预报花粉总浓度，而花粉分类浓度预报仅北京、陕西榆林等少数地区涉及，花粉分种类的花粉期预报也只有北京、内蒙古对公众发布，致使花粉的预报要素较少，难以满足目前花粉预报精细化服务需求。造成预报要素种类不多的原因有花粉分类观测开展不多，积累的分类花粉数据量不足。

第四，花粉要素预报方法较为单一，预报影响因子考虑不够全面。预报方法的选择需要有充足的花粉观测数据积累，而花粉观测站点少和观测要素的精细化不足导致预报所需的原始观测资料数量积累不足，且年代有限。另外，医疗部门外的花粉过敏原检测阳性的患者统计资料共享不畅，因此，花粉要素预报方法目前暂时以传统的统计方法为主。若资料足够丰富，则可选择的预报方法就更多，如机器学习模型、污染物扩散模型、气候预测模型、微气候模拟模型和流行病学模型等。影响空气中花粉浓度与花粉种类的因子较多，大体上可分为地理因素、气候因素、植被因素及人为因素 4 大类，地理因素包括：地理位置、海拔高度、地貌、地质、水源等；气候因素包括：温度、湿度、风、雨、晴、霜、雪、雾、气压、昼夜、灾害气候等；植被因素包括：植被品种、植株生长活力及授粉期等；人为因素包括：人工栽培植物品种的改变、绿化、环境污染、植物病虫害、农药除草剂的施用、交通与贸易、花粉采样地点的选择、采样器选择的影响等（中国气传致敏花粉调查领导小组，1991）。由于预报结果受气象、环境、生态、健康和医疗等要素的交叉融合影响，目前预报模型所考虑的预报影响因子都不够全面，受预报模型创建工作者研究领域和研究方向的影响有所侧重，同时还与预报影响因子资料收集难易程度，选用预报模型所需因子时空分辨率匹配程度有关。如气象部门创建的预报模型预报因子重点考虑气象因子，医疗部门则重点考虑花粉过敏原检测阳性的患者特征，园林和生态环境部门会重点考虑过敏植被因子和对花粉有影响的污染物因子等。

第五，花粉浓度预报时空分辨率还不够精细。受花粉观测大部分为 24 h 浓度数据的影响，花粉浓度预报基本做的是 24 h 预报。另外，受制于站点稀少缘故，目前的预报主要以区片区为主，而基于空间位置和精细化网格的预报很少见。另外，花粉预报产品以浓度等级预报为主，花粉期预报除北京外鲜有报道。

第六，致敏花粉相关公众服务产品种类不多，业务化平台功能不足。花粉预报产品多见 24 h 预报，花粉期预报少，将科学研究成果转化为通俗易懂、喜闻乐见的公众健康防护指南等科普产品种类不多；花粉业务平台功能较为单一，花粉服务产品发布平台大都基于微信小程序或者微信公众号，限于致敏花粉业务服务经费投入不足，抖音、快手和小红书等平台致敏花粉服务产品普及率会低些。订制化、个性化产品也不足，功能不够完善，还难以满足花粉过敏人群日趋“个性化”的服务需求。

最后，气候变化对花粉种类、数量和花粉过敏人群的健康影响还少见研究和报道。

8.3 对未来工作的思考

未来花粉监测、预报、预警和评估等相关工作还有很大的发展空间。

首先，国产花粉自动监测仪器研发需要不断改进，需要从目前观测花粉总浓度逐渐发展到观测不同种类的花粉浓度，观测仪器研发还亟须制定统一的技术标准规范和仪器性能考核指标。

其次，花粉观测全国布点需要有部门来统筹规划。需统筹考虑主要致敏花粉植物分布、观测站点布局、观测仪器配置和观测要素的多样性等，使得站网布局能达到精密观测要求，应用于未来花粉精细化服务需求。

第三，建立部门融合协调机制，打通数据共享壁垒，深化信息整合格局，合力提升花粉预报、预警服务能力，更好服务“健康中国”国家战略。通过部门间数据共享，互通有无，以增加花粉浓度预报因子的多元化和多维度，促进预报时空分辨率、预报准确率的提高和预报要素的多样化。从预报花粉总浓度到预报分类浓度再到花粉致敏风险预报，预报时间分辨率可以从目前 24 h 到逐时乃至分钟级，预报空间分辨率可以从目前的区级行政区到乡(镇)级直到公里网格、百米网格和具体位置。花粉服务产品表现形式可以是图文、视频和专家直播，增加花粉过敏科学预防的医学专家参与的科普直播产品、花粉浓度精细化、网格化的实况监测、预报产品和分类花粉散粉的物候期预报产品等。创建花粉监测、预报的业务化平台，完善花粉服务公众发布平台。

最后，需要深入研究花粉植物对花粉致敏的贡献率，科学评估花粉过敏造成的经济损失。例如，花粉症造成人群外出减少从而引起餐饮、休闲等领域消费下降和花粉症治疗带来的用药支出等的经济损失如何科学评估？据日本《经济新闻》2023 年 6 月 13 日报道，第一生命研究所专家永浜利广估算，堪称日本"国民病"的花粉症，仅 2023 年一季度，花粉的大量飞散可能使日本实际家庭消费减少了 3831 亿日元。原因是花粉症患者外出减少，从而拉低了餐饮、休闲领域的消费。如何科学合理地评估花粉过敏植物散粉对花粉总浓度的贡献率，从而为园林合理种植规划提供理论依据。因此，气象、环境、园林和卫健部门为花粉过敏人群提供服务的效益评估等都需要拓展和深入研究。

参考文献

中国气传致敏花粉调查领导小组，1991. 中国气传致敏花粉调查[M]. 北京：北京出版社.

附：本书部分图对应的彩图

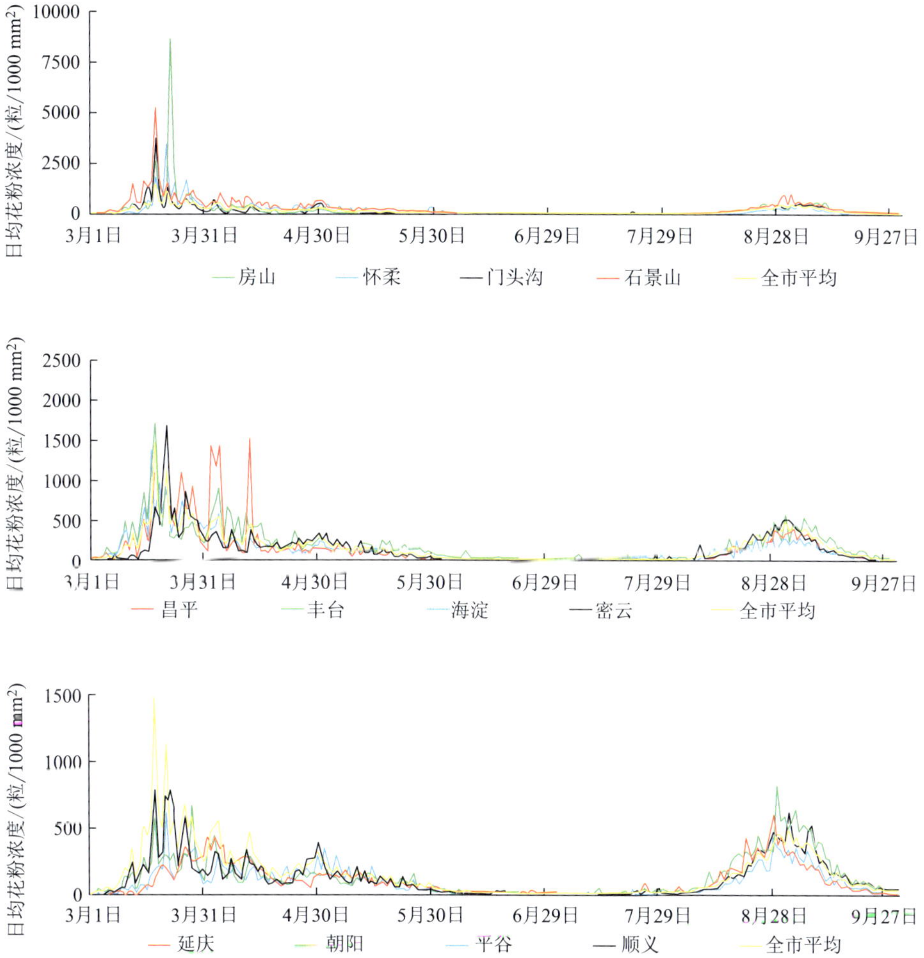

图 2-2　观测期内各区多年平均的日花粉浓度变化

（对应正文见 71 页）

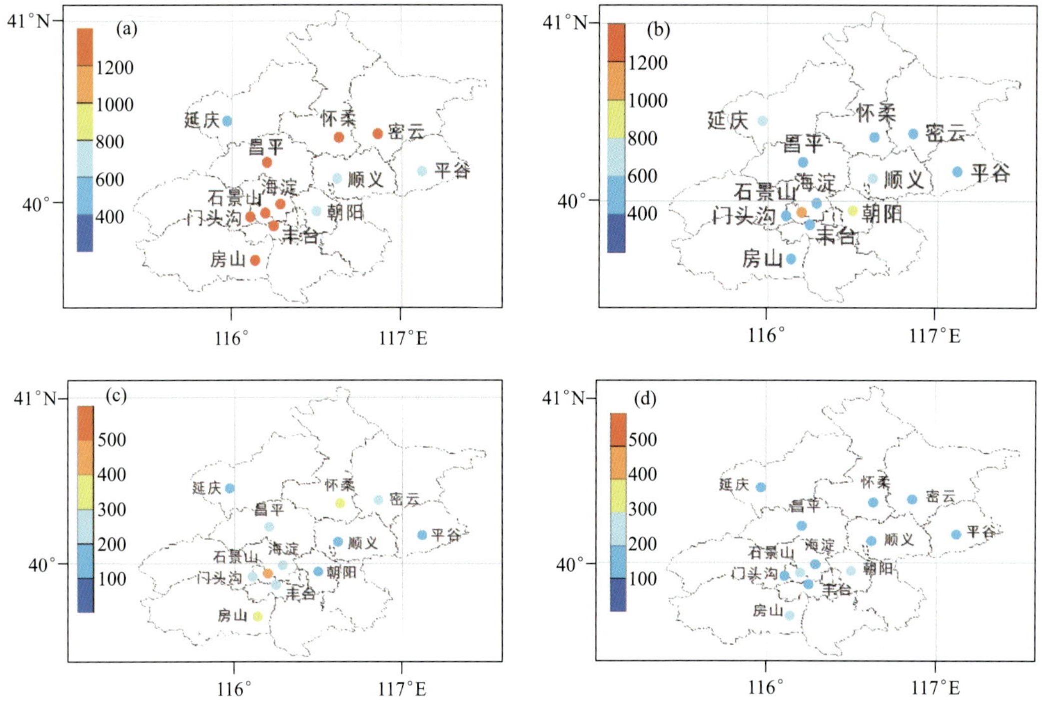

图 2-4　不同区域春季花粉浓度期花粉峰值(a)、夏秋季花粉期花粉浓度峰值(b)、春季花粉期日均花粉浓度(c)和夏秋季花粉期日均花粉浓度(d)的空间分布(单位:粒/1000 mm²)

(对应正文见 74 页)

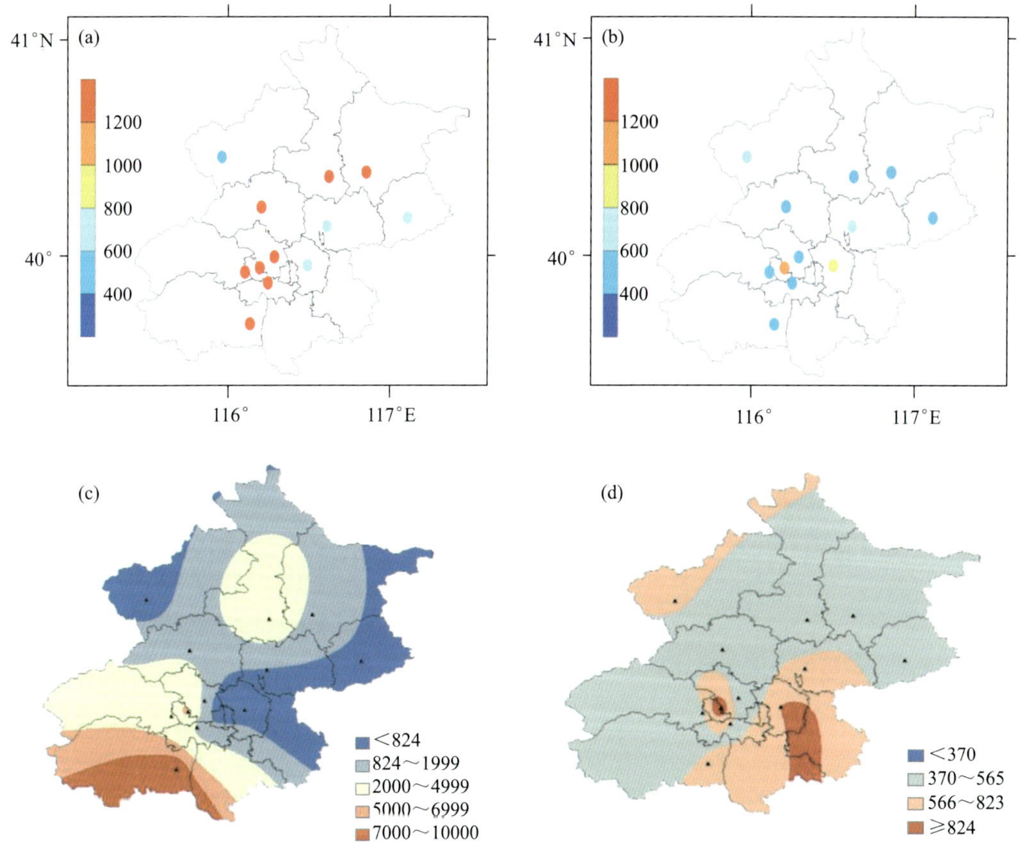

图 2-6　不同区域春季花粉期(a、c)和夏秋季花粉期(b、d)花粉浓度峰值空间分布(单位:粒/1000 mm²)

(注:图 a 和图 b 为站点花粉浓度情况,图 c 和图 d 为样条函数插值后的花粉浓度情况)

(对应正文见 80 页)

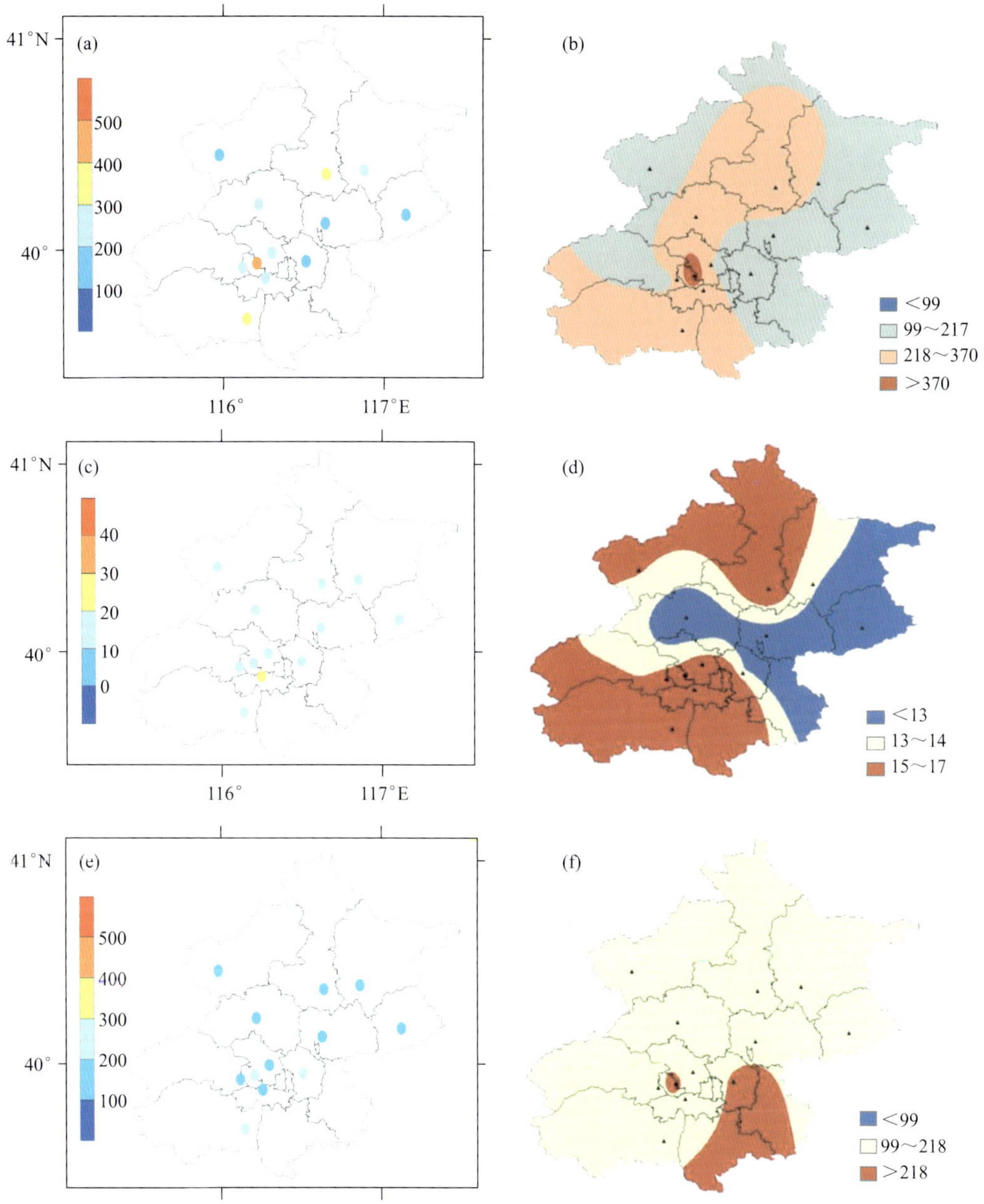

图 2-7 不同区域春季花粉期(a、b)、夏秋季花粉期(c、d)、夏秋季花粉峰值期(e、f)平均花粉浓度空间分布(单位:粒/1000 mm²)

(注:图 a、c 和 e 为站点花粉浓度情况,图 b、d 和 f 为样条函数插值后的花粉浓度情况)

(对应正文见 81 页)

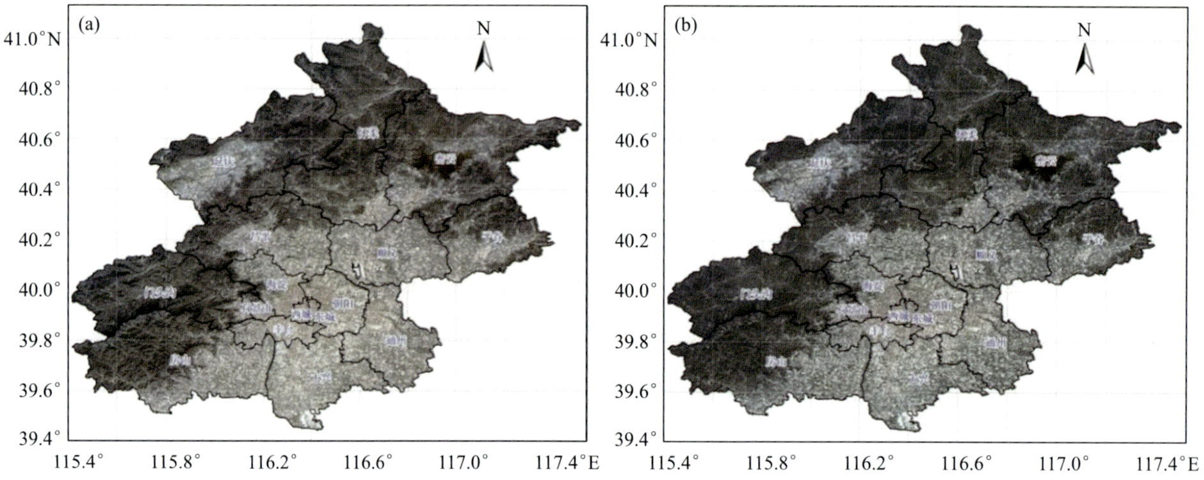

图 4-5 基于 Sentinel-2A 卫星影像合成的冬季大气校正前(a)、后(b)北京晴空真彩色影像

(对应正文见 124 页)

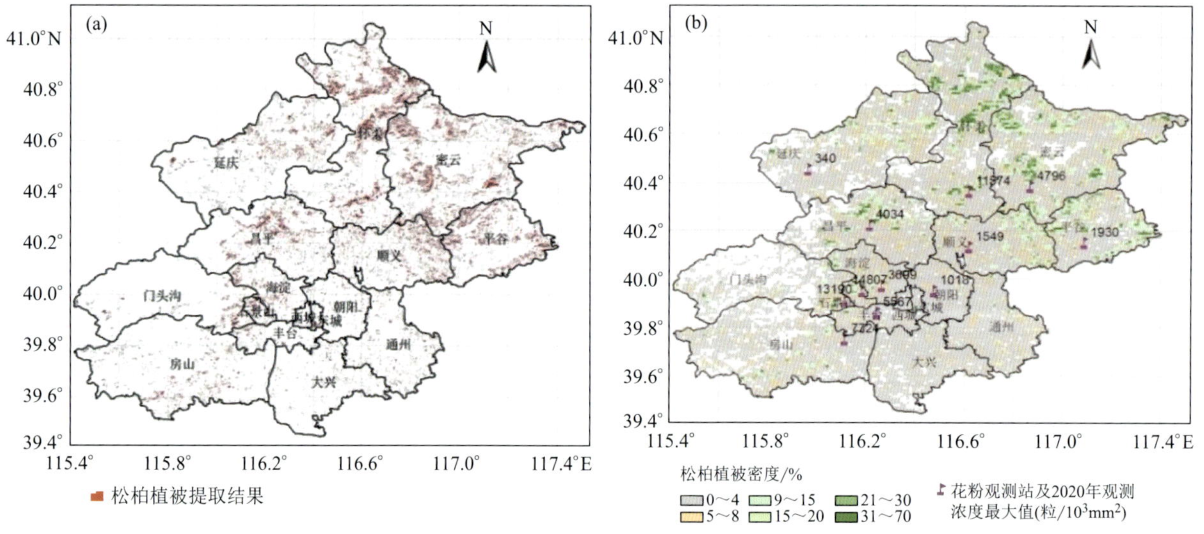

图 4-6 北京地区松柏植被提取结果(a)及 1 km 分辨率松柏植被密度和 2020 年观测站松柏花粉浓度最大值(b)

(对应正文见 125 页)

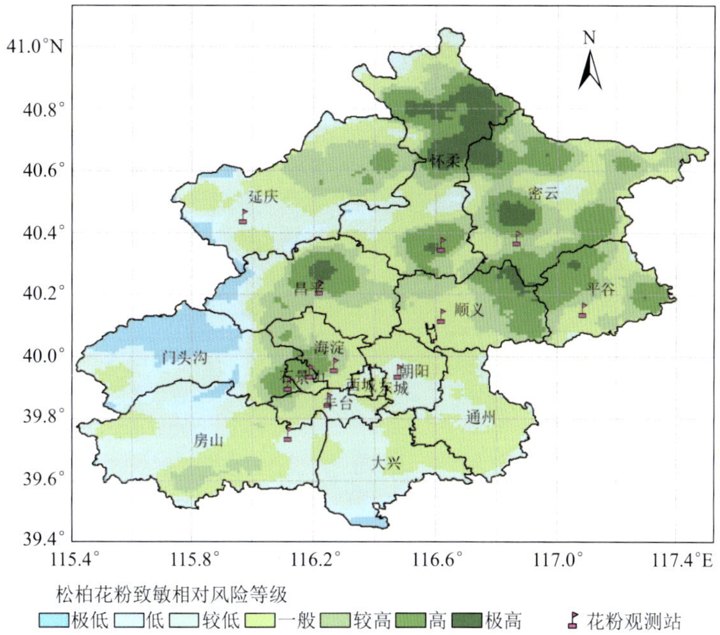

图 4-8　北京地区松柏花粉致敏相对风险等级空间分布

（对应正文见 127 页）

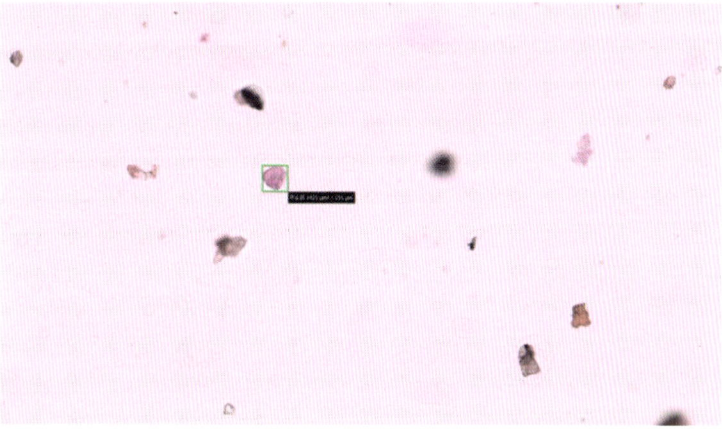

图 5-1　花粉 WSI 图像示例

（对应正文见 142 页）

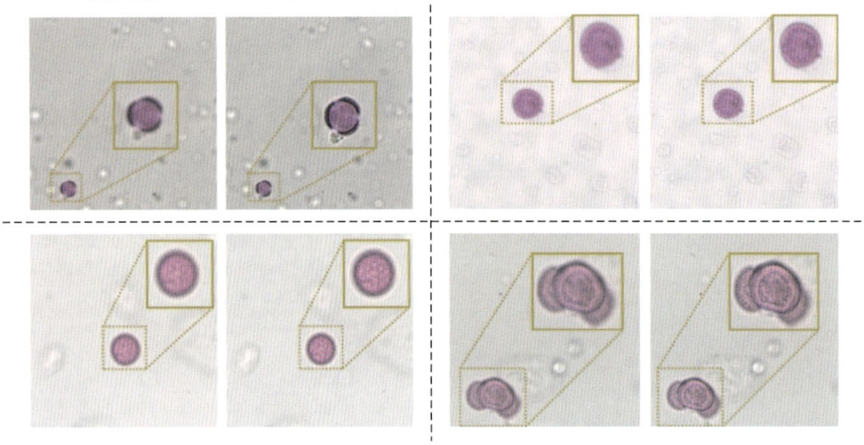

图 5-2　模糊花粉图像示例

（对应正文见 142 页）

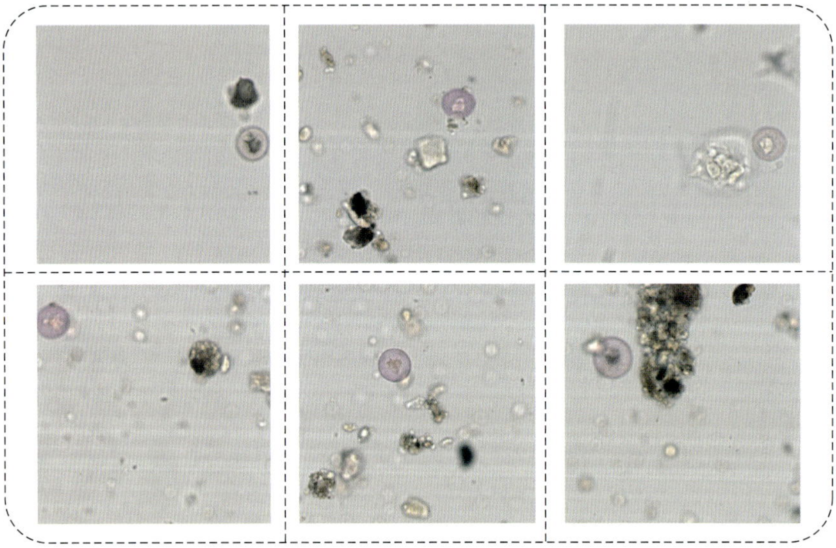

图 5-3　无关信息造成干扰

（对应正文见 143 页）

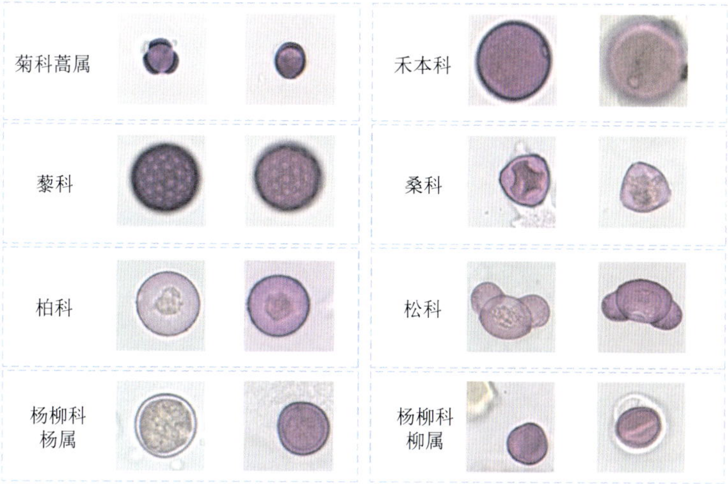

图 5-9　北京地区主要气传致敏花粉光学显微图像示例

（对应正文见 157 页）

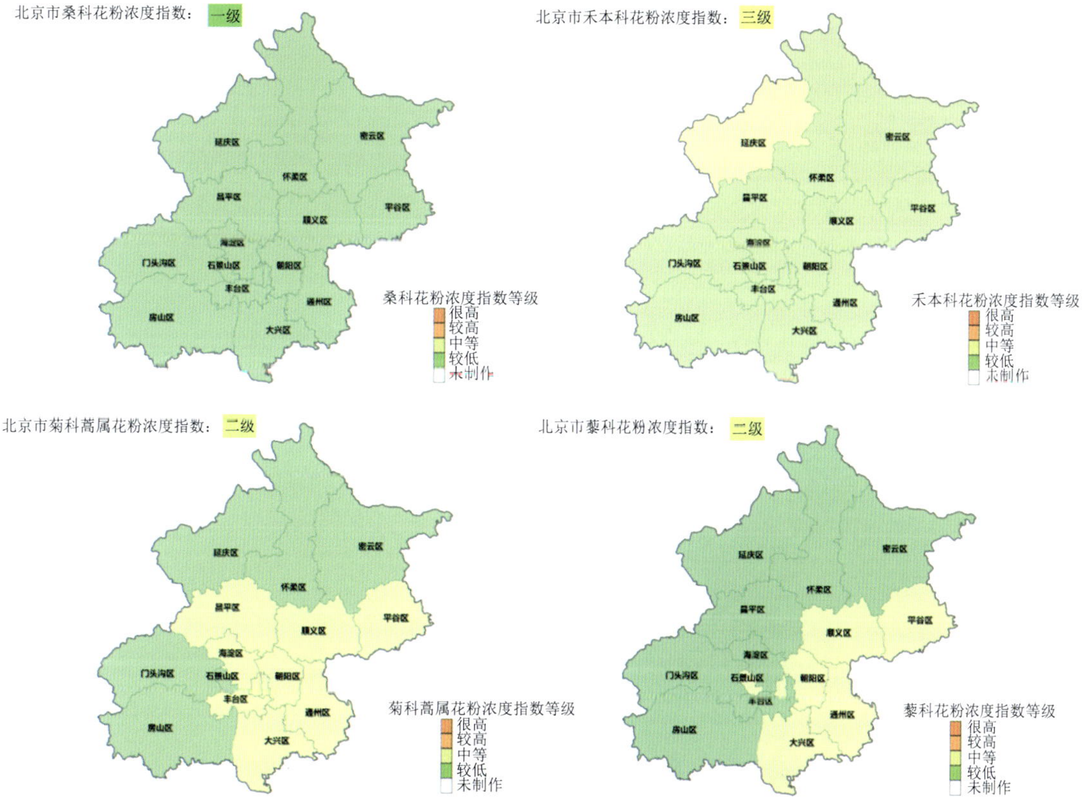

图 7-13　夏秋季分类花粉浓度等级预报产品模板样例

（对应正文见 196 页）

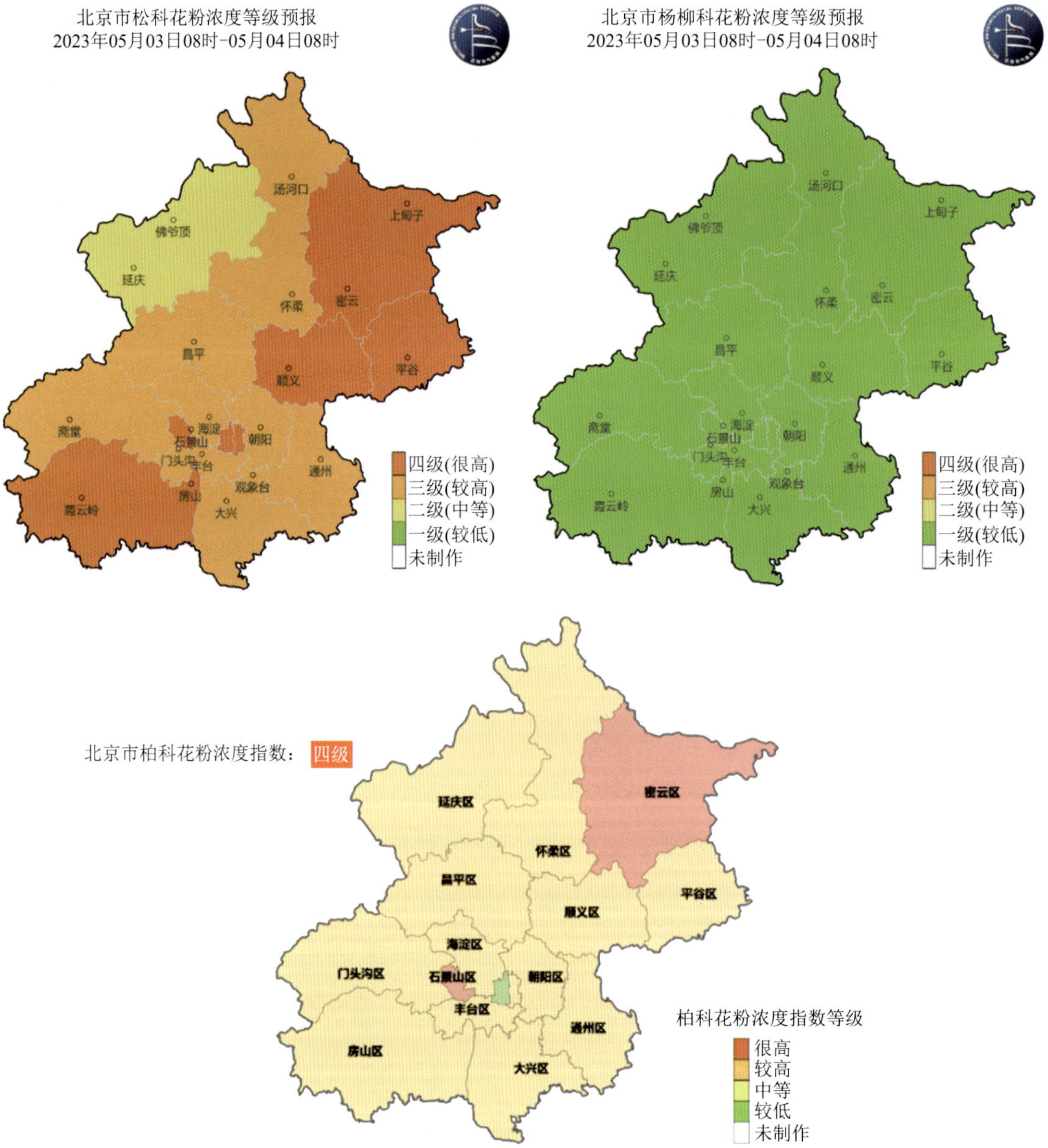

图 7-12　春季分类花粉浓度等级预报产品模板样例

（对应正文见 195 页）